海底科学与技术丛书

海洋沉积系统

MARINE SEDIMENTARY SYSTEMS

许淑梅　李三忠　等/编著

科学出版社

北京

内 容 简 介

　　本书集中围绕与海洋相关的地球表层系统的沉积过程展开分析,包括"滨、浅海沉积体系"、"半深海及深海沉积体系"和"洋板块地层"三部分共 13 章内容,具体介绍了滨、浅海各类沉积体系和沉积驱动作用,大陆边缘过程,半深海、深海沉积物类型及深海沉积驱动作用,"洋板块地层学"概念和洋板块地层的分析重建方法。同时,对上述各类沉积体系的板块背景、形成环境、物质来源、影响因素和发展演化等做了尽可能深入的分析。

　　本书可供从事海洋地质、海洋沉积、海洋环境、海洋油气和海洋资源、洋陆俯冲和弧陆碰撞造山带研究的科研人员、研究生及本科生参考,还可为海洋相关领域的科研管理人员及公众辨析海洋沉积及相关问题提供科学的方法论支撑。

审图号:GS (2022) 2705 号

图书在版编目(CIP)数据

海洋沉积系统 / 许淑梅等编著. —北京:科学出版社,2022.7
(海底科学与技术丛书)
ISBN 978-7-03-072681-0

Ⅰ. ①海… Ⅱ. ①许… Ⅲ. ①海洋沉积 Ⅳ. ①P736.2

中国版本图书馆 CIP 数据核字(2022)第 113332 号

责任编辑:周　杰　王勤勤 / 责任校对:樊雅琼

责任印制:肖　兴 / 封面设计:无极书装

科学出版社 出版
北京东黄城根北街 16 号
邮政编码:100717
http://www.sciencep.com

北京汇瑞嘉合文化发展有限公司 印刷
科学出版社发行　各地新华书店经销

*

2022 年 7 月第 一 版　开本:787×1092　1/16
2022 年 7 月第一次印刷　印张:19 3/4
字数:460 000
定价:260.00 元
(如有印装质量问题,我社负责调换)

序

海洋占地球总面积的 70.8%，是人类的蓝色家园，也是地球系统的重要组成部分；深海占海洋面积的 92.4%，迄今还是人类比较陌生的环境，也是科学探索的前沿领域。陆地与海洋像孪生姐妹，不可分割，沧海桑田变幻的神奇人类早已有所认识。该书以沉积系统为纽带，以地表系统过程为线索，串联起海洋沉积的方方面面，展示了地表系统海陆耦合、流固耦合的关键过程，全面反映了当前对深时海洋沉积过程的精细认识。

从源到汇的沉积过程是陆地和海洋之间物质搬运的纽带。从海岸带到深海大洋，许多全球性和区域性的气候、资源、环境及灾害等问题与事件最终都被海洋沉积物记录和保存；同时，海洋还是巨大的碳汇和碳库，是化石能源的主要储集区域。环境问题、巨量能源需求、海底特有金属开发和生物基因资源利用等，使得海洋沉积系统成为地球科学体系中集中体现沉积学、沉积动力学、层序地层学、（古）海洋学、板块构造学、洋底动力学、地球系统等基础理论于一体的重要前沿研究领域，海洋沉积成为多学科交叉的纽带，也是地学领域创新的源头。

《海洋沉积系统》一书遵循地球系统科学思想，突出了海洋沉积系统的环境形成与过程演变，致力于阐述从源区、流域、河口、海岸带、大陆架到半深海和深海大洋的沉积记录，揭示沉积环境、沉积特征、沉积过程、沉积动力、演化趋势、综合效应及其沉积模式、主要影响因素等，并进一步关注海洋沉积地层的最终归属——造山带洋板块地层的分析与重建。与传统的沉积学不同，该书不但充分体现了系统论观念，强调一个系统内不同环境沉积过程的关联，还着重阐述了沉积汇区的可容纳空间变化、沉积充填样式与海平面变化的关系，也更进一步关注到源-汇效应及物质输运过程。

我欣喜地看到，该书真正将海洋沉积体系置于与之相对应的板块构造体系和威尔逊旋回的框架内进行分析与阐述，通过多学科的交叉渗透，充分展示了海洋沉积系统研究的新成果、新进展、新思路和新方向。这样的编著思想不但充分体现了海洋沉积系统的系统性，也使各类沉积体系有了相应的板块性质、海底动力条件和沉积背景归属，这对造山带古地理的恢复、重大构造变革期古地理学研究等都将起到积极促进作用。在对海洋沉积学知识的长期积累和近年来研究进展基础上，许淑梅和李三忠等一批年富力强的中青年科研工作者锐意进取、不懈创新，《海洋沉积系统》正是该团队多年工作和积累的结晶。这部著作的出版，不但展现了作者的学术思想和专业追求，更体现了作者求真务实、服务行业的科学素养与奉献精神。

《海洋沉积系统》是"海底科学与技术丛书"之一，集体系性、基础性、前沿性和科学性于一体，无论是在学术还是在应用方面都有着重要的价值。"海底科学与技术丛书"的出版不仅体现了中国海洋大学该研究群体的整体性、完整性、协调性，更展现了中国海底科学未来的前景。"海底科学与技术丛书"的作者们都是教育工作者，他们一直致力于未来海底科学高端人才的培养，编著好颇具特色和学术价值的每一本参考书也始终是他们追求的目标。

特此，我非常愿意向各位同行、读者推荐这本《海洋沉积系统》。此书对中国海洋沉积学和国际海洋沉积学的持续发展和创新将起到进一步的促进作用，也必将推动深时地球系统科学理论的构建，并对中国全面走向深海大洋、获得更强的海洋国际话语权、维护国家海洋权益、服务海洋大型工程建设、确保海洋健康发展等方面均会有所裨益。

中国科学院院士

2021 年 8 月

前　言

　　海洋沉积系统经历了从"源"到"汇"、从洋中脊扩张形成新生洋到洋壳俯冲碰撞形成造山带的一个周期性发育演化过程。为了体现海洋沉积系统自身固有的这种旋回性和系统性特色，也使海洋各类沉积体系具有相应的板块背景、海底动力条件归属，本书编著过程中始终将"板块构造"、"洋底动力学"和"沉积盆地"等理论概念作为暗线，贯穿到从海岸带到陆架再到深海大洋的各类沉积环境和沉积相的阐述中去，更从地球系统演变和板块构造运动的视角出发，关注洋板块地层的最终归属，引进并详述造山带洋板块地层的概念及重建方法。

　　本书集中围绕地球系统的表层系统沉积过程展开，包括"滨、浅海沉积体系"、"半深海及深海沉积体系"和"洋板块地层"三部分，共13章内容。

　　第一部分"滨、浅海沉积体系"（第1～7章）首先介绍了滨、浅海沉积驱动、沉积背景及主要沉积类型，详细阐述了滨、浅海各类沉积体系，包括滨海风成沙丘、障壁岛、潮汐、三角洲、河口湾及碳酸盐和礁沉积体系等，并对各类沉积体系的板块背景、形成环境、物质来源、影响因素和发展演化等进行了深入分析。

　　第二部分"半深海及深海沉积体系"（第8～10章）首先介绍了大陆边缘过程和半深海、深海沉积物类型及深海沉积驱动作用；继之论述了大洋沉积记录与全球变化问题，包括全球海平面变化及大洋环流模式、海水氧溶解度和大洋缺氧事件、古海洋温度和白垩纪极热期、冰盖演变与冰期旋回、季风演变等全球变化问题，并分别对等深流、海底扇等相关深海沉积体系进行了系统阐述。

　　第三部分"洋板块地层"（第11～13章）主要包括洋板块地层学的介绍、年轻造山带洋板块地层和古老造山带洋板块地层分析及重建等内容。

　　本书的学术价值主要体现在：

　　1）将"板块构造"、"洋底动力学"和"沉积盆地"等理论作为一条暗线，贯穿到从海岸带到陆架再到深海大洋的各类沉积环境和沉积相的阐述中，旨在体现海洋沉积系统的系统性特色，也使各类沉积有了相应的海底动力条件、板块类型或沉积背景归属。

2）关注现代海洋沉积特征和规律的同时，从板块构造视角出发，关注板块构造运动旋回中洋板块地层的古沉积特征。在第三部分"洋板块地层"中，重点引进了近 20 年发展起来的"洋板块地层学"的概念及重建过程。这不仅丰富了海洋沉积系统的内涵，而且使海洋沉积系统研究的外延得以拓展。

全书由许淑梅和李三忠等编著。具体分工如下：第 1~7 章由许淑梅编写，第 8 章由许淑梅和冯怀伟编写，第 9 章和第 10 章由许淑梅编写，第 11~13 章由许淑梅和李三忠编写。

编者衷心感谢为本书做了大量内容初期整理工作的张晓东副教授和团队其他老师们。在一些关键细节的构思和写作过程中，赵彦彦教授、乔璐璐教授和赵淑娟副教授给予作者热情的帮助与支持。马慧磊、崔慧琪、舒鹏程、池鑫琪、孔家豪、王琳华、权日等研究生为初稿图件的清绘及文稿校对做出了很大贡献。衷心感谢评审专家和编辑提出的建设性修改建议及认真仔细的校改，也感谢编著者家人们的全力支持。本书部分引用了沉积学家、海洋地质学家、构造地质学家、物理海洋学家及环境地质学家近十年来的科研成果、优秀论文、科学书籍和精美图件，在此向各位前辈学者谨致谢忱。

在本书的编著写过程中，作者得到了中国海洋大学领导给予的关心、帮助和支持，在此一并致谢。

本书受国家自然科学基金（91958109、91958214 和 42121005）、中央高校基本科研业务费专项（202172003）、国家自然科学基金委员会-山东省人民政府海洋科学研究中心联合资助项目（U1606401）、山东省泰山学者攀登计划项目（tspd20210315）、青岛海洋科学与技术试点国家实验室山东省专项经费（NO. 222QNLM05032）和 IODP 385 航次等课题以及海底科学与探测技术教育部重点实验室出版基金的资助，在此深表感谢。

海洋沉积系统的复杂性有目共睹，海洋沉积系统的研究正蓬勃发展，不同分支方向的研究程度不一，加之作者水平有限，书中难免有不妥之处，敬请广大读者不吝指正。

许淑梅　李三忠

2021 年 8 月

目　　录

第1章 | 滨、浅海沉积驱动及主要沉积类型

1.1 滨、浅海的空间范围及沉积环境

海岸带位于海陆结合部并呈带状围绕大陆边缘，既包括一部分陆地，也包括一部分海域，是受海陆相互作用影响显著的地带，既有舟楫之便，又有渔盐之利，自古以来就是世界上经济最为发达的地区。

从物质和能量输运的角度考虑，海岸带上界应当是海洋作用所能波及的地区，包括感潮河段及风暴所及的陆地，一般是最大风暴潮作用的上界，相当于离岸线10km的陆区；其下界应当是陆地地质作用影响所及之处，即风暴浪基面，相当于水深10~200m的海域（何起祥等，2006）。广义的海岸带是指从平均高潮线到陆架坡折带之间广阔的地表区域，包括大陆架在内（图1-1）。狭义的海岸带是指地球表面第四纪以来（最近2.60Ma以来）受海陆相互作用影响的一个沿海狭长地带，包括化石海岸、海岸平原、现代河口、沙丘和海滩区、海岸（海滩的水下部分）和大陆架的一部分。

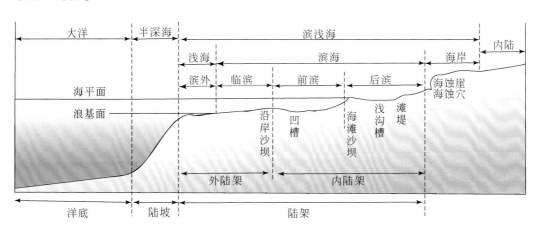

图1-1 海洋沉积相带的划分及滨、浅海的空间范围

海岸环境是海洋动力最强烈和最复杂的地区，波浪、潮汐及沿岸流强烈地冲刷、搬运和沉积海岸沉积物质，其作用强度要大于河流流水作用强度的100倍。

第四纪以来海平面变化显著。冰期全球海平面比现在低得多（>100m），间冰期海平面升高约10m。冰期—间冰期变化使滨、浅海沉积远远扩展到现代海岸区域之外。在构造活跃的沿海地区，古海岸线也会明显地移位。海岸演变还具有累积效应，当代海岸地貌是以前海岸过程的产物（Cowell et al.，2003a，2003b）。海岸带也是人类活动最活跃和最集中的地区，人类活动改造已经成为海岸带一种重要的地质营力，参与着海岸带的再造。

1.2 滨、浅海沉积驱动

在滨岸带，波浪、潮汐和沿岸流是最为活跃的地质营力；在浅海陆架区，存在流向和强度变化均很大的潮流、风暴流等多种水动力作用形式，随着水深增加，水动力作用强度逐渐减弱。这些水动力为滨、浅海沉积物搬运提供了基本的能量，也是塑造海岸带地貌的物理驱动力。能量梯度是导致波浪和潮汐形成的驱动因素，这些驱动力最终来自太阳能及太阳与月球的引力。地球表面普遍存在的温度梯度导致风的形成。风吹过海面产生海浪，海浪有效地将能量传输到更远的地方。太阳和月球引力梯度导致海面高度每日的剧烈变化并塑造海岸地貌。在能量梯度的驱动下，波浪和潮汐特征表现出强烈的空间和时间上的差异性；同时，波浪和潮汐的分布也会受到气候变化的深刻影响。

1.2.1 波浪

1.2.1.1 波浪的形成与特征

风作为地质营力会直接产生侵蚀、搬运、沉积作用，作用于水体还会产生波浪。在风力直接作用下，海面受到风的摩擦，产生能量传递，发生起伏，形成波浪。

波浪形成时，海水质点受到扰动，离开原来的平衡位置而做周期性的向上、向下、向前和向后运动，并向四周传播。描述波浪的大小和形状是用波浪要素来说明的（图1-2）。波浪的基本要素有波峰、波谷、波高、波幅、波长、波陡、周期、频率、波速等。

1）波峰：波面的最高点。

2）波谷：波面的最低点。

3）波高（H）：相邻波峰与波谷之间的垂直距离。

4）波幅（α）：波高的一半，$\alpha = H/2$。

5）波长（L）：相邻两波峰或相邻两波谷之间的水平距离。

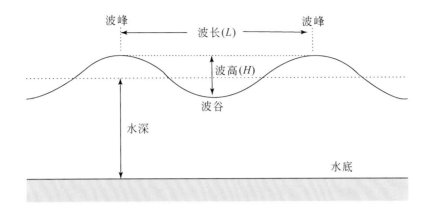

图 1-2　波浪要素示意

6）波陡（δ）：波高与波长之比，$\delta = H/L$。

7）周期（T）：波形在传播过程中，相邻两波峰或两波谷相继通过一固定点所需要的时间。

8）频率（f）：周期的倒数，$f = 1/T$。

9）波速（C）：波峰或波谷在单位时间内的水平位移（波形传播的速度），$C = L/T$。

风成波浪的发生、停息、强度和范围主要受三个因素的控制：①风速；②风程，即风的吹程，是指风速、风向近似一致的风作用于水域的范围，即风与水面摩擦的距离；③风时，是指风速、风向近似一致的风连续作用于风区的时间。另外，风成波浪大小还受水深及海盆条件等因素影响，风速、风程、风时相同时，浅水区形成的风浪尺寸比深水区的小得多。一般情况下，风速大、风程长、风时长、海水深，则产生大浪，但风浪不会因为风时的延长而无限增大。因此存在一个风时临界值，当大于这个临界值时，随着风时的延长风浪的大小不再增加，风浪此时达到定常状态，称为定常波。

1.2.1.2　波浪的作用

波浪在从深水区向浅水区传播并逐渐接近岸线的过程中，会产生一系列的变化：由于水深逐渐减小，波速会减慢、波浪会发生变形，如波峰变陡、波高增加直到破碎；由于滨岸带地形变化等，波浪还会发生折射。

（1）波浪遇浅变形

按照水质点的运动方式，水面波可划分为振荡波和孤立波两类：①在一个波浪周期内，水质点只以圆形或椭圆形的轨迹发生振荡而没有明显净位移，这种波浪称为振荡波。振荡波主要发生在深水区。②在移动着的波峰处，水质点沿波浪前进方向发生位移，这种波浪称为推进波或孤立波。

一个理想的波列经过水面时，波浪剖面表现为一系列对称的波峰和波谷，近似于正弦曲线。当波峰通过时，水面上升，波峰下面的水质点都随波浪前进而向前运动。波峰通过之后，水面逐渐下降，运动着的水质点也向下运动。当波谷到来时，其带动水质点向着与波浪前进方向相反的方向运动。波谷通过之后，水质点继续向上运动。在每个波浪周期内，水质点会在与波浪前进方向垂直的平面中，画出一个圆形轨道，如此周而复始，称之为振荡波。由此定义水表面处水质点圆形轨道的直径即为深水波的波高。这个圆形轨道的直径会随水深的增加呈指数减小。根据计算，当水深达到 1/2 波长（L_0）的深度，轨道直径变为其水面上数值的 1/23，水质点几乎静止，所以一般将 $L_0/2$ 对应的水深处称为浪基面。浪基面离岸方向，波浪不再影响水底；浪基面向岸方向，波浪开始与水底相互作用。

波浪传播至浪基面之上，波浪触及水底，发生遇浅变形，深水波变为浅水波（图 1-3）。波浪进入浅水区以后，一方面波速不断减小，另一方面水质点的运动速度加快。这样，总有一个时刻波峰的水质点运动速度将会赶上并超过波形的传播速度，此时波浪将发生破碎并消耗大量的能量，水质点的运动轨迹由圆形变为椭圆形，形成破浪带，这也是遇浅波浪向岸一侧的边界。波浪发生遇浅变形后，水质点运动的椭圆半径随水深的增加变小，且椭圆的垂直半径越来越小于水平半径，直至水底椭圆的垂直半径几乎为零，水质点沿水底做往复运动。另外，随着遇浅变形过程的深入，水质点的椭圆轨迹逐渐由封闭变为不封闭，导致在同一波浪周期中，水质点向岸运动的速度大于向海运动的速度，即水质点发生向岸方向的位移，振荡波开始变为推进波。越靠近岸线，这种不对称性越明显，波浪变形也就越严重，直至波浪破碎，形成破浪。

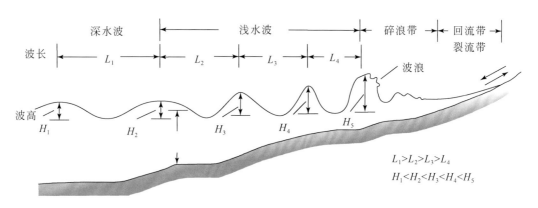

图 1-3　波浪传播过程中的波形变化

波浪运动时传播动能和动量。动能 E 的计算公式如下：

$$E = \frac{1}{8}\rho g H^2$$

式中，ρ 为水体的密度；g 为重力加速度；H 为波高。

动量 q 的计算公式如下：

$$q = \rho \mid \boldsymbol{u} \mid$$

式中，ρ 为水体的密度；$\boldsymbol{u}$ 为（沿岸流+跨岸流+垂向流）流速的矢量总和。

由于破浪带紧靠岸线，雍高于岸边的水体通过破浪带会形成一股流回海洋的条带状表面冲击流，又称裂流（图1-4）。因此，裂流是由破浪引起的向着海洋方向的一种单向流。裂流持续时间短、流速快，流向几乎与海岸垂直，是滨岸沉积物向外海输送的重要动力之一。

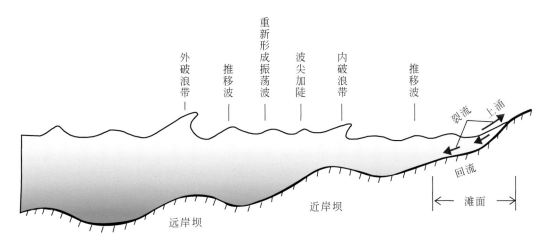

图 1-4　破浪区中水流情况示意

（2）波浪折射

波浪折射指波浪从深水区向近岸传播时，因水深变化而发生波向线和波峰线转折的现象。波向线是指垂直于波峰、指向波浪前进和能量传播方向的线；波峰线是指垂直于波浪传播方向上各波峰顶的连线（图1-5）。深水区波峰线垂直于波浪前进方向，浅水区波浪前进方向常与岸线斜交。同一波列两端的水深可能有较大的差异，亦即同一波峰线上各点的水深不同。当深水波进入浅水区时，波峰线与底部地形等深线常常不平行而成一偏角 α_0（或波向线与等深线不垂直而成 $90° - \alpha_0$）。由于波浪遇浅时，波速随水深的减小而减小，因此同一波峰线上各点的波速不同。到达浅水区的波浪波速先变慢，而位于较深水波浪的波峰移动速度大于较浅处，造成波峰线和波向线的转折，发生波的折射。波浪折射的结果使波峰线趋于与等深线平行，最后趋于与岸线一致，而波向线趋于与等深线垂直（α_0 逐渐变小），最后趋于与岸线垂直。

波浪折射引起波能的分散或集中。两条波向线之间的能通量不变，因此折射引起的波向线扩展，要求同样大小的能通量扩散到更大的波峰长度上，使能量扩散；如果波向线集中，则情况相反（图1-5）。

岸线的不规则性和水下地形的复杂性导致波向线与波峰线在浅水区的变形呈现多样性，并发生复杂的折射，使波高和能量在沿岸发生变化。图1-5（a）和（b）为岸线平直的海岸带不同水下地形对波浪折射的影响，峡谷状水底使波向线向两侧辐散，波能分散，波高降低[图1-5（a）]；脊岭状水底将使波向线向中间（脊岭处）辐聚，波能集中，波高增大[图1-5（b）]。图1-5（c）和（d）为岸线不规则的岬角、海湾区波浪折射的情况，波向线在岬角处辐聚[图1-5（c）]，在海湾处辐散[图1-5（d）]，波能集中于岬角。在波能辐聚区域，如岬角和岸线平直的脊岭状海岸容易遭受侵蚀；在波能辐散区域，如海湾和岸线平直的峡谷状湾区易接受沉积。

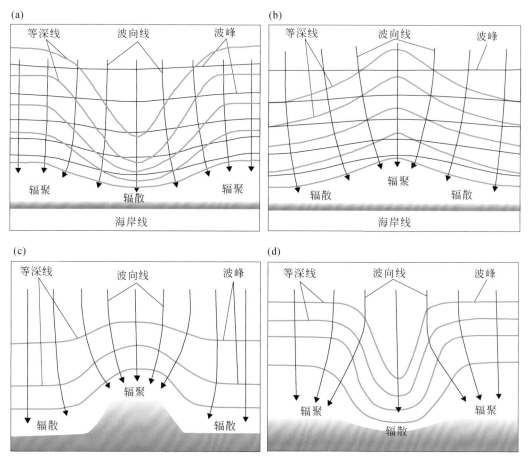

图1-5　微地形起伏对波浪折射的影响（Komar，1998）

不同环境和水深的海岸带具有不同的波浪特征，波浪对沉积物搬运、沉积作用的影响亦不相同。在滨外陆架，由风等因素引起的波浪称为涨浪。涨浪不能触及海底，故对海底沉积物影响较小。至临滨带，海底处于浪基面之上，波浪因触及海底而使波能增加，波高增大，称为升浪。临滨带水体向岸运动速度略大于向海速度，波浪向岸方向运动挟带泥沙要克服重力作用；反之，水体挟带泥沙向海运动的过程中，重力则起到促进作用，其结果表现为细颗粒泥沙向海运动，形成不对称沙纹，波脊呈直线形或新月形。沙纹内部交错层理发育，向陆方向倾斜较陡，向海方向倾斜较缓。随着波浪向岸传播，水深变浅，波高逐渐增大，当水深为波高的两倍时，波浪开始倒卷和破碎，称为破浪，该带因此称为破浪带。破浪带波浪变形显著，对海底的冲刷及对碎屑物质的簸选、淘洗强烈，波浪向岸的推动力克服重力和摩擦力，使较粗的碎屑向海岸方向搬运，堆积形成沿岸（远岸）沙坝。破浪带为高能带，破浪发生时形成大的涡流，使粗颗粒沿着椭圆轨迹平行滨线呈跳跃式底载荷运动，而细颗粒沉积物暂时呈悬浮状态移动（图1-6）。破浪带沉积物颗粒粗大，发育新月形或平坦床沙。

环境	滨外	滨岸（或海岸）					滨岸沙丘
带	陆架	临滨			前滨	后滨	沙丘
水动力	涨浪	升浪	破浪	涌浪	冲浪	风暴浪	风吹
水的运动	振荡运动		波浪崩碎	波浪传播，沿岸流向海回流，裂流	冲洗，回流裂流		
剖面及地貌	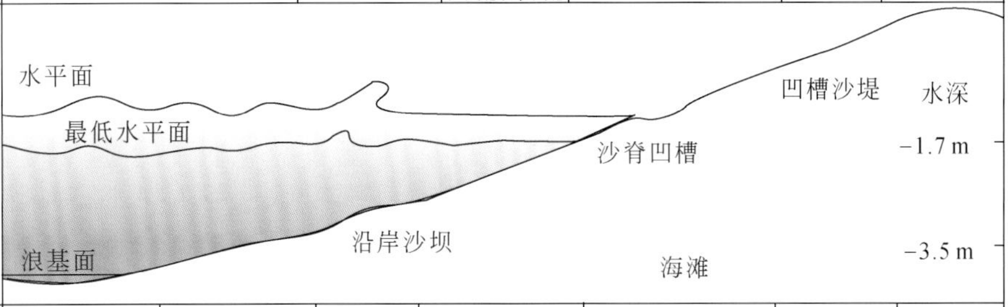 水平面；最低水平面；浪基面；沿岸沙坝；沙脊凹槽；凹槽沙堤；海滩；水深 −1.7 m；−3.5 m						
沉积物	细	较细	最粗	中等	较粗	细	
主要作用	加积		侵蚀	搬运	侵蚀+搬运	加积	
能量	低	较低	高	中等	较高	低	
床沙特征	（外）水平的平坦状	（外）不对称沙纹	新月形沙垄	（外）平坦状	（内）沙纹	（内）平行的平坦状	（内）水平的平坦状

图1-6 滨岸带不同沉积环境水动力状况及沉积物搬运沉积特征（刘宝珺，1980）

从破浪带再向岸方向，水深相当于一个波高时，波峰发生完全倒转和破碎，称为碎浪或涌浪，此带亦称为碎浪带或涌浪带。碎浪带的存在与否及其宽窄主要受海滩坡度和潮汐状况影响。海滩坡陡，不形成碎浪带，破浪发生在岸边，形成拍岸浪；海滩坡度平缓时，可形成较宽的碎浪带；中等坡度的海底，除高潮时无碎浪带外，其他时间都有碎浪带存在。碎浪作用使波浪能量消耗达90%以上，所以波浪破碎以后，除破浪向海岸产生的涌浪搬运较粗粒沉积物外，其他沉积物的搬运是很少的。

当碎浪或涌浪进入前滨带之后，海水借助惯性作用冲向海岸，形成冲浪，该带亦称为冲浪带或冲流带。冲浪带包括惯性作用下的进浪和重力作用下减速回返海中的退浪或回流。冲浪带沉积物经波浪反复冲刷、淘洗，形成了成分和结构成熟度均较高的砂质海滩堆积。风暴浪时期，海水挟带碎屑物质进入后滨带，在海滩外侧形成平行于海岸的连续线状沙脊，称为滩脊。

波浪与海岸斜交时，在海岸带坡度平缓的碎浪带将产生与海岸几乎平行的沿岸流。沿岸流为临滨带十分重要的动力学因素，与河流作用极为相似，有学者因此称之为"沙河"，是沉积物沿岸搬运的主要营力之一。沿岸流流速取决于推进波的大小及其与海岸的夹角。风暴来临时，其速度常常超过1m/s。沿岸流的一侧是海岸，另一侧是破浪带。几乎所有的沉积物搬运都发生在这一狭长地带内。沿岸流沿沿岸沙坝及海滩脊间的沟槽系统流动，经数米或数十米后，至沟槽末端改变流向，然后近乎垂直地向海方向流去，形成裂流或离岸流。沿岸流和裂流在海滩与沟槽中可形成各种形状及大小的波痕。

斜交海岸的波浪可使碎屑物质沿波浪和重力两者合力的方向移动，移动路径呈"之"字形。当波浪与海岸呈45°交角时，碎屑物质的搬运路线几乎平行岸线。波浪斜向向岸的运动过程中，遇海岸发生转折或海湾水体加深，其流速骤减，碎屑物质卸载可形成各种形状的沙嘴。

滨岸环境中，波浪作用对碎屑物质的搬运方式和粒度分布具有明显的控制作用。从海岸沙丘向陆方向的各种沉积都具有特征的粒度曲线，粒度概率累积曲线中的跳跃总体含量和段式均发生规律性变化。

1.2.1.3 其他类型的波浪

波浪代表了世界海洋中最常见的海浪现象，但也存在许多其他成因类型的波，其中许多波的波长比典型的风成波浪要大得多（图1-7）。

（1）海啸

海啸是一种表面重力波，由大量水体突然而迅速位移引起。"海啸"一词起源于日本。日本由于近海频繁发生大型地震，所以海啸时有发生。海啸通常发生在海洋中，但也可能发生在大湖和海湾中。海啸的波长很长，可达100km，在深水中移动时振幅很低，在1m左右。尽管海啸的波长很长，但由于海啸的振幅较低，因此在开阔大洋中海啸往往很难被探测到。海啸是浅水波，根据线性波理论，海啸的速度（c）只与水深（h）有关：

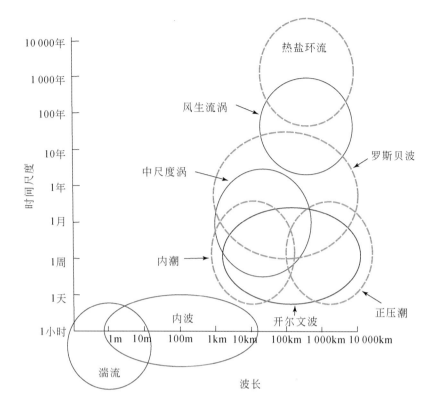

图 1-7　海洋中各种类型的波浪和潮流

$$c = \sqrt{gh}$$

式中，g 为重力加速度。

　　海水越深，海啸的速度越大。海啸以每小时 800km 的速度穿过深海。由于其传播速度非常快，可以迅速地穿过广袤的海洋。例如，2011 年 3 月 11 日的日本东北地区海啸在地震发生后不到 20min 就产生了巨浪，袭击了日本海岸。相反方向的海浪穿过太平洋，在地震发生 12h 后到达美国西部海岸。

　　在深海，海啸波高可能只有 1m 左右。为什么海啸却会在海岸造成如此大的破坏？其原因在于海啸具有非常长的波长，并扰动了巨大的水体。当海啸接近海岸并进入浅水时，由于与海底的摩擦，波浪的前部开始减速，振幅则开始增大。海啸的波长比正常波长大几个数量级，因此波的振幅有可能变得更高。当海啸波的前部变慢时，波的后部移动得更快。为了适应这种动态变化，海啸波的高度会迅速增加。该过程被称为"遇浅变形"，波浪也常见遇浅变形现象。在许多情况下（通常是在浅海岸线处），波浪的上半部分比下半部分移动得更快，因为下半部分与海床的摩擦更大。波浪会陡然上升，像正常的海浪一样破碎。在珊瑚环礁等陡峭的海岸带，海浪可能来不及通过与海底摩擦而减速，形成连绵不断的海浪或类似于迅速上涨的潮水的巨浪。

　　海啸通常由一系列单独的波组成，称为波列。海啸波列的大小不等，当海啸波列到达海岸时，其破坏力可能会加剧。海啸带来的危险也不太可能随着第一波的到来而消失，因为根据不同的情况，进一步到来的海啸带来的危害可能仍会持续数小时。

　　海啸发生时大量水淹没沿海地区，对沿海地区造成巨大的破坏。当海啸到达大陆架时，遇浅变形形成波高极大的波浪，导致海面急剧升高，对海岸带造成灾难性的破坏。海啸通常与海底地震有关，但也有许多其他潜在的原因可以引发海啸，这些原因包括强烈的海底岩浆喷发、水下核装置的爆炸、陆地和海底滑坡、大规模地质运动、陨石碰撞以及水面或水下的其他扰动等（图1-8）。1883年喀拉喀托火山的爆发和崩塌在印度尼西亚爪哇岛北部的默拉克港口造成了超过45m高的海啸巨浪。1958年阿拉斯加的利图亚海湾由地震导致的山崩引发海啸，导致海面急剧升高超过500m，并持续向岸涌动。

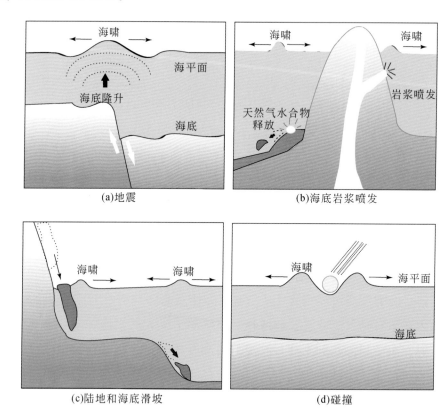

图1-8　海啸产生机制示意

虽然地震是海啸发生的主要原因，但也存在其他机制，如陆地和海底滑坡以及海底岩浆爆发或侧翼坍塌等均可产生历史和史前（地质）记录中最大海啸事件（资料来源：新加坡地球观测站，Earth Observatory Singapore，EOS）

（2）大尺度低频波

大尺度低频波包括罗斯贝波（Rossby wave）和开尔文波（Kelvin wave）等（图 1-7），两者在海洋环流的时间演变中起到决定性作用。罗斯贝波称为巨大的行星尺度波，它依靠科里奥利力（Coriolis force）的纬度梯度作为驱动力从东向西传播。罗斯贝波的波长和周期分别是几百公里和几百个月。罗斯贝波传播速度很慢，约为每天几公里，但其传输的热量巨大，并对全球气候产生巨大影响。另一种需科里奥利力驱动，具有横向边界的大尺度波称为开尔文波。在赤道附近，开尔文波还能如潮汐一样促进海面高度有规律地每日波动。

（3）重力波

重力波隐藏在海面之下，垂向海水密度梯度驱动其传播，其波长比一般的波浪要大得多。通过卫星遥感或现场观测都可以探测到这些波的存在。

（4）中尺度涡

中尺度涡是大洋环流中能量最充沛的波分量，海洋总动能中的 99% 属于中尺度（或天气尺度）的旋涡，也称之为地转湍流（geostrophic turbulence）。中尺度涡在海洋能量串级（energy cascade）中起着至关重要的作用。当前由于数据不足，对中尺度涡的认识还很不完整。尽管卫星高度计已经提供了有关中尺度涡表层信息的丰富数据，但在广袤的海洋中对中尺度涡进行观测，技术上仍然面临巨大的挑战。随着世界大洋中大深度 Argo 浮标观测的发展，在不久的将来，有望看到更为完善的三维旋涡观测数据。

（5）准定常流系

准定常流系包括风生环流和热盐环流。海洋中的大尺度运动由若干环流系统构成，但它们受到各种外力的调节。这些环流系统在全球环境和气候构建中起了至关重要的作用。

（6）内波

内波的振幅约 10m，周期约几小时。

1.2.2 潮汐

浅海陆架区存在潮流、风暴流等多种水动力作用方式，这些水动力的性质和作用强度变化都非常大。在许多浅海陆架区，水流速度很慢，对沉积底形不会产生较大影响，许多瓣鳃类介壳凹面朝上的优势方位说明了这一特征。在狭窄海峡和陆架区，可以出现很强的海流。这些地区的潮流、密度流及其他气象海流的流速可达 150cm/s 甚至更大，从而形成巨型波浪，如马六甲海峡、英吉利海峡和琼州海峡。

大型海盆受到潮流有规律的周期性作用。人类有意识地进行科学观测和研究之前就已经注意到动荡潮流的加速、减速和流动逆转等现象。潮汐作用可波及整个海盆，但由于岸线和海底地形的复杂性，潮汐的影响范围也可能会是比整个海盆小得多的多种空间尺度。来自全球不同地点的潮汐记录揭示了潮汐的共同特征。美国洛杉矶南隘口的潮汐记录代表了本质上最容易理解的潮汐信号。每 14 天发生一次的特别强烈的潮汐称为大潮，而发生在大潮中间的最弱的潮汐称为小潮。这些较小尺度的运动是和外海大尺度潮汐运动相联系的。尽管大多数分潮的周期是 "一天" 的量级，但有些分潮也会有比较长的周期，如具有年周期和半年周期的太阳潮（solar tide）。

潮汐运动理论是动力海洋学中最古老的分支理论。潮汐运动的现代理论始于1687 年牛顿（Newton）的经典平衡潮理论和 1775 年拉普拉斯（Laplace）对潮汐方程的公式化处理。平衡潮理论认为地球是一个被液体覆盖的球体，这个液体行星的表面与作用在它上面的力处于平衡状态。引发平衡潮形成的力是万有引力。月球对地球的引力会导致地球向月面的液体膨胀，随着地球绕地轴的自转，地球的凸起液面相对于月球会保持固定，所以地球上一个固定的点每日将经历一次海平面的上升和降低，即全日潮（图 1-9）。由于潮汐运动基本上是由天体引潮力以及海岸形状和海底地貌所决定的，可以认为在小于百年的时间尺度上，潮汐运动几乎不随时间变化。

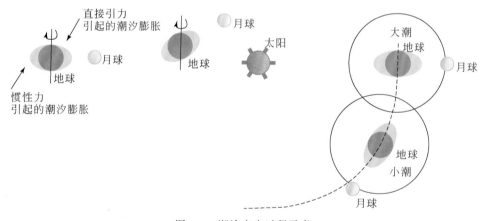

图 1-9　潮汐产生过程示意

大陆架的宽度和海岸带的坡度在决定沉积物的可容纳空间及海岸带是由波浪还是潮汐所控制等方面起着主导作用。陡峭、狭窄的大陆架以波浪作用为主，但在宽浅、广阔的陆架区，尤其是在近岸处，波浪遇浅发生能量耗散，潮汐作用反而会加强。

浅海风暴流是由季节性台风或飓风引起的风暴潮所产生的。这种风暴潮的强大动力冲刷着沿岸和近海沉积。风力减退时，风暴退潮流挟带大量悬浮搬运的沉积物向海方向搬运，形成一个向海流动的密度流。在正常浪基面和风暴浪基面之间，密度流挟带的沉积物发生再沉积作用，因风暴浪在该区仍影响到海底，故形成丘状交错层理砂岩。若密度流进入风暴浪底以下，可形成具有鲍马序列的正常浅海浊积岩。1973年艾格（Ager）把由风暴流作用形成的一套沉积物组合称为风暴岩，其属于事件沉积类型。

1.3 滨、浅海沉积特征

滨、浅海沉积物和沉积岩是由一系列动力地质过程塑造而成的，也是记录环境变化和地球历史的重要档案。世界大部分海岸沉积主要为来自大陆岩石风化和侵蚀的陆源沉积，一般由泥、沙和砾石组成；也有一部分来自沿岸沉积物的再搬运和再分配；还有一部分属内源有机沉积成因。海岸带受波浪、潮汐及风的影响，形成河口湾、三角洲、滨岸滩坝、障壁沙坝和潟湖。根据水动力条件、沉积物类型和沉积物供给丰度不同，沉积类型可划分为以潮汐为主的开阔或障壁式河口和三角洲环境中形成的沙滩、泥滩、砂坪和由植被覆盖的潮汐湿地；以波浪为主的泥滩和海滩、沙丘和障壁。在无沉积物供给的基岩海岸则可能形成侵蚀性海岸。侵蚀性海岸通常由基岩（包括硬岩或软岩）受切割形成的悬崖和断崖组成（图1-10）。

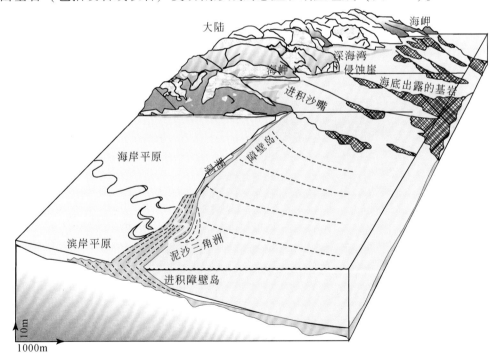

图1-10　基岩性质、基底坡度及沉积物供应对海岸带沉积影响示意（Roy et al.，1994）

海岸带包括缺乏沉积物供应的基岩海岸海岬、深海湾及暗礁和沉积物供应充足的海岸平原及障壁沉积。障壁沉积体系包括与海岸完全连接的海湾、海湾障壁、海滩，与海岸局部连接的沙嘴和海湾沙坝及与海岸无连接的潮汐三角洲独立障壁、海滩脊平原和内陆架砂体

滨岸相位于浪基面与最高涨潮线之间。根据海岸环境特征,可划分为障壁型滨岸和无障壁型滨岸两种类型。障壁型滨岸发育障壁岛、潟湖、潮坪,其环境和沉积特征属于海陆过渡相。无障壁滨岸环境是无障壁岛遮挡、海水循环良好的开阔海岸带。无障壁海岸带的宽度随海岸带地形的陡缓而定。在陡岸处,海岸带宽仅数米;在缓岸处,海岸带宽度可达10km以上。不同海岸带环境下的海岸带沉积,包括滨海沙丘、障壁岛、潟湖、滨海沙滩、潮坪、滨岸生物礁、河口三角洲等在时间和空间上互为依存,既有共性,又有各自特殊的沉积特征。

按照水动力状况和沉积物类型分为砂质或砾质高能海岸及粉砂淤泥质低能海岸两种类型,高能海岸环境以砂质类型居多,砾质少见。按照海岸地貌形态可划分为海岸沙丘、后滨、前滨、临滨等几个次级环境(图1-6)。低能海岸带以潮流作用为主,为粉砂淤泥质海岸,可划分为潮上带、潮间带和潮下带等若干次级环境。当海岸带坡度平缓时,常发育较宽阔的潮间带(潮滩),缺失后滨带。

滨海沙丘一般发育在砂质高能海岸潮上带的向陆一侧,特大风暴时潮水所能达到的最高水位是滨海沙丘的下界。滨海沙丘包括海岸沙丘、海滩脊、沙岗等沉积单元。海岸沙丘是由波浪作用从临滨搬运至前滨或后滨而处于海平面之上的海岸砂再经风的吹扬改造而成。海滩脊多在最大高潮线附近出现(被植被覆盖的海滩脊又称为千尼尔沙岗),是在高于平均高潮线的高潮和风暴潮时期由波浪堆积起来的。在强烈风暴潮,如飓风时期,海水挟带滨岸沙冲跃海岸沙丘,在其后的陆地或者盐沼内形成砂质扇形堆积体,可延伸数公里(图1-6)。

后滨属潮上带,位于滨岸沙丘下界与平均高潮线之间,平时暴露地表经受风化作用,只有在特大高潮和风暴浪时才被海水淹没,并受到波浪和弱水流作用。有水时,沉积水动力较强;无水时,受风的改造,沉积动力弱。后滨主要形成具有平行层理的砂体(图1-6)。

前滨位于平均高潮线与平均低潮线之间的潮间带,地形平坦,起伏较小,并逐渐向海倾斜。前滨可发育一个或多个不对称沿岸沙坝。沙坝向海缓倾(4°~6°),发育低角度交错层理;向陆陡倾(10°~30°),发育大型板状和槽状交错层理。前滨带还可见砾石沉积,并伴生大量贝壳碎片和云母等。砾石长轴平行岸线分布,扁平面倾向大海中央方向(图1-6)。

临滨为位于平均低潮线至浪基面之间的潮下带。临滨带常发育沿岸沙坝,波能越弱,沿岸沙坝越小。在低能沿岸区,仅有一条沿岸沙坝发育在低潮线附近;在高能沿岸沉积区,可发育多排沿岸沙坝,强风暴潮则可夷平沿岸沙坝。沿岸沙坝向陆一侧伴有凹槽,发育浪成波痕和小型流水波痕。临滨沉积完全没于水下,不断受浅水波浪和海流的作用。根据波浪和水流作用及不同地貌单元的沉积特征,将临滨沉积细分为上临滨、中临滨和下临滨三个沉积微相。

上临滨紧邻前滨并在涌浪带及破浪带发生沉积（图1-6）。该带受波浪和潮汐作用影响，沉积了成分和结构成熟度均高的石英砂砾岩，发育有大型槽状交错层理、双向交错层理、平行层理和冲洗层理。因上临滨与前滨沉积呈过渡关系，有时不易区分两者的沉积边界。

中临滨处于水深较浅的、地形坡度起伏的破浪带（图1-6），水动力强，沉积物粒度较粗。受波浪破碎作用影响，临滨带发育一排或多排沿岸沙坝及沙坝间凹槽。沿岸沙坝的数目多少与地形坡度大小相关。地形坡度越缓，发育的沙坝数目越多，可达10列以上，沙坝间隔约25m。通常发育2~3排长几公里到几十公里的沙坝。陡倾的海滩通常不发育临滨沙坝。沙坝主要由较为纯净的中细砂组成，可含少量粉砂层和介壳，常见较大规模的与波浪作用有关的交错层理。

下临滨邻近正常浪基面，是临滨环境中水体较深的沉积部位，对应升浪地带，水体能量较弱，但又常受到风暴流的影响。该带主要发育具有小型交错层理和水平层理的粉砂岩和细砂岩，生物扰动明显。

浪基面以下向浅海陆架过渡，其间通常有一个明显的坡折。滨海向浅海的过渡带位于浪基面和坡折点之间，实际上已经属于浅海环境。浅海环境沉积物以粉砂为主，过渡带外侧为滨外陆架环境（图1-1）。

浅海陆架位于正常浪基面与陆架边缘之间，水深一般10~200m，宽度数公里至数百公里不等（图1-1）。浅海主要包括两种类型，即陆缘海（或边缘海）和陆表海。陆缘海即现代陆架，如东海、南海等；陆表海则是延伸到大陆内形成的浅海盆地，如渤海、波罗的海和北海等。陆架浅水区阳光充足，氧气充分，底栖生物大量繁殖。在陆架边缘深水区方向，因阳光和氧气不足，底栖生物大为减少，藻类生物几乎绝迹。

浅海陆架水动力条件复杂，其中包含流向和强度多变的海流、正常和风暴引起的波浪、潮汐流及密度流等。它们对沉积作用的影响随水深而变化。在陆架浅水区，潮汐作用的影响虽已微弱，但海流和波浪尚有一定的影响，仍可形成一定规模的波痕和交错层理。强风暴形成的巨波浪强烈影响海底，可使沉积物呈悬浮状态向海洋搬运，形成风暴砂岩。考虑到浅海地区潮汐流、风暴流、海流及密度流的作用，可将前海陆架沉积划分为潮汐控制的陆架、海流控制的陆架和风暴控制的陆架三种类型。

陆架沉积主要由粉砂质黏土和黏土质粉砂组成，可发育对称或不对称波痕及交错层理，水体较深处发育水平层理，尤其在黏土岩中发育薄而清晰的水平层理。常见生物扰动构造、底冲刷、虫孔和虫迹，但没有干裂和雨痕。在较浅水的滨外陆架区，发育种类和数量繁多的生物，如珊瑚、海绵、苔藓、层孔虫、藻类、腹足类、瓣鳃类、腕足类、棘皮类、有孔虫类、头足类等。

陆架沉积可分为现代沉积和残留沉积两种类型。现代沉积物来源于河流挟带的陆源物质越过滨岸带的沉积和原地沉积，如生物沉积、火山沉积和自生磷灰石、海绿石沉积等。残留沉积物是由古代地史时期较老的沉积残留下来的，末次冰期之后，冰川融化造成的全球性海侵，使古代大面积滨海沙在现今滨外陆架区得以残存。据估计，现今滨外陆架沉积的70%为残留沉积所覆盖。

板块构造运动和全球气候的重大变化会影响海平面升降，海平面升降控制海岸线的位置并导致海岸带沉积在垂直岸线方向的迁移和相变。海岸带沉积记录了由岸线迁移导致的地层序列进积和退积过程的演变，地层序列的叠置样式和演化过程是"层序地层学"的研究领域。层序地层学的出现使地质学思维和地层分析方法发生了重大变化，是沉积地质学领域的一场革命（Catuneanu et al.，2009）。层序地层学可解决以下问题：①重建沉积盆地的沉积作用主控因素，特别是海平面变化和构造运动对沉积的控制作用；②对盆地待勘探区域进行沉积相和地层结构预测。

1.4　海岸带的分类

在较短的时间尺度上，海岸带类型和形态主要由局部构造运动特征、基岩岩性和沉积物的数量决定。局部构造样式影响海岸相对于海平面的位置，从而影响海岸带的边界过程。冰期和间冰期交替过程中，地壳均衡作用对海平面升降和海岸带可容纳空间也有较大影响，基岩岩性则决定海岸带的岩石类型。从更长的时间尺度来看，海岸带形态主要受区域构造运动样式的影响，海岸带类型通常是全球板块构造运动的产物，板块构造运动是不同类型海岸形成的主要原因。一方面，板块裂解和增生过程决定了海岸的基本类型；另一方面，板块的碰撞和俯冲过程也是海岸破坏的主因。所以，针对海岸带类型的划分，首先重点讨论基于全球板块构造运动格局的海岸带分类方案，然后讨论基于局部构造运动特征和基岩性质的其他分类方案。

1.4.1　基于板缘类型的海岸带分类方案

早在20世纪60年代板块构造概念出现之前，苏斯就区分了太平洋型和大西洋型两种海岸类型。聚敛板块边界处的海岸与太平洋型海岸大致对应，离散板块边界处的海岸与大西洋型海岸对应。Inman和Nordstrom（1971）认识到板块构造对海岸类型的影响，基于不同类型板块边界之间的地貌、构造差异和不同板块边界独特地质与形态特征，把海岸带划分为三种类型：①碰撞海岸；②后缘海岸；③边缘海海岸。碰撞海岸又称前缘海岸，为与俯冲汇聚作用相关的海岸边缘。碰撞海岸包含大陆碰撞海岸和岛弧碰撞海岸，前者如北美洲和南美洲的西部海岸带；后者如太平洋西侧的岛弧海岸，如日本海岸、菲律宾海岸、印度尼西亚海岸、新几内亚海岸等。后缘海岸又称被动陆缘海岸，如北美洲和南美洲的东部海岸带、非洲西部海岸带等。

现今更常见的是按照海岸带所在板块构造部位及板块边界特征把海岸带分为两种基本类型：离散板块边界处的海岸称为被动陆缘海岸，聚敛碰撞板块边缘海岸称为活动陆缘海岸。

被动陆缘海岸带一般都有比较平直的海岸线，构造相对稳定，大陆架宽，一般以潮流作用为主，潮坪沉积发育；活动陆缘海岸的岸线比较曲折，构造活跃，海岸地形起伏大，大陆架窄，沿岸地区以波浪作用为主，海滩和障壁岛不发育。中国从渤海经黄海、东海到南海，都有宽广的陆架，属于被动陆缘海岸带。表 1-1总结了活动和被动陆缘海岸在年龄、地形、地貌、构造、风化程度、水系、沉积特征和水动力特征等方面的主要差异。

表 1-1　活动和被动陆缘海岸的一般特征

基于板缘类型的海岸带分类		活动陆缘海岸	被动陆缘海岸
年龄		年轻（1 至几十个百万年）	老（几百个百万年）
地形		陡，山地	缓坡平原地带
地貌		高山带、火山发育 窄的陆架、深海海槽发育	海岸加积平原 平缓且宽广的陆架、大陆斜坡
构造		构造活动区，地震频发	构造稳定区
风化程度		物理风化为主，大型块体运动常见	化学风化为主，河流作用常见
水系		水系短、陡坡流	水系长、曲流河为主
沉积特征	速率	低	高
	粒度	细粒–粗粒	细粒
	分选	差	好
	颜色	暗	浅、亮
	组成	不稳定矿物	稳定矿物
海岸带地貌		多为基岩海岸，少见砂质海岸	广泛的障壁和三角洲沉积
波浪衰减量		低	中–高
潮汐影响范围		最低限度的影响	影响广泛、深刻
实例		美国西海岸、新西兰、冰岛、日本	中国、美国东海岸、南非、印度

1.4.1.1　活动陆缘海岸

活动陆缘海岸岸线相对平直，沿岸多为高陡的基岩，其腹地构造活动发育，常有与岸线平行的大型构造山系。板块汇聚过程的挤压应力导致沿岸高陡山脉的形成，如北美的落基山脉。汇聚边缘压应力产生的断层、褶皱、块体倾斜、弹性回弹和滑动使基岩变得脆弱，从而产生滑坡和其他类型的块体运动。这些运动为河流和三角洲沉积体系提供了物源。活动陆缘海岸带高陡和剧烈起伏的地貌在某种程度上可能有利于向海岸带提供丰富的物质，但过高的海拔也通常会改变大型河流的流向，使这些大型河流转而流向对面的被动陆缘海岸。活动陆缘海岸泥沙通常是通过受断层引导的小型河流输入，这些河流还会向下侵蚀陡峭的海岸带地形。这些小型河流输入的沉积物或直接沉积在近海，或受强烈波浪作用沉积在狭小的海湾。但也有例外，如西太平洋岛弧活动陆缘海岸沉积了一些来自喜马拉雅山系（长江、黄河）、印度尼西亚（马哈坎河）和巴布亚新几内亚（弗莱河和塞皮克河）等大型高沉积物供应河流输运的大量物质。

沿着活动陆缘海岸的俯冲碰撞构造是火山和地震活动发育的主要原因。俯冲洋壳的岩浆底侵作用导致火山爆发，如俄勒冈州的喀斯喀特山脉和安第斯山脉的火山活动。影响活动陆缘的地震会导致海岸线垂向突变，如隆起、下沉或两者兼而有之。地震通常会引发海啸，导致短暂的洪水肆虐，但这类洪水引起的岸线变化远小于低海拔被动陆缘海岸受海啸影响引发的岸线变化（图1-4）。活动陆缘的海啸波可能会在陡峭的海岸斜坡上发生反射，并在深谷切入海岸的地方形成水道。

1.4.1.2　被动陆缘海岸

从地质年龄看，被动陆缘海岸比活动陆缘海岸相对较老，自2740Ma以来在地球上几乎一直存在。现今的被动陆缘海岸尚处于其演化周期的中间阶段，平均年龄约104Ma，最大年龄约180Ma（Bradley，2008）。Inman和Nordstrom（1971）依据所在的板块位置识别出三种类型被动陆缘海岸：美洲型海岸、非洲型海岸和新后缘海岸。美洲型海岸和非洲型海岸都表现出发育良好的成熟边缘，构造活动相对稳定。正如Suess（1892）最初认识到的那样，成熟被动陆缘的主要构造线通常垂直于海岸。这些构造线通常与从裂陷边缘开口继承的转换断层断裂带有关。

美洲型海岸、非洲型海岸和新后缘海岸代表了处于不同演变阶段的海岸。

（1）美洲型海岸

美洲型海岸沿北美和南美东海岸分布，沿岸以广阔的低地平原为主并与宽阔的大陆架相连，大型三角洲沉积发育。美洲型海岸带为发育较为成熟的海岸带，构造活动相对稳定，主要构造方向与海岸带垂直，这些主要构造线通常由裂谷边缘转换断层继承发展而形成。海岸带及陆架水动力一般以波浪作用为主，但受陆架形态和水深变化影响，潮汐作用有时也会形成较为常见的潮控海岸。美洲型海岸的另一侧为板块碰撞或俯冲形成的以高陡山地为主的活动陆缘。受高陡山地，如北美的落基山脉、南美的安第斯山脉阻隔，大型河流转而流向大陆对面的被动陆缘海岸，因此美洲型被动陆缘海岸有超大型河流挟带大量水沙入海，形成大型三角洲和广阔而富含沉积物的大陆架，如南美洲的亚马孙河、北美洲的密西西比河、印度次大陆的印度河和恒河–布拉马普特拉河水系等。

（2）非洲型海岸

非洲型海岸与美洲型海岸的不同表现在非洲大陆板块边缘两侧都是被动的，两侧均容易下沉；而美洲大陆一侧为高耸且不断抬升的活动陆缘，另一侧为持续沉降的被动陆缘。大陆板块边缘这两种迥异的构造地貌势必导致其河流发育特征和入海沉积物供应的巨大差异。河流沉积物输入在美洲型被动陆缘海岸显得格外重要，而非洲海岸和澳大利亚海岸的河流沉积物供应量则相对较低（Short and Woodroffe，2009）。非洲具有较大流域面积的尼罗河、刚果河和尼日尔河入海，澳大利亚有墨累河、马兰比吉河、达令河等，均挟沙入海。这些河流没有继承性发育的大规模构造流路，与主要的山地集水区也没有成因关联，因此它们的泥沙载荷通常比流入美洲型被动陆缘海岸河流的泥沙负荷低得多。由尼日尔河等大型河流形成的三角洲构成了非洲型被动陆缘海岸带的主要沉积物沉积中心，因受均衡作用影响，三角洲沉积区通常进一步发生沉降；而刚果河入海沉积物大部分直接进入深海海底峡谷，在海岸带还未发育成三角洲。由于地势相对较低，非洲型被动陆缘海岸可能会受到地震引发的海啸的严重影响。例如，2004 年 12 月 24 日印度洋苏门答腊—安达曼地震产生的海啸，在短短几分钟内导致非洲海岸大面积侵蚀，沉积物发生再搬运和再沉积。

（3）新后缘海岸

新后缘海岸地形崎岖不平，多由山脉或高原悬崖组成，火山和地震活动活跃。新后缘海岸非常年轻，既没有足够的时间形成重要的供源流域，也没有足够的时间通过沉积物积累而形成大陆架，因此称为新后缘海岸。与阿拉伯半岛接壤的沿岸地区具有非常年轻的拉张裂谷区海岸地貌特征，为新后缘海岸的代表。新后缘海岸起源于裂谷的形成，通常由花岗岩基岩组成。随着洋盆面积的扩大和海岸沉积物的积累，新后缘海岸的初始地貌逐渐被生物、化学和物理风化以及水动力过程所改变。

1.4.2 海岸带的其他分类方案

海岸带的基本特点是一面靠陆，一面向海。陆地是沉积物的源，海洋是沉积物的汇。海陆相互作用决定着海岸带的特点和演化模式。海岸带地形地貌是海陆相互作用的物质响应。海岸带由海滩、障壁岛、潟湖、潮道、贝壳堤、潮坪、河口、三角洲和滨岸生物礁等次一级的环境组成。海岸带是一个复杂的沉积动力学系统。只有从不同的视角研究海岸带的动力学过程及其物质响应，才能正确认识海岸带演化和沉积作用的规律。从不同视角认识海岸带的过程导致对海岸带的其他众多分类方案的出现，见表1-2。

表1-2 海岸带与海岸的其他分类方案

分类依据	基本类型	特点	中国实例
物质组成	基岩海岸	常为侵蚀型海岸或上升型海岸。海岸因上升遭受侵蚀。陆地一侧出露基岩	辽东半岛、山东半岛、闽浙沿岸、海南、广东、广西和台湾的部分海岸
	泥质海岸	常为堆积型海岸或下降型海岸。海岸由粉砂或泥质沉积物组成	辽东湾、渤海湾、莱州湾、苏北、长江口沿岸
	砂砾质海岸	多为平衡型海岸。海岸基本保持稳定，常为砂砾石堆积	辽东半岛、山东半岛、福建、广东、海南、广西等地
地貌特征	平原海岸	背靠沿海平原，沉积物多为淤泥或砂砾	下辽河、苏北平原沿海的淤泥质平原海岸；杭州湾的三角港海岸
	山地丘陵海岸	背靠山地丘陵。陆侧出露基岩	辽宁大连湾、广东大鹏湾、大亚湾的海蚀型岬湾海岸；海南岛西北、涠洲岛的火山海岸；台湾岛东部的断层海岸、胶东海蚀、海积型岬湾海岸
	生物海岸	包括珊瑚礁海岸和红树林海岸	海南岛的珊瑚礁海岸、台湾、海南、雷州半岛的红树林海岸
沉积动力学	浪控海岸	以波浪作用为主。发育沙滩、障壁岛和贝壳堤	主要见于弱潮差海岸带
	波浪-潮汐混合型海岸	波浪和潮汐共同作用。发育中潮差的障壁岛、潮道和涨退潮三角洲	主要见于中潮差海岸带
	潮控海岸	以潮汐作用为主。发育潮坪、河口和潮流沙脊	主要见于强潮差海岸带
潮差大小	小潮差或弱潮差海岸带	潮差小于2m	秦皇岛
	中潮差海岸带	潮差2～4m	山东半岛北岸、苏北沿海
	大潮差或强潮差海岸带	潮差大于4m	连云港、长江口、杭州湾、福建沿海、北部湾
气候条件	温湿气候带海岸带	气候温湿，降水量大于蒸发量	主要分布在中国南方
	干旱气候带海岸带	气候干旱，蒸发量大于降水量	主要分布在中国北方

分类依据	基本类型	特点	中国实例
构造运动特征	上升型海岸	常为侵蚀型海岸或基岩海岸。海岸因上升遭受侵蚀，靠陆侧出露基岩	主要见于山地丘陵海岸
	下降型海岸	常为堆积型海岸或泥质海岸。海岸由粉砂或泥质沉积物组成	主要见于泥质海岸
	平衡型海岸	多为砂砾质海岸，海岸保持稳定	主要见于砂砾质海岸
沉积速率	侵蚀型海岸	常为上升型海岸或基岩海岸	主要见于基岩海岸
	堆积型海岸	常为下降型海岸或泥质海岸	主要见于泥质海岸
	平衡型海岸	侵蚀和沉积处于平衡，海岸带保持稳定	主要见于砂砾质海岸

资料来源：何起祥等，2006

按海岸带的物质组成，可以分为基岩海岸、砂砾质海岸和泥质海岸。按照海岸带陆地地貌特征，可以分为平原海岸、山地丘陵海岸和生物海岸。所谓生物海岸是指主要由生物体构成的海岸，最常见的是红树林海岸和珊瑚礁海岸。一般来说，基岩海岸都是上升型海岸和侵蚀型海岸，砂砾质海岸和泥质海岸则视具体情况，分别属于堆积型海岸或平衡型海岸。中国沿海的一些隆升区，如辽东半岛、山东半岛、闽浙沿海、海南、广东、广西和台湾的部分海岸属于基岩海岸，总长5000km，约占大陆海岸线的27.2%。中国的泥质海岸总长达4000km，约占大陆海岸线的22%，分布于辽东湾顶、渤海湾西岸、莱州湾南岸、苏北和长江口等地，均属构造上相对稳定的低能地区。其他为砂砾质海岸，形成于碎屑物质供应丰富、波浪作用较强的地区，从南到北均有分布。

在物源保持基本稳定的前提下，海岸带沉积作用的类型、强度及时空分布，取决于沉积动力场的格局和强度。其中入海河流的动力学状况、正常波浪和风暴浪的发育情况、潮流发育情况以及由波浪作用引起的沿岸流的发育情况，包括它们的强弱、方向、相互之间的消长关系及季节或年际的变化，都对碎屑沉积物的沉积作用有着十分重要的意义。因此，从沉积动力学的角度，可以将海岸带分为三类：浪控海岸带，一般发育沙滩、障壁岛和贝壳堤；波浪-潮汐混合型海岸带，一般发育中潮差的障壁岛，具有潮道和涨退潮三角洲；潮控海岸带，一般发育潮坪和河口湾。

海洋工作者普遍用潮差来进行海岸带的动力学分类。潮差小于2m者，属于小潮差或弱潮差海岸带；潮差在2~4m者，属于中潮差海岸带；潮差大于4m者，属于大潮差或强潮差海岸带。

按照沉积物供应量与可容纳空间的关系（即沉积物的收支平衡），可以将海岸带划分为以下三种基本类型：沉积物供应量远大于可容纳空间的，海岸发生进积，属于进积型或超补偿型的海岸带；沉积物供应量远小于可容纳空间的，海岸发生退积，属于退积型或非补偿型的海岸带；沉积物供应量大致与可容纳空间保持平衡，

第1章　滨、浅海沉积驱动及主要沉积类型

海岸保持稳定，属于稳定型或补偿型海岸带。

气候不仅是控制海岸带动力学条件的基本因素之一，也是制约生物发育、生物沉积作用和地表或近地表化学过程的决定性因素。生物种类和生产力、成壤过程、蒸发沉积物的形成、土壤盐碱化和碳酸盐矿物的早期胶结作用等都受气候的控制。按照气候条件，海岸带可以分为两大类：温湿气候海岸带和干旱气候海岸带［萨布哈（sabkha）型的海岸带］。两者的沉积作用从过程到物质组成都有很大的不同。

按照构造运动特征，可以将海岸分为上升型海岸、下降型海岸和平衡型海岸三类。

按照沉积物沉积速率，可以将海岸分为侵蚀型海岸、堆积型海岸和平衡型海岸三类。

1.5　海岸带演变的跨纬度、跨源汇特点

中国有漫长的海岸线和丰富的海岸带资源。海岸带经济在中国 GDP 中占有十分重要的地位。中国大陆的海岸线长 18 400km，岛屿岸线长 14 247km，海岸线总长度超过 32 600km。如果按向陆延伸 10km 和向海伸展至 10m 等深线计算，海岸带面积约占全国总面积的 13%。全国 40% 的人口和 60% 的 GDP 集中在这一地区（图 1-11）。

中国海岸带背靠急剧隆升的中国西部大陆，面临全球最大的边缘海群，具有十分特殊的地质构造背景。

1.5.1　影响海岸带演变的关键因素

全球板块运动格局在中生代晚期发生了历史性的变化。印度板块从冈瓦纳古陆解体后向北移动，大约在 43Ma 以前的始新世与欧亚板块发生碰撞，特提斯洋关闭，喜马拉雅山脉和青藏高原开始隆升。第四纪早期，青藏高原的隆升加剧。在 2Ma 内，其高程从 2000~2500m 上升到 4000~4500m，成为世界屋脊。中国的地势因此发生巨大的变化，由地质历史上的南北差异急转为东西差异。在 1300km 的距离内，形成 4500~5000m 之巨的东西地形落差，中国大陆向海洋提供碎屑物质的潜能因此大幅度增加。中国的大江（长江）大河（黄河），挟带着大量的碎屑物质，从西向东搬运入海，成为泥沙输运最主要的传送带。中国入海河流的流域面积约占全国总面积的 44.9%，入海径流量约占全国河流总流量的 69.8%。每年入海径流量为 14 900 亿 m³，输沙量约为 17.2 亿 t（张家诚，1986）。这些物质大部分沉积在河口地区，一小部分被输送到较深海区，还有相当一部分在沿岸流的作用下被搬运到海

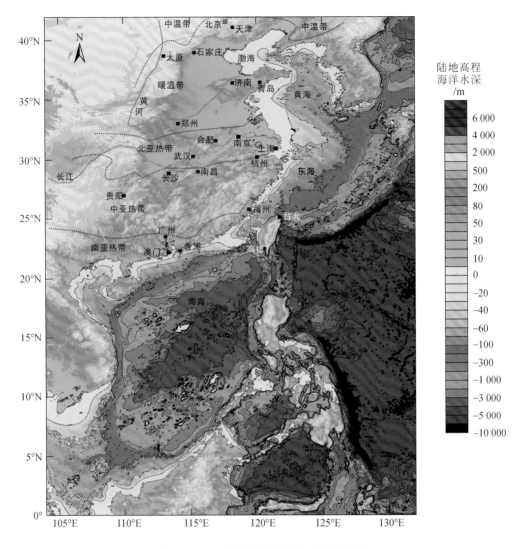

图 1-11　中国海岸带跨纬度、跨源汇特点

红色虚线为气候分界线

岸带。现代黄河三角洲自 1855 年以来改由渤海入海，至 20 世纪 80 年代中期，平均每年造陆 20km² （庞家珍和司书亭，1980）。黄海和渤海的沉积速率分别达 1.58mm/a 和 1.08mm/a。长江自清末以来每年新增陆地 9km²，沉积速率达 3.1mm/a（吴世迎，1981）。由西往东的巨量泥沙输运格局对中国海岸带的形成和演化具有深远的影响。

　　青藏高原的隆升使喜马拉雅山成为一个巨大的气候障壁，阻挡来自印度洋的暖湿气流北上，使中国西北部的大片地区气候日趋干旱，甚至成为沙漠，极大地加速了西部山区的物理风化作用，为东部的海域沉积区准备了大量的陆源碎屑物质。

1.5.2　海岸带演变受汇区动力的制约

中国东海和南海均属边缘海。渤海和黄海为陆表海，不属边缘海，但其与东海相通，因而沉积作用与东海相似。中国边缘海与海岸带紧邻，具有如下主要特点：

1）中国边缘海区一边为陆所限，一边以岛弧与大洋相隔，在相对局限的边界条件控制下，形成了自己独立的环流系统和沉积动力格局，对海岸带和陆架的沉积作用具有重要影响（图 1-11）。

2）中国边缘海地处东亚大陆和西太平洋岛弧之间，西有陆源物质，东有岛源物质，上有生源物质，是一个多源的沉积物捕集器。由于岛弧的阻挡，边缘海与大洋之间只能通过峡口进行物质交换，数量受限，床底载荷的交换尤其困难。因此边缘海沉积物一般都含有较多的细粒组分，成分成熟度和结构成熟度均偏低。

3）边缘海构造运动活跃，直接影响海陆相互作用和盆地的沉降和沉积作用。冲绳海槽现处于扩张作用的胚胎期，虽有海底火山活动，但洋壳尚未出现。南海海盆属于成熟的弧后洋盆，二者演化阶段不同，其沉积作用也表现出不同的特点。

4）边缘海外缘峡口的水通量取决于海面的高低。因此，边缘海环境对全球性海平面的变化格外敏感。在低海面时可能出现水体滞流。海退过程一般比较缓慢，但海侵却往往呈突发和倒灌式。

5）由于峡口的控制作用，边缘海对某些大洋的古海洋学事件的响应，往往发生时间上的滞后。滞后的时间长短，取决于事件的性质、规模和当时海平面的情况（何起祥等，2006）。

边缘海的这些特点对于中国海岸带的演化和沉积作用不容忽视。

1.5.3　海岸带跨纬度变化特征

中国海岸带南北横跨多个纬度和气候带，从南到北由亚热带到寒温带，气温逐渐降低，雨量逐渐减少，气候具有明显的南北分带特征（图 1-11）。气候对物源区的风化作用类型和强度、成壤过程和生物沉积作用有着直接的影响，并能通过植被间接影响沉积物的输运量和输运方式。中国的海岸类型和海岸带沉积作用也表现出气候分带的特点。现代的红树林海岸、珊瑚礁海岸和海滩岩等特殊的海岸带沉积物仅见于南海周边。中国沿海的广大地区在末次冰期海退成陆，经受了成壤过程，但土壤的特征从南到北呈现不同的特点。在广东一带是以红色为主的花斑黏土；在长江流域为暗色的硬黏土，代表无沉积作用的硬底；而在北方的干旱地区，则表现为钙质或铁锰质结核的大量出现。沉积物具有明显的同期异相的特点（龙云作等，1997）。

第 2 章　滨海风成沙丘沉积体系

2.1　滨海风成沙丘的概念

　　滨海沙丘一般发育在砂质高能海岸，位于潮上带的向陆一侧。特大风暴时潮水所能达到的最高水位即是滨海沙丘的下界。滨海沙丘包括海岸沙丘、海滩脊、沙岗等沉积单元。滨海风成沙丘的形成需要一定的风能和必要的物源。滨海沙丘的物源是由波浪作用从临滨搬运至前滨或后滨而处于海平面之上的海岸砂，再经风的吹扬改造而形成。当有沙源供给、风力强至能吹卷并移动砂粒，受阻挡或风速降低后导致砂粒沉积，便形成滨海风成沙丘。

　　滨海风成沙丘其实就是一种丘状沉积底形，其形成和运动过程与水成沙丘相似。组成风成沙丘的较小的、暂时的微地形特征通常称为风沙底形。沙丘的背风一侧坡度较陡，迎风一侧坡度较缓。沙丘的原始脊线方向与风向垂直，在风力驱动下顺风移动。风成沙丘规模取决于风力和沉积物粒径。较小的沙丘称为沙纹，沙纹常常叠加在沙丘之上。沙纹的波长一般为数厘米至数十厘米，波高从数毫米到 0.1m。沙纹又可分为砂质波纹和砾质波纹。前者由平均粒径为 0.3 ~ 0.35mm 的砂粒组成；后者由滞留的粗粒组分组成，粒径大于 1mm，一般在 2 ~ 4mm。

2.2　滨海风成沙丘的沉积特征和沉积模式

　　滨海风成沉积广泛见于砂质海岸、障壁岛和远洋礁岛，在干旱或半干旱海岸最为发育，在潮湿海岸也可见。中国东部沿海地区，从南到北都有全新世的风成沉积物分布。滨海或岛屿风成沉积环境虽然在规模上无法与沙漠比拟，但其沉积机理在本质上是相似的，也分为沙丘和丘间两个亚环境。

2.2.1　沙丘

　　滨海风成沙丘的沉积规模和形状取决于当地的地形和气候条件，诸如风速和强度、泥沙含水率、盐结壳发育程度、颗粒大小、海滩垃圾、滨海微地貌、植被类型及是否茂盛等因素。沙丘高度变化大，从不足 1m 到大于 100m 不等。高度大的风成沙丘一般在向陆方向有充足的物源。在小尺度内对风成搬运速率的量化可能会比较复杂，但泥沙在风力作用下自临滨向后滨的净输沙量则比较容易计算。

与流水搬运一样，砂粒在风的作用下开始运动需要风速超过某一临界速度以克服摩擦力等阻力因素。对于粒径为 0.08mm 的石英砂，起动的临界风速为 15cm/s；对于粒径为 0.25mm 的石英砂，起动的临界风速为 20cm/s。风力作用与水力作用也是有区别的，前者发生在岩石圈与大气圈之间，后者发生在岩石圈与水圈之间。由于空气的密度和黏度要比水小得多，搬运同样大小的颗粒所要求的门限风速要比流水的门限速度大得多。风成沉积物在搬运过程中以颗粒之间的碰撞和磨蚀作用为主，因此分选度一般比流水沉积物高。

依据脊线的形态，可将海滨风成沙丘分为不同的类型。脊线平直或呈波状且与风向垂直的沙丘称为横向沙丘；脊线向同一方向弯曲成新月形的沙丘称为新月形沙丘；脊线呈新月形但弯曲方向紊乱的称为抛物线形沙丘；脊线平直且其延伸方向与风向一致的大型沙丘称为纵向沙丘。新月形沙丘和抛物线形沙丘都是横向沙丘的变种。

海滨风成沙丘的特征沉积构造是极为发育的大型交错层理。脊线平直形沙丘发育板状交错层理；波状沙丘发育顺风向单斜槽状交错层理；新月形沙丘或抛物线形沙丘发育槽状交错层理。风成沙丘斜层理倾角较大，可达 32° 以上，甚至接近砂粒的安定角（34°~35°）。沙丘顶部沉积物粒径偏大。

海滨风成沙丘的交错层理倾斜方向或者沙丘前积层的倾斜方向与盛行风向一致。风成沉积记录中能保留下来的是盛行风形成的优势沉积物，非盛行风季节沉积在盛行风季节遭受剥蚀，保存下来的概率很小。由于北半球的季风作用带盛行风为东北风，中国沿海风成沉积物的斜层理都倾向南西；西南风也会驱动沉积物的运动，但在东北风盛行的季节，西南风形成的沉积构造较难保存。所以，风成沉积以单向交错层理为主，细层倾向的变化范围不超过 120°。沙丘形状的演变与流水底形随着水体流速升高的演变过程相似。随着风力的增强，横向风成沙丘的脊线从平直形变为波状进而演化为新月形，沙丘规模也增大；纵向风成沙丘是在风力极强的情况下形成的一种底形，脊线的延伸方向与风向一致，其成因与浅海潮流沙脊的成因相似。风成沙丘的规模和类型还与沉积物粒度有关，只有粗砂才能形成大规模的沙丘。

滨海风成沙丘沉积物一般具有较高的结构和成分成熟度。风成沙丘沉积分选好，几乎都是纯石英质的单矿物沉积，一般不含长石和岩屑等不稳定组分，粒度均匀，磨圆度好—极好，粒径一般在 0.1~1mm，中值粒径在 0.6mm 左右，颗粒支撑不含或极少含细粒杂基或泥质胶结物，受风蚀作用颗粒表面磨蚀形成霜面，使石英颗粒失去光泽。沙丘顶部沉积物粒径偏大，粒度分布曲线呈尖锐单峰状，概率累积曲线表现为大斜率直线。现代风成沙丘沉积常见有碳酸盐甚至石膏等由化学沉积物组成的风成沉积物，古代风成沉积物中极少见化学沉积。上述特征都是海滨风成沉积物的鉴定标志，但也不能将这些标志绝对化。海滨风成沙丘成分和结构的成熟度均为时间的函数，风成过程比水成过程能更快达到成熟。如果埋藏速度很快，沉积物的成熟过程因为某种原因而在中途停顿，上述的一些特征就不会出现。事实上，欠成熟的风成沉积在现代滨海地区也相当普遍。

2.2.2　丘间

沙丘之间的波谷或洼地称为丘间，为相对低能的沉积环境，其规模与共生的沙丘相当。

丘间的情况比较复杂。在风成沉积形成初期，因沉积物的数量有限，丘间常常出露基岩，或粗粒的滞留沉积物；在发育比较成熟的沙丘中，丘间均为风成沙，但粒度较沙丘沉积物细，常有不同规模的波纹或小型沙丘叠加其上。

在风成沉积作用盛行的地区，潜水面即为风成沙丘的沉积基准面，也是砂粒运动的下限。潜水面之上，沉积物在风力的驱动下发生运动，属于活动层。潜水面以下的沉积物因水的润湿作用而互相黏结，一般不易移动，属于固定层，因此潜水面也是丘间沉积物的底界。

丘间沉积物的沉积特征取决于气候。在气候干旱、蒸发量很高的地区，可以出现碳酸盐甚至蒸发沉积物和沙漠漆皮等特征沉积物；在气候比较湿润的情况下，可以出现积水或植被成为绿洲。在地质记录中，丘间沉积物一般以低能型底形，如水平层理、低角度交错层理或小型的爬升沙纹层理为特征。

2.2.3　滨海风成沙丘沉积模式

组成滨海风成沉积的沙丘、丘间以及二者之间级序不同的沉积界面是构成风成沉积相模式的基本单元。不同时期形成的沙丘之间的界面为一级界面，古土壤为常见的一级界面，为多旋回沙丘沉积物和丘间沉积物的互层沉积；二级界面为粒度与沉积构造不同的沙丘和丘间依次交替形成的穿时岩性界面；在沙丘或丘间沉积物内部各自层系之间的界面为三级界面。

一级界面即古土壤，是风成沉积的标志。古土壤形成于风成沉积作用的晚期或消亡期，代表风力沉积作用的终结。沙丘从新生到消亡的发育过程常常随着气候旋回表现出周期性变化。新生沙丘规模小、粒度细；壮年期沙丘规模大、粒度粗，代表风力作用的鼎盛期；沙丘发育晚期或消亡期，沙丘停止发育，植被生长、发生成壤化作用。古土壤一级界面的识别标志包括：沉积物粒度变细；蜗牛等陆生穴居生物化石或痕迹化石的出现；根管石、根管结核普遍发育；钙质层、钙质结核或磷酸盐化的出现；相序或时代上的不连续性等。海平面上升、气候由干旱向湿润变化、冰期转变为间冰期等均可引起潜水面或沉积基准面上升，导致风成沉积作用受阻从而形成一级界面。一级界面是一个等时界面，代表一个重要的沉积间断。滨海风成沉积具有多旋回沉积特征。在一个风成沉积序列中，常可见到多个一级古土壤界面（图 2-1）。一级界面之间为沙丘和丘间沉积物的多旋回互层。

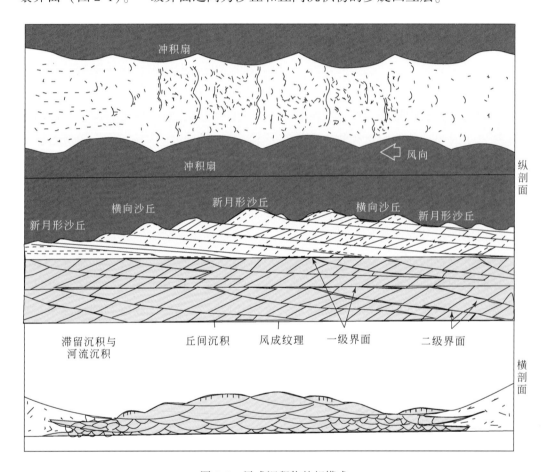

图 2-1　风成沉积物的相模式

二级界面是沙丘和丘间沉积物之间的界面，是一个穿时的岩性界面。沙丘和丘间沉积粒度粗细不同，结构各异。随着沙丘的移动，沙丘和丘间沉积依次向前推进，形成沿顺风方向逐渐爬升的低角度岩性界面。该界面上仰方向即盛行风方向。二级界面的倾角称为爬行角，角度一般不大。沙丘和丘间的规模越大，爬行角越小

（Kocurek，1981）。沙丘和丘间沉积物多旋回互层之间以二级界面为界（图2-1）。

三级界面是沙丘发育过程中，风力和风速等动力条件的变化导致底形移动形成的界面。三级界面级别低、规模小，分布在沙丘沉积物或丘间沉积物内部，为层系之间的沉积界面。

现代滨海风成沉积物沿着海岸线呈带状延伸，从数千米至数千千米不等。深入陆地一般3~5km。在阿拉伯半岛的某些地区，可深入陆地160km或更多，厚度一般在10~50m，形成滨海沙漠。在澳大利亚西部和南部、非洲南部、中东和马达加斯加等地，可见厚度在数百米以上的滨海风成沉积序列，碳酸盐胶结普遍。

滨海风成沉积物是一种很好的古地理和古气候标志，对重建全球的气候格局具有重要意义。

2.3 滨海风成沙丘的形成和保存条件

2.3.1 滨海风成沙丘的形成条件

滨海风成沉积物的形成与海平面的位置有密切关系，因而具有年代上的规律性。另外，物源供应条件、海岸带宽度、风速和强度、植被类型及发育等也是影响滨海风成沙丘形成的重要因素。

第四纪滨海风成沉积受海平面变化的制约。更新世冰期海平面大幅度降低，全球陆架大面积暴露遭受风蚀的同时，冰川和冰水沉积也导致沿岸砂质沉积物大量增加，不但为滨海风成沙丘的形成提供了强劲的风力，也提供了充足的物源，因此是风成沙丘形成的关键时期。澳大利亚西北部、巴哈马和百慕大等地，末次冰期低海平面时期形成的风成沉积物分布甚广，常常构成冰后期珊瑚礁和藻礁的基底（Fairbridge，1956）。欧洲滨海沙丘的侵蚀和活化迁移也与更新世冰川作用期后海平面上升有关（Bird，1990；Christiansen et al.，1990；Klijn，1990）。中国海岸带普遍发育全新世的风成沉积物，在距离岸线数千米到数十千米的范围内，断续呈带状围绕中国大陆分布。中国海岸带的风成沉积也大多形成于末次冰期，最老的在70 000a以上，覆盖在不同的基底之上。冰期气候干旱，潜水面低，有利于物理风化作用的进行和砂质沉积物的活动。自全新世开始，距今10 000a以前，随着全球海平面的上升，气候逐渐变得湿润，较大规模的风成沉积作用基本停止，古土壤的形成是沙丘从活动期转入消亡期的标志之一。

海滩宽度是海岸沙丘能否获得输沙的关键，因为在风成作用下，由临滨搬运至后滨的沙是海岸沙丘的主要输沙来源。宽阔平坦的波能耗散型海滩可为风成沙丘提供物源，狭窄的波能反射型海滩因缺乏物源一般难以形成风成沙丘。波浪冲刷尤其是风暴作用形成的海草一般平行岸线分布，砂粒大概率会在后滨的海草线处聚集沉积。因此，海草线是阻碍风成沉积搬运的一个相对较高的障碍（Ranwell and Boar，1986）。

大多数由细砂到中砂组成的海滩基本都可以满足滨海风成沙丘发育的物源条件，但在许多滨海区域，甚至在宽阔的海滩上也不发育风成沙丘。侵蚀型上升海岸，因无适当的洼地储存碎屑物质，一般不会有风成沉积物发育；沉降型泥质海岸由于缺乏形成风成沉积物所必需的粗碎屑，也不能形成风成沉积物。目前发现的风成沉积物主要发育在沉降型砂质海岸，如辽东半岛、山东半岛南端、长江三角洲、闽浙沿海、海南岛周边地区的砂质海岸及南海的一些珊瑚礁岛等。

季风是驱动滨海风成沉积物形成的主要动力。更新世和全新世的滨海风成沉积物主要发育在55°N~45°S多风的热带、亚热带干旱或半干旱海岸。赤道两侧15°N~15°S这一区域属于赤道无风带，一般无风成沉积物。风暴也是风成沙丘形成的主要驱动力。

岸线附近，特别是砂质潮坪，为砂质沉积物比较集中的地段。海浪和潮汐的簸选和改造作用把细粒的物质搬向外海，而将最适合形成风成沉积物的砂粒留在后滨岸线附近，成为形成滨海风成沙丘的重要物源。因此，风成沉积物大多易在已有沙丘的后滨沉积，形成新生沙丘或萌芽沙丘。新生沙丘在小风暴期间经受海浪侵蚀并逐渐加积，形成足以抵御更频繁、更强大风暴的沿岸沙脊。沿岸沙脊向海的部分随后可能遭受风暴侵蚀而破坏，形成沙丘崖。在沉积和侵蚀接近平衡或有泥沙净输入的海岸，风暴沉积将取代海滩沉积，沿岸沙脊向海部分转变为沙丘斜坡，其中沙丘作为风沙的物源，沙丘斜坡作为风沙向内岸的运移通道为新生风成沙区的形成提供必备的条件（Aagaard et al.，2004）。所以，滨海风成沙丘的形成是一系列沉积和侵蚀过程联合作用的结果。自然条件下，风成沙丘形态的形成及其与沙滩植被之间建立稳定平衡需要约十年的时间（Maun，2004）。

波浪会侵蚀沙丘并使海滩宽度变窄，因此，海滩沉积物的迁移及沉积通量对确定沙丘的潜在物源、侵蚀或沉积速率等非常重要（Hesp，2002）。如果海滩沉积物供应严重不足，则沙丘侵蚀相对频繁，沙丘顶部可能被冲蚀并导致泥沙向岸迁移［图2-2（a）］；当海滩沉积物供应与侵蚀相对平衡或沉积物供应处于稍欠补偿状态，海滩宽度适中，在大风暴期间会出现沿岸沙脊崖。随后的风成作用产物将为沙丘提供物源，形成高而宽的沿岸沙脊［图2-2（b）］。当输送到海滩的沙量超过剥蚀量时，就会发生海岸线进积作用，从而形成多个被丘间洼地隔开的沿岸沙脊［图2-2（c）］。高度越大的沙脊表明其在相对更长时间内的稳定沉积。高的进积率往往会产生更多高度较低的沿岸沙脊。

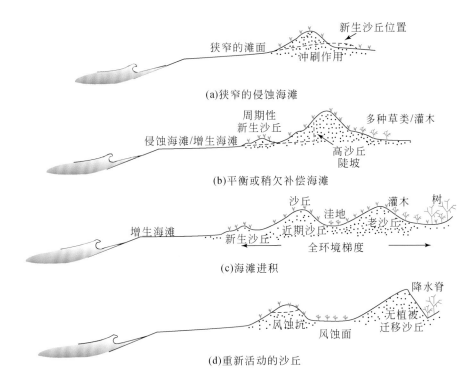

图 2-2　基于海滩沉积物供应条件的海岸沙丘发展阶段划分（Nickling and Davidson-Arnott，1990）
（a）狭窄的侵蚀海滩导致沙丘遭受频繁侵蚀和溢流冲刷，在向岸迁移的海草线前形成一个峰不规则、低矮的丘状新生沿岸沙脊，新生沿岸沙脊的形成有助于进一步漫溢冲刷；（b）平衡或稍欠补偿海岸导致沙丘前部遭受频繁的波浪侵蚀形成陡峭的沙脊崖，通过风成作用的重建，形成较高的沿岸沙脊；（c）海滩进积使新的前沙丘向海生长，在多个沙脊之间形成丘间洼地，广阔的沙丘及丘间形成逐渐过渡的海岸环境，供不同的生物栖息；（d）失去稳定的植被后，沙丘会遭受破坏形成风蚀坑，无植被沙脊发生迁移

沙滩植被由于病虫害、干旱、放牧或践踏等遭受破坏后，沙丘普遍形成风蚀坑并因此遭到破坏。较高沙丘上的风蚀坑作为风道可以提高风速，促进沙和盐气溶胶向内陆更远地区的运输，对植被发育和演替有一定的逆向影响（Hesp，1991）。在靠近地下水位的位置，风蚀坑的下蚀作用停止发育，并进一步演化为物种丰富的潮湿区（Doody，2001）。位于沙丘前部的风蚀坑会增加波浪冲刷的可能性。风蚀坑可以发生在自然条件下，但人类活动往往能使风蚀坑形成的概率增加。地表植被的不稳定会导致裸露沙脊的迁移，并将已有的植被和人类活动痕迹覆盖［图 2-2（d）］。当前由于全球岸滩保护工程的广泛开展，沿岸沙脊的迁移已没有过去那么常见。

2.3.2　滨海风成沙丘的保存条件

沙源、地形条件、风力状况、植被覆盖情况和潜水面共同控制着沙丘形态的发展和改造。如果堆积床面处于干旱的气候环境下，潜水面和毛细管边缘远低于沉积表面，则其对沙丘迁移、沉积物运移和沉积几乎没有影响，导致风成沙丘在风蚀作用下慢慢消失，或在风的作用下发生迁移并在合适地区堆积、沉积成岩。在地下水参与的潮湿环境中，地下水和毛细管边缘与风成沙丘相互作用，水分使砂粒之间的凝聚力提高，砂粒不容易受风蚀作用被带走，沙丘和丘间同时沉积，形成沙丘和丘间夹层的风成地层。

沙源枯竭、风力变化、海平面上升等因素都可造成风成沉积的停止。沉积结束后，风成沙丘保存环境可划分为如下 3 种类型：

1）侵蚀类型：风成沉积遭到洪水和风蚀作用的影响而短暂侵蚀，泛滥洪水和风蚀作用会侵蚀沙丘亚相和丘间亚相，破坏风成沉积构造。洪水侵蚀和风蚀作用结束后，风成沙丘重新接受沉积或者随着地壳运动掩埋，这时的侵蚀面会保存为一个明显的沉积界面 [图 2-3（a）]。

2）风蚀类型：风成沉积仅遭到风蚀作用影响，侵蚀后的沙丘和丘间沉积一起保存 [图 2-3（b）]。风成沉积形成后，最容易受到风蚀作用的影响。风蚀作用将沙丘亚相和丘间亚相侵蚀到地下水位线（静止水位线或上升水位线）位置时，出露的潜水面和沉积物发生反应，形成胶结物覆盖在表面以抵御风蚀作用或者促进潮湿表面的植被发育，抵抗风蚀作用。这种情况和第一种情况相似，在最后会形成一个地层界面。上面两种情况还可能存在一种极端情况，即沙丘在形成后，沉积区遭到强烈的洪水冲蚀或风蚀作用直接消失。

3）未遭破坏类型：风成沉积没有遭到破坏，沙丘亚相、丘间亚相完整保存下来，植物大面积拓殖而稳固沙丘 [图 2-3（c）]。这种保存状态对解释古气候条件和沉积环境具有重要意义。此外，风成沉积也可以保存在特殊的沉积环境中。如果海岸风成沙丘在风成沉积形成后遭到海侵，泛滥海水淹没风成沙丘，海洋沉积物覆盖在风成沉积表面，会保护风成沉积免遭破坏。

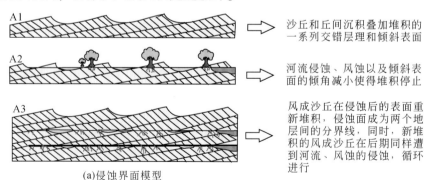

A1　　　　　　　　　　　　　　⇒　沙丘和丘间沉积叠加堆积的一系列交错层理和倾斜表面

A2　　　　　　　　　　　　　　⇒　河流侵蚀、风蚀以及倾斜表面的倾角减小使得堆积停止

A3　　　　　　　　　　　　　　⇒　风成沙丘在侵蚀后的表面重新堆积，侵蚀面成为两个地层间的分界线，同时，新堆积的风成沙丘在后期同样遭到河流、风蚀的侵蚀，循环进行

(a)侵蚀界面模型

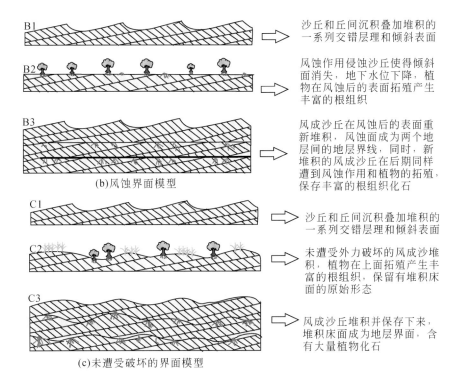

图 2-3　风成沉积保存模型（Bristow and Mountney，2013）

风成沉积物在中国海岸带分布广泛，南起南海诸岛，北至辽东半岛，均有第四纪晚期的风成沉积物产出。按照沉积物成分可将风成沉积分为两类：一类由硅质或硅酸盐的碎屑颗粒组成，称为硅质风成沉积；另一类由碳酸盐质颗粒组成，称为碳酸盐风成沉积或钙质风成沉积。

在中国沿海的砂质海岸，晚更新世硅质风成沉积物自南至北断续分布。大连谢家沟、秦皇岛七里沟、长江中下游红光沙山、山东柳卉、浙江普陀山、福建青峰、后石井、苦鹅头和双溪河、广东广沃、甲子和雷州半岛赤坎、海南岛铜鼓岭、台湾沿海恒春半岛等地均有硅质风成沉积物发育（张明书等，2000）。

大连谢家沟风成沉积位于满家滩西北约5km处，7个相对较厚的一级古土壤界面将风成沉积分为8段。古土壤层厚约1.5m，呈锈黄色至棕黄色。沙丘和丘间沉积由黄色粗粉砂和砂组成，单层厚度不到1m，有高角度交错层理。沉积物的粒度和交错层理的规模都比较小，表明当时风力作用较弱，或者位于风成沉积区的外缘或末端（张明书等，2000）。

秦皇岛以南、北戴河以北的昌黎海岸，有一串被海水淹没的纵向风成沙丘链。滨线附近残存风成沙丘高约2m，向陆地增高可达30m。沙丘链由5~8个沙丘组成，沙丘被土壤层分开。沙丘砂质沉积的电子自旋共振（electron spin resonance，ESR）年龄为34 400~15 200a，大致相当于末次冰期亚间冰期的海平面上升时期。

山东半岛北侧柳夼的沟谷内保存有红色风成沉积，称柳夼红层，不整合覆盖在燕山期黑云母花岗岩基底之上。在柳夼湾的东侧和礼村北有两个露头，面积分别约2km² 和1km²，总厚度大于40m，最大出露高度不超过海拔60m。

碳酸盐风成沉积又称风成砂屑灰岩，在热带、亚热带第四纪沉积物中分布甚广。波斯湾、非洲、澳大利亚、印度、巴哈马、百慕大等地均分布有碳酸盐风成沉积。中国的碳酸盐风成沉积主要见于30°N以南的珊瑚礁岛，形成于末次冰期，珊瑚礁提供的钙质砂为其主要物源。

我国南海西沙群岛的碳酸盐风成沉积以宣德群岛中的石岛最为典型（张明书等，1989）（图2-4）。石岛面积仅0.1km²，厚约25m，已成岩的风成生物砂屑灰岩上覆在前晚更新世的环礁基底之上。生物碎屑中，珊瑚藻屑占1/2，珊瑚碎屑占1/3，另外还含有棘皮动物、介石类和有孔虫骨屑。岩石颗粒圆度高，分选中等至好，呈颗粒支撑，簇状方解石丛生胶结，杂基很少或无。孔隙中央部分或为空洞或为镶嵌状方解石充填。

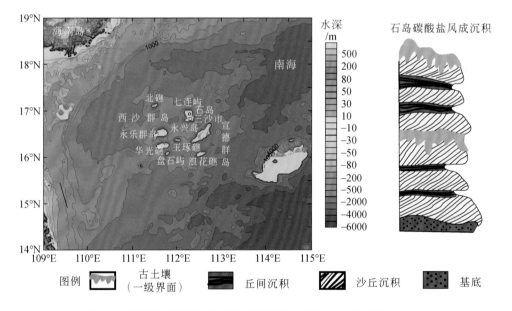

图2-4　石岛风成沉积物的相模式及石岛的位置（业治铮等，1985）

西沙群岛石岛风成序列由多个沙丘和丘间沉积序列组成，每个沉积序列之间被古土壤面隔开。自下而上第一层为丘间沉积，低潮时露出海面，厚度大于1.5m。第二层为沙丘沉积物组成的席状砂体，厚度6~7m。第三层为丘间沉积物，厚度0~5m。第四层为目前出露地表的沙丘沉积物，最大厚度3~4m，顶部受到侵蚀（图2-4）。

第3章 障壁岛沉积体系

3.1 障壁岛的概念和分类

3.1.1 障壁岛和障壁岛沉积体系的概念

障壁岛又称沙堤或沙坝，为受波浪、潮汐或风作用形成的未固结沙脊，呈长条形与海岸近平行分布，一面向海，一面邻陆。障壁岛的波峰高于涨潮水位，使其有别于沙洲。营力改变时障壁岛可发生移动和变化，并通过潮汐水道将沼泽、潟湖和河口区与海洋开阔水体分隔。障壁岛包括以下几个次一级环境单元：障壁岛、岛后潟湖、潮道、潮汐入口和岛前浅海等，统称为障壁岛沉积体系（图3-1）。障壁岛将岛前开放海洋环境和岛后相对封闭的海域分割开。

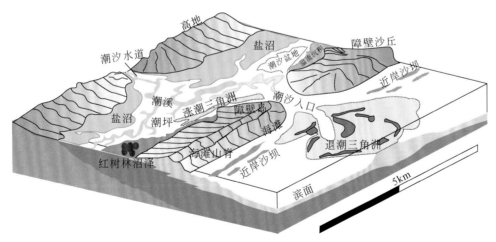

图 3-1　障壁岛沉积体系及其沉积环境（Cowell et al., 2003a, 2003b）

海岸地理学家 Pilkey 曾说过："任何地方，只要那里有邻接海岸的一小片平整陆地，有适量的沙子供应，海浪能推动沙子或底泥并造成弯曲海岸线的海平面上升，就可能有障壁岛的存在"。除了南极洲板块海岸带障壁岛不发育之外，全球 10%～13% 的海岸带共发育有 2149 座障壁岛，跨越海岸线 20 783km（图3-2）。世界上 2/3 的障壁岛群都分布在赤道北部，占全球障壁岛的 74%。可能是海冰和冻土层的出现保护了北极障壁岛，北冰洋周围共 272 座障壁岛，占全球障壁岛的 12.7%。障壁岛常见于沉降或稳定型海岸，其规模不等，大者长可达百余公里，宽达 20km，高达 50m；上升型或活动型海岸带也可发育障壁岛，但其规模相对较小。

中国海岸线长，海岸类型多样，从北到南有着各种成因不同的障壁岛沉积，主要分布在波浪作用为主且潮差偏小的砂质海岸。随着全新世海平面的上升，退积型障壁岛比较多见。如果物质供应充分，也会形成进积型障壁岛。总体而言，障壁岛在中国海岸带发育程度较差、规模较小、分布零星。

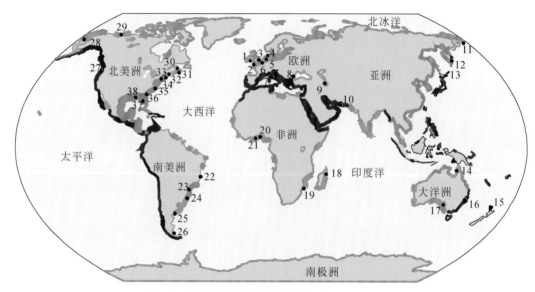

图 3-2　全球海岸带障壁系统分布（Sytze，2014）

细线分别表示后缘海岸（蓝色）、边缘海（绿色）、碰撞海岸带（红色）和岛弧海岸带（黑色），带有相同颜色的粗线表示沿着这些海岸的障壁系统。1. 爱尔兰坎索尔障壁岛；2. 英国切西尔海滩；3. 英国诺福克障壁岛；4. 丹麦霍尔姆斯兰和斯卡林根障壁岛；5. 德国湾；6. 荷兰北荷兰湾；7. 意大利 Feniglia 连岛沙洲；8. 罗马尼亚多瑙河三角洲障壁岛；9. 里海；10. 巴基斯坦霍尔卡拉马特沙嘴；11. 俄罗斯楚科奇半岛；12. 俄罗斯东堪察加半岛；13. 日本北海道野付湾；14. 澳大利亚约克角西部；15. 新西兰帕克里海岸；16. 澳大利亚卡里海岸；17. 澳大利亚莱福尔半岛；18. 马达加斯加安布迪安帕纳障壁岛；19. 莫桑比克 Ujembje 障壁岛；20. 尼日利亚莱基障壁岛；21. 加纳东部和多哥障壁岛；22. 巴西多西海岸平原；23. 巴西巴拉那瓜海岸；24. 巴西南里奥格兰德海岸；25. 阿根廷萨巴尔德斯障壁岛；26. 阿根廷埃尔帕拉莫沙嘴；27. 美国威拉帕障壁岛；28. 美国 Kasegaluk 障壁岛；29. 美国加拿大博福特海堤；30. 加拿大马尔佩克障壁和布瓦什沙嘴；31. 加拿大新斯科舍障壁岛；32. 美国萨科湾；33. 美国马颈海滩；34. 美国火岛；35. 美国鲍格浅滩、沙克尔福浅滩、奥特浅滩；36. 美国佐治亚海湾；37. 美国坦帕湾；38. 墨西哥湾。

障壁岛大多发育于海岸平原的靠海一侧，大部分为砂质障壁岛，也有粒度更粗一些的砾石障壁岛（表 3-1）。现代障壁岛以淹没型居多，年龄一般均不超过 5000a。海平面快速上升不利于障壁岛的形成。全球海平面从 7000a（BP）的高海面开始缓慢下降开启了障壁岛沉积在世界各地广泛发育的时期，这一过程至今还在继续。

表 3-1 全球主要障壁岛的特征

位置	潮差/m	波高/m	向陆运移通量/(m³/a)	向海运移通量/(m³/a)	粒度	障壁类型
爱尔兰东南坎索尔障壁岛	2.2 ~ 3.2	0.9 ~ 1.7			砂和砾石	河口障壁、河口沙嘴
英国诺福克障壁岛	2.2 ~ 3.2	0.2 ~ 0.4		<350 000	砂和砾石	波浪-潮汐混合能障壁岛、弯道沙嘴
英国切西尔海滩	1.1 ~ 1.5	3.3 ~ 4.2		3 500 ~ 4 700	砾石和砂	连岸式障壁
丹麦斯卡林根障壁岛	1.5	1.0	90 000	70 000（自然）640 000（疏浚）	砂	障壁沙嘴
荷兰西部海岸	1.3 ~ 2.0	1.3 ~ 1.8		500 000 ~ 600 000	砂	滩脊平原
罗马尼亚多瑙河三角洲障壁岛	0.1	0.8		700 000 ~ 1 900 000	砂	河口障壁、河口沙嘴、钩状沙嘴
阿拉斯加北部波弗特海	0.3	<1		100 000	砂和砾石	河口湾障壁、浪控障壁岛、钩状沙嘴
华盛顿拉帕拉	2.5 ~ 3.0	2.1	400 000	400 000 ~ 2 300 000	砂	弯曲的沙嘴
加拿大爱德华王子岛马尔佩克障壁	1.2	1.0 ~ 1.5	91 100	40 000 ~ 200 000	砂	波浪-潮汐混合能障壁岛、弯曲沙嘴
加拿大新斯科舍障壁岛	0.5 ~ 1.0	0.3		8 000 ~ 56 000	砂	弯曲沙嘴
美国纽约火岛	1.0 ~ 1.3	1.5 ~ 2.0		230 000 ~ 460 000	砂和砾石	浪控障壁岛
北加利福尼亚外滩	0.6 ~ 1.0	0.69	337 000	590 000 ~ 720 000	砂	浪控障壁岛
佛罗里达和亚拉巴马海岸	0.43	1.0	47 000 ~ 58 000	17 000 ~ 223 000	砂	浪控障壁岛
巴西巴拉那瓜海岸	2.2	0.7		300 000 ~ 1 100 000	砂	障壁岛和沙嘴
阿根廷萨巴尔德斯障壁岛	3.1	2.0	很少	>100 000	砂和砾石	环形障壁岛
阿根廷南部埃尔帕拉莫沙嘴	5.7 ~ 6.6	1.0			砂和砾石	弯曲沙嘴
加纳东部和多哥海岸	1.0 ~ 1.2	0.5 ~ 1.5		1 200 000 ~ 1 500 000	砂	河口湾障壁、沙嘴
澳大利亚南威尔士坦卡里海岸	1.5	2.0 ~ 2.5			砂和砾石	河口湾障壁、沙嘴
澳大利亚莱福尔半岛	2.4	0.5		30 000 ~ 80 000	砂	正在发育的沙嘴
新西兰帕克里海岸	2.0 ~ 2.5	1.4		5 000	砂	连岸式沙坝

资料来源：Sytze，2014

　　障壁岛分布不均衡，这种不均衡是构造作用的产物，如大约 3/4 的障壁岛海岸占据了被动大陆边缘低地形海岸平原。全新世相对海平面上升过程导致北半球被动大陆边缘海岸带发育障壁体系，同时大面积平原地区被淹没，淹没的陆架沉积物被重新分配。其他类型的海岸带，如碰撞海岸是否发育屏障体系，则受局部或区域沉积物供应的制约。三角洲是砂质障壁的主要物源，高梯度河流入海和海岸带侵蚀型断崖是更粗粒碎屑障壁的重要物源。在中国中—新元古代和古生代的陆表海环境中，障壁岛沉积甚为常见，其中往往蕴藏有煤、石油、天然气、岩盐和铀等多种沉积矿产，具有重要的经济意义。

3.1.2 障壁岛的分类

可依据以下几个变量对障壁岛进行分类：①是否与海岸带相连；②以潮控还是浪控作用为主导；③障壁岛的长度与潮道（潮汐通道或潮汐入口）宽度之比；④发育在开阔海域还是在受限水域；⑤障壁岛的排列方式；⑥单一障壁还是复式障壁等。这些变量之间相互影响可使障壁岛形状发生显著变化（图 3-3）。依据是否与海岸带相连，障壁岛可分为连岸式障壁岛和离岸式障壁岛。

图 3-3　障壁岛的分类（Sytze，2014）

滨海平原在进积/前积体系中发育多重障壁岛，箭头示沿岸沉积物流

连岸式障壁岛包括结合式障壁岛、口袋式障壁岛、湾口式障壁岛、环形障壁岛、尖头形障壁岛、连岛沙洲和复式连岛沙洲、障壁沙嘴等。连岸式障壁岛的形成条件包括较强的波浪作用和较少的沉积物供应等。离岸式障壁岛形成的岛屿，称为堰洲岛。堰洲岛多形成于相对稳定的被动大陆边缘海岸。在构造活跃的主动大陆边缘海岸，大型障壁岛不发育，但可以发育小型障壁岛。

结合式障壁岛、口袋式障壁岛、湾口式障壁岛等属连岸式障壁岛，其两端均与海岸带大陆相连并凹向大海。结合式障壁岛光滑平整，仅有极小的凹入面积，并能对障壁后狭窄的海岸带起到保护作用；口袋式障壁岛的凹入面积较大，但障壁岛后面积较小，二者仅有一个很小的潮汐入口。湾口式障壁通常是由于加积的障壁沙嘴封闭了相对较大面积的开放水域而形成，因此具有较大的凹入面积（图 3-3）。典型的碰撞海岸和边缘海海岸常常发育较大型湾口式障壁岛。结合式障壁岛、口袋式障壁岛和湾口式障壁岛的发育往往使岸线平直化，环形障壁岛的发育则使岸线更加曲折复杂。环形障壁岛常在加积障壁岛的远端以锐角与海岸相交的地方形成，其障壁岛后区域呈半圆形或椭圆形。尖头形障壁岛具有凸出于岸线的外形，其障壁岛后区域呈封闭的三角形。连岸式障壁岛一般在靠近大陆的岛屿或浅滩的背风面形成，而连岛沙洲的形成则不依附于这些海岸地形高点。连岛沙洲为孤立的沉积沙脊，复式连岛沙洲在平面上类似于尖头形障壁岛，有可能进一步发展成为岛屿沙嘴并最终增生到大陆（图3-3）。

障壁沙嘴的一端与大陆相连，连接位置通常位于岸线方向突变的区域。障壁沙嘴与大多数障壁一样，发育在凹入式海湾环境，其形状可以是平直的，也可以呈钩状或弯曲状。浪控海岸的沿岸流和强潮差有利于障壁沙嘴发育。平面上，沙嘴的形状一般表现为轻微凹入和显著凸出，其沙脊后弯，末端逐渐没入滨岸沼泽。沼泽在低海面期可能被风成沙丘充填，但随着海平面上升通常会变成湿地（图3-3）。

离岸式障壁岛的平面形态主要受波浪和潮汐作用的影响。浪控堰洲岛最为常见，其长可达数百公里，潮汐入口间距较大，潮汐三角洲发育规模相对较小，溢流沉积非常发育，如巴西的里约热内卢沿岸。波浪–潮汐混合作用下形成的堰洲岛通常呈鸡腿状，延伸很短，潮汐入口相对稳定、间距较近，潮汐三角洲面积较大。堰洲岛宽的一端直接与潮汐入口相连，往往比其较窄的另一端向海延伸更远。潮控海岸带一般发育连岸式障壁体系，离岸式障壁岛，如堰洲岛则极不发育。

并非所有的堰洲岛都在开阔水域形成，且在向海方向受到高能潮汐或波浪的影响。有些堰洲岛在有遮挡的海岸带凹角处形成，有些在被离岸岛屿庇护的潮汐三角洲和河流三角洲处形成。

3.2 障壁岛沉积体系和沉积特征

障壁岛是沿海岸带分布的一系列暴露在海面之上的砂质滩地或砾石脊。障壁岛能够减弱风浪与潮汐等的作用，从而保护其后的海域和大陆。从平行海岸带方向来看，障壁岛包括潮汐入口、潮汐三角洲和障壁岛；从垂直海岸带方向来看，障壁岛还包括以下几个次一级环境单元：障壁岛、岛后潟湖、潮道或潮汐入口、岛前浅海等，统称为障壁岛体系。障壁岛由海滩、海滩脊、沙丘和冲刷物组成；岛前开放海洋包括滨面、退潮三角洲和近岸沙坝；岛后环境包括涨潮三角洲、潮滩和潮道、潮汐盆地、湿地沼泽和红树林沼泽。潮道起到连接开阔海洋和障壁后封闭环境的作用（图3-4）。障壁岛体系的每一个沉积单元具有相对稳定的地貌形态，并占据与其动力特征匹配的相对固定位置。

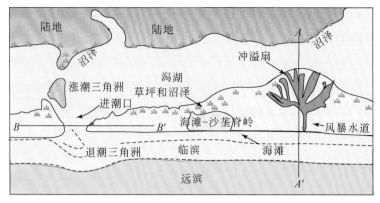

(a)陆源碎屑障壁海岸

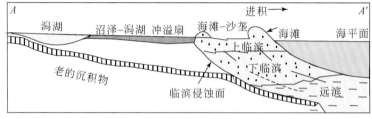

(b)垂直海岸剖面

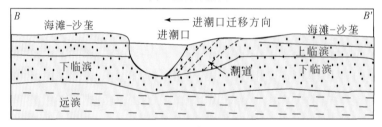

(c)平行海岸剖面

图 3-4　陆源碎屑障壁海岸沉积体系分布

3.2.1　岛前浅海

　　岛前浅海与无障壁海岸相似，其边界分别为冲浪区（近陆侧）和内陆架（向海侧），包括临滨、前滨、后滨，不同的空间位置对应不断变化的水动力条件。平均低潮线到平均浪基面之间的区域称为临滨；平均浪基面到风暴浪基面之间的区域称为滨面与滨外带之间的过渡带；风暴浪基面以外的海域称为滨外。也有学者进一步将平均低潮线到平均浪基面之间的区域称为上滨面，而将平均浪基面到风暴浪基面之间的区域称为下滨面。岛前浅海区域的下界——风暴浪基面处一般有地形坡度的突变。

　　岛前浅海沉积物以中、细粒砂为主，在生物礁发育的低纬度地区有钙质砂。波浪和潮汐的反复作用使沉积物不断发生成分和结构的分异。因此，在构造和海平面相对比较稳定的地区，岛前浅海沉积物的成分成熟度和结构成熟度一般很高。岛前区波浪作用活跃，水流变化复杂，可以出现各种底形和沉积构造，以低角度的楔状和槽状交错层理为主（图3-5）。

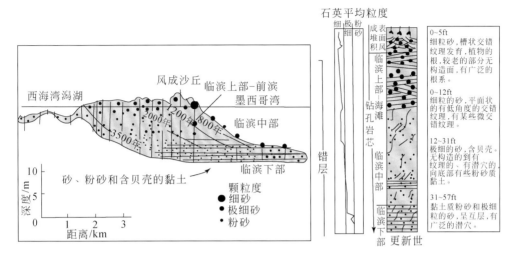

图3-5　美国加尔沃顿岛横剖面和垂向序列现实的岛前浅海沉积序列

$1ft=3.048×10^{-1}m$

低潮线以上到波浪作用上限这一部分环境称为海滩。海滩沉积作用受波浪的制约：夏季，涌浪把沉积物从滨外搬向岸线，形成滩脊；冬季，风暴浪将沉积物搬向外海，形成滨外沙坝。风暴是滨岸带十分重要的一种动力学因素，其沉积记录既可以是风暴沉积，也可以是一个侵蚀面。风暴沉积物常为分选较差的席状砂砾石，底部有冲刷面，多见丘状层理（图3-5）。

滨面的位置对于障壁岛环境的其他子环境有重要影响。作为障壁岛沉积的源或汇，滨面位置的改变是影响障壁岛沉积水动力条件的重要因素。天气晴朗和风暴条件下，近岸带和海滩对波浪的耗散或折射影响了障壁岛处波浪能量的大小。另外，在风暴潮期间和之后，沉积物在这些亚环境的大量沉积减缓了对障壁的侵蚀，加速了风暴潮后障壁的恢复。

3.2.2　障壁岛

障壁岛一般以砂质为主，呈长条形与海岸近平行分布，因此又称沙堤或沙坝。中高纬度海域冰川沉积或低纬度海域碳酸盐岩沉积中可见砾石质障壁。较粗的砾石质障壁一般比砂质障壁更陡且易被波浪渗透，也比砂质障壁具有更为发育的冲刷斜坡并有利于障壁岛向上加积。障壁岛在沉降型或稳定型海岸较为常见，其规模也更大，大者长可达百余千米，宽可达 20km，高可达 50m。

障壁岛沙丘和沙滩区是指低潮线以上的障壁岛主体，稍高于海面，也有海拔百余米者。其发育状况因地而异，取决于沉积物的供应量和风力状况。障壁岛形态决定了其受波浪作用的强度及可能受冲刷的位置。风暴潮期间沙丘侵蚀沉积物可在障壁岛沙滩上形成缓冲带，减少风暴潮对其进一步的影响。因反复受波浪冲刷，障壁岛沙丘和沙滩一般由分选非常好的中、细粒砂组成，成分成熟度和结构成熟度都很高，粒度向滨外带逐渐变细。

障壁岛一般形成下细上粗的反旋回沉积韵律，沉积层理规模向上变大，内部层理以低角度板状交错层理为主（图 3-6）。波浪作用形成的砂质障壁沉积物的概率曲线一般为四段型，有两个跃移组分，反映双向底流的作用。细层由粒径不同的砂粒组成，厚度为 1~3cm。层理的倾向和倾角随其所处的位置变化，向海一侧的层理向海倾斜，倾角一般为 8°~10°，个别地方可达到 15°，较高的倾角反映较强的波浪作用；向陆一侧的层理向陆倾斜，倾角一般为 3°~5°。障壁岛顶部层理倾角较小，轴部近于水平。障壁岛内部侵蚀冲刷面十分发育，常夹粗砂砾石的薄透镜体或薄层。

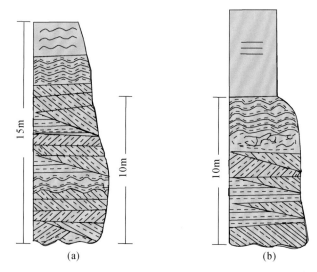

图 3-6　障壁岛垂向序列

（a）河南渑池观音堂下二叠统下部；（b）河南鹤壁娄家沟下二叠统

障壁岛的重矿物含量比临近海域和潟湖均高，且以密度大的稳定重矿物为主，常见磁铁矿、钛铁矿、锆石、石榴石，具有高能环境的特征。轻矿物组分中稳定矿物石英的含量一般高于长石和岩屑的含量。云母等片状矿物、植物碎屑以及微体生物的壳体含量甚微或完全缺失。在某些海区，由于软体生物的大量繁殖，障壁岛中贝壳的含量很高。

障壁岛与下伏地层的接触关系有三种类型：①障壁岛盖在滨、浅海沉积层之上（进积型障壁岛）；②障壁岛盖在潟湖沉积之上（退积型障壁岛）；③障壁岛盖在陆相地层之上，多见于快速海侵的沉积序列中（李从先，1981）。

3.2.3 潮道

潮汐通道简称潮道，是障壁岛前开放浅海和障壁岛后相对封闭海域之间水体交换和泥沙输运的主要通道，在相对海平面上升的沉积物退积环境中尤其如此。受海平面变化和构造运动影响，进潮口附近岸线的变化幅度最大，这也是进潮过程的直接结果。

潮道一般切割很深，其行为与河流相似。潮道的纳潮量大、切割深、水道迁移明显，所以，侧积和加积并重的潮道沉积充填是海侵障壁岛序列的重要组成部分（Masselink and Shorts，1993）。潮流具有较高流速，当潮汐来临时使得沉积基准面大幅度降低并导致两种可能的情况出现：一是沉积基准面高于海底，潮道沉积发育；二是沉积基准面低于海底，潮道发生侵蚀。潮道侵蚀在沉积记录中表现为冲刷面。潮道沉积以中粒砂为主，形成粒度向上变细的正旋回序列，与大多数障壁岛向上变粗的反旋回沉积（由于其下方有潟湖或近岸细粒沉积物）恰恰相反（图 3-7）。

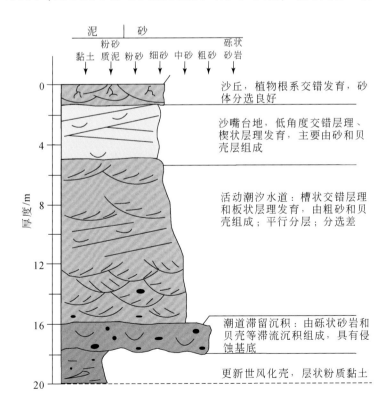

图 3-7 美国北卡罗来纳沙克尔福潮汐通道向上变细的沉积序列（Moslow and Tye，1985）

一个完整潮道沉积序列的沉积厚度与潮沟的深度相当。潮道沉积序列自下而上依次为：①底部为冲刷面，通常为潮道滞流沉积，由分选差的贝壳及其碎片、富集的重矿物、撕裂的碎屑、粗砂和/或细砾组成，往往深切入下伏沉积物中；②深水活动潮道相，为具有双向大型板状交错层理、中型槽状交错层理和粒序层理的砂体；③浅水潮道相，发育双向中型槽状交错层理和冲刷型波纹层理；④潮道充填物，为厚度向上变小、粒度向上变细且交错层理发育的砂体，常见泥皮和贝壳碎片（Moslow and Tye，1985）。生物扰动在活跃的砂质潮道充填序列中很少见，但在废弃的潮道入口充填中很常见（图3-8）。

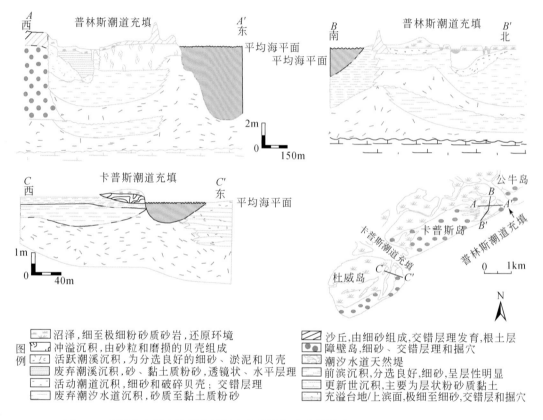

图3-8　美国南卡罗来纳州普林斯和卡普斯潮道充填样式（Tye and Moslow，1993）
潮道并没有明显迁移，只是由于受向南的沿岸流影响，稍向南偏转

3.2.4　潮汐三角洲

潮汐三角洲是否发育、规模大小和发育位置与潮差、波能、泥沙供给和障壁后可容空间等因素有关。涨潮三角洲和退潮三角洲分别位于潮道的两端，在障壁岛后向陆的方向形成涨潮三角洲；障壁前向海的方向形成退潮三角洲（图3-4和图3-9）。涨

潮三角洲和退潮三角洲沉积物一般较障壁岛沉积物的粒度粗，其底形从直线形波纹到上平底凸形，偶见逆行沙丘。涨潮时形成的大型交错层理和退潮时形成的较小型交错层理共生。潮汐三角洲可在一定程度上保护障壁岛海岸线免遭侵蚀，同时也可作为障壁岛形成的潜在物源。障壁后亚环境通过影响障壁后海域的可容纳空间、纳潮量和障壁岛向海岸的迁移速率对障壁前海域产生一定的影响。

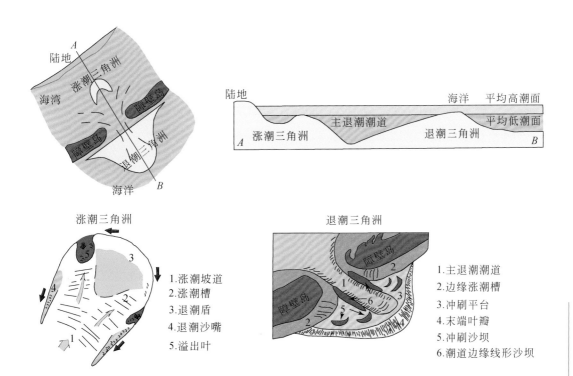

图 3-9　涨潮三角洲和退潮三角洲的特征与组成（Duncan et al.，2014）

3.2.4.1　涨潮三角洲

涨潮三角洲一般在潮差 1.5～3.0m 的障壁后区域最为发育，因为这些区域在低潮时暴露良好。随着潮差的减小，涨潮三角洲大部分会演变为潮下浅滩。如果三角洲由盐沼系统供应沉积物，通常会形成独立的马蹄形涨潮三角洲；如果由大而浅的海湾供应沉积物，则可能形成多个涨潮三角洲。在小潮差海岸带，如美国罗得岛，障壁后的狭窄入口河道的末端也可形成涨潮三角洲。洪水三角洲的大小一般随着障壁后开放水域面积的增加而增加。在某些地区，涨潮三角洲因易被沼泽沉积覆盖，并受生物改造而不易识别。涨潮三角洲主要由涨潮坡道、涨潮槽、退潮盾、退潮沙嘴和溢出叶等沉积单元组成（图 3-9）。

（1）涨潮坡道

涨潮坡道为涨潮期形成的向陆倾斜的浅滩，向陆可延伸到涨潮三角洲的潮间带部位，以强烈的涨潮流控制沙波向陆的迁移为主要特征。

（2）涨潮槽

涨潮坡道进一步向陆可分成两条浅的泄洪通道，即涨潮槽，如涨潮坡道一样，由涨潮的向陆搬运和潮汐沙波的运动共同控制涨潮槽的发育。泥沙通过涨潮坡道和涨潮槽的输送形成涨潮三角洲。

（3）退潮盾

退潮盾为涨潮三角洲最高、最靠近陆地的位置。退潮盾可能部分被沼泽植被覆盖，可保护三角洲的其他部分不受退潮流的影响。

（4）退潮沙嘴

退潮沙嘴分布在涨潮坡道两侧，由退潮盾向潮汐入口延伸。由退潮盾侵蚀而来的泥沙形成退潮沙嘴，并逐渐被退潮流搬运到潮道。

（5）溢出叶

退潮流突破退潮沙嘴或退潮盾而形成的叶瓣状沉积砂体，与三角洲分流河道的决口扇类似。溢出叶砂体沉积在涨潮三角洲的退潮沙嘴或退潮盾内侧。

3.2.4.2　退潮三角洲

退潮三角洲形状多样，可能高度不对称，具体形状取决于该地区波浪和潮汐能量的相对大小以及地质因素。在潮汐入口，退潮三角洲呈狭长状，主要由退潮流沉积和向海延伸较远的边缘线状沙坝组成，常遭受波浪和潮汐进一步破坏。退潮三角洲一般位于潮下带，保留概率很低，在地质记录中极为少见。退潮三角洲是由退潮流沉积而成的泥沙沉积物，沉积单元主要由主退潮潮道、边缘涨潮槽、冲刷平台、末端叶瓣、潮道边缘线形沙坝、冲刷沙坝等组成（图3-9）。

（1）主退潮潮道

主退潮潮道沿向海方向变浅，退潮流冲刷主退潮潮道并由此进入退潮三角洲，因此主退潮潮道主要受退潮流控制和影响。

（2）边缘涨潮槽

边缘涨潮槽一般深 $1 \sim 2m$，为位于潮道边缘线形沙坝和障壁岛浅滩之间的浅水道。边缘涨潮槽沉积受涨潮流控制。

（3）冲刷平台

冲刷平台为宽而浅的沙台，位于主退潮潮道两侧，其大小决定了退潮三角洲的分布范围。

（4）末端叶瓣

从主退潮潮道输出的泥沙沉积在退潮三角洲的砂叶中，形成了末端叶瓣沉积砂体。末端叶瓣沉积砂体的向海一侧倾角较陡。在低潮期或出现涌浪时，终端叶瓣的轮廓清晰可见。

（5）潮道边缘线形沙坝

潮道边缘线形沙坝位于主退潮潮道的边缘，分布在冲刷平台的上部。这些线形沙坝限制退潮流的流路，在低潮时容易暴露出水面。

（6）冲刷沙坝

潮水溢出末端叶瓣并漫溢冲刷平台，在冲刷平台之上形成弓形的冲刷沙坝，一般长 50～150m，宽 50m，高 1～2m。随着潮汐强度的减弱，冲刷沙坝向岸迁移。

3.2.5　岛后潟湖

岛后潟湖位于障壁岛向陆一侧，一般呈长条形平行海岸，与外海之间无水体交流或交流不畅，常因陆上来水的多少而发生水质的淡化或咸化。因受障壁岛的遮挡，潟湖区波浪和潮汐作用大幅减弱，属于低能环境，沉积速率一般偏低。有的潟湖其水化学性质具有季节性变化特点：雨季来水充沛，发生淡化；旱季来水贫乏，发生咸化乃至干涸。

潟湖沉积特征取决于来沙量和气候条件。中低纬度带潟湖沉积一般由沙、泥、粉砂互层组成，以泥质沉积物为主。在淡化潟湖边缘以及潟湖晚期的沼泽化阶段，植被繁茂，常形成泥炭夹层或植物碎屑，沉积物中多植物根系。潟湖砂质沉积在空间上呈补丁状，在剖面上呈透镜状，多来自潮流、风暴或风尘。当盐度发生变化时，潟湖内形成化学沉积，碳酸盐是热带潟湖中常见的一种沉积物，白云石和石膏等矿物与之共生，并常见鲕粒、骨屑和生物粪粒等。其中白云石多为同生成因，石膏则多为潮坪蒸发作用或成岩作用的产物。潟湖的盐度发生变化时还导致生物的特异现象，潟湖沉积物中的微体生物组合一般以广盐性和半咸水属种为主，有孔虫分异度低，优势度高。常出现海陆相生物的混生现象。潟湖有机质以腐殖型为主。

冲溢扇砂体在潟湖沉积序列中十分常见。风暴冲溢扇是风暴切割障壁岛而形成的事件沉积物，常呈舌状砂体夹于潟湖沉积物之中。风暴冲溢扇宽度约数百米，长轴垂直障壁岛。多个风暴冲溢扇连成一体，形成席状砂体，代表风力作用将沉积物从障壁岛前搬运到障壁岛后的过程。冲溢扇沉积物粒度一般以中细粒砂为主，从细砂至砾石各粒级也均有发育，常见板状层理或小型和中型的前积层理。每次风暴事件形成的沉积物厚度可从数厘米至 2m 不等。

3.3　障壁岛体系的沉积样式及沉积机制

3.3.1　障壁岛体系沉积样式

障壁岛的平面形态是其内部结构的反映。根据障壁岛形成时海平面变化与沉积物供应量之间的相对变化关系,可将其划分为三种基本沉积样式:退积型障壁岛、加积型障壁岛和进积型障壁岛(图 3-10)。退积型障壁岛沉积样式为越过障壁后沉积向陆迁移;加积型障壁岛的形成过程中,几千年内尽管海平面发生了升降变化,但其垂直于岸线方向的迁移并不明显;进积型障壁岛沉积特征表现为障壁岛沉积越过障壁前滨面沉积向海一侧迁移。许多障壁层序同时包含海进和海退沉积单元,反映了可容纳空间与沉积物供应二者之间的时空变化。不同类型障壁的规模各不相同,退积型障壁岛的规模相对较大,进积型障壁岛的规模较小,如一些障壁岛只有100m 宽,几米厚,而另一些则有几十公里宽,几十米厚。

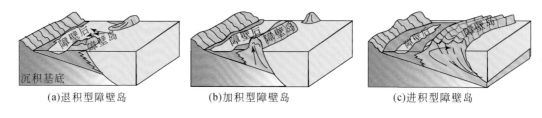

(a)退积型障壁岛　　　　　(b)加积型障壁岛　　　　　(c)进积型障壁岛

图 3-10　障壁岛的沉积样式(Masselink and Shorts,1993)

3.3.1.1　退积型障壁岛

大多数退积型障壁岛与海侵过程有关,海平面的上升或沉积物供应量的减少均能导致障壁岛的退积。在退积型障壁中,障壁前浅海沉积先后覆盖在障壁岛沉积和障壁后潟湖沉积之上,形成自下而上粒度由粗变细的正旋回沉积。退积型障壁岛自下而上典型的沉积序列包括障壁岛后潟湖沉积、障壁岛沉积和滨面沉积等[图 3-11]。潮汐三角洲和冲溢扇构成退积型障壁岛沉积的主体,如美国南卡罗来纳海岸大部分的障壁砂岛沉积与退潮三角洲沉积共存,丹麦的霍姆斯兰障壁岛沉积几乎完全由冲溢扇沉积组成。潮道纳潮量大、水道迁移明显,因此其沉积也是退积型障壁岛的重要组成部分。总的来说,退积型障壁岛沉积体系组成相当复杂,主要由潮道、潮汐三角洲和冲溢扇三种类型沉积交错共生而成。

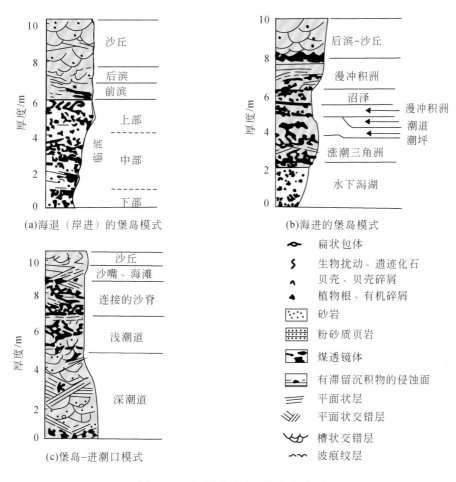

图 3-11 障壁岛沉积体系的沉积序列

末次冰期以后的冰消期，海平面转落为升，是退积型障壁岛发育的最佳时期。例如，10 000 年前末次冰期结束后，美国特拉华沿海开始海侵，首先在更新世侵蚀面之上沉积了一套沼泽相的沉积物，滨外障壁岛的出现使近岸沼泽很快发育成为潟湖。与全新世海侵有关的退积型障壁岛有两种可能的演化机制：侵蚀滨面后退机制和原地淹没机制。

滨面后退机制认为，障壁岛沉积来自上滨面的侵蚀作用，风暴是其主要侵蚀营力。侵蚀造成的碎屑物质一部分被搬到下滨面或滨外带，另一部分则以冲溢沉积物的形式被搬到潟湖。在连续海侵过程中，如果海平面的上升速度小于侵蚀速度，障壁岛可能会全部被侵蚀掉，所有的沉积记录只剩一薄层的潟湖、潮沟和冲溢扇沉积，覆盖在一个不整合面之上（图 3-12）。顶部则为一个冲刷面所切割，其上为再造过的下滨面和内陆架沉积物，或为向上变细的滨外风暴沉积所覆盖，其厚度取决于海平面的上升幅度。在剖面中可以见到比较完整的从障壁岛序列到侵蚀面之间的各种可能的沉积记录（Niedoroda et al., 1985）。

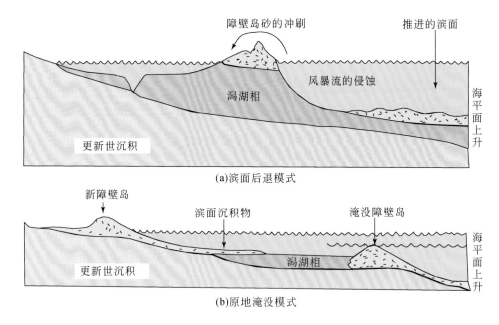

图 3-12　海侵过程中退积型障壁岛体系的演化机制（Reinson，1992）

原地淹没机制认为，海平面迅速上升时，障壁岛留在原地不动，直到波浪带越过障壁岛的顶部。海水漫过障壁岛时，一个新的障壁岛就会在潟湖的内侧形成。在这种情况下，往往能保存完整的海侵序列（图 3-12）。

3.3.1.2　加积型障壁岛

尽管海平面发生了升降变化，但加积型障壁岛在垂直于岸线方向的沉积相迁移并不明显。海平面升降与沉积物供应量保持相对稳定是形成加积型障壁岛的主要原因。加积型障壁岛主要由潮道侧积和垂向加积物组成，包括潮道滞留沉积和上覆深水潮道沉积，既可以出现于海侵过程，也可以出现于海退过程。在海平面变化和沉积物供应量达到平衡的情况下，障壁岛的活动表现为潮道的侧向迁移和潮道充填物的侧向加积。在深切割的潮道内，底部为滞留的粗碎屑沉积物。上覆深水潮道沉积物分选好，具有大型的退潮交错层理，前积层的倾向多变［图 3-11（b）］。

3.3.1.3　进积型障壁岛

海平面相对下降或沉积物供应量的增加，可能导致障壁岛的进积。在进积型障壁中，障壁后潟湖沉积和障壁岛沉积依次覆盖在障壁前浅海沉积之上。进积型障壁岛自下而上典型的沉积序列包括滨面沉积、障壁岛沉积和障壁岛后潟湖沉积等，形成自下而上粒度由细变粗的反旋回沉积序列［图 3-11（a）］，沉积相的相变关系与退积型障壁岛相反。

进积型障壁岛在海退过程中比较常见，因此也有人称之为海退型障壁岛。其实形成进积型障壁岛的直接原因是沉积物供应量的增加，即使是在海侵过程中，如果沉积物供应量很大，也能导致进积型障壁岛的形成。美国墨西哥湾加尔夫斯顿障壁岛是典型的进积型障壁岛，自4000年以前开始形成，沉积物的年龄向海方向依次变新，形成一个穿时的地质体，其粒度自上而下由细变粗形成一个反旋回沉积序列。

3.3.2　障壁岛体系沉积机制

波浪和沿岸流的共同作用是形成障壁岛沉积的必要条件。发育完整、延伸长、连续性好、潮汐入口（潮道）少的障壁岛大多形成于构造相对稳定的浪控作用为主的沉降型小潮差（潮差小于2m）海岸带，常有风暴冲溢扇伴生发育；中潮差（潮差在2~4m）海岸带因为有多潮沟发育，障壁岛一般都比较短，潮汐三角洲相对较为发育；强潮差（潮差大于4m）海岸带因潮流可直达海岸，因此不利于障壁岛的形成和发育（Hayes，1979）（图3-13）。

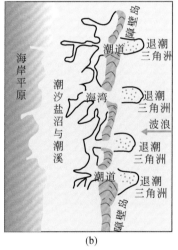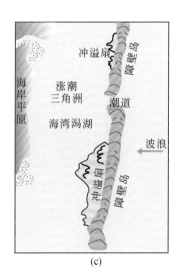

(a)　　　　　　　　　(b)　　　　　　　　　(c)

图 3-13　不同海岸带障壁岛的发育情况（Hayes，1979）

（a）强潮差海岸，一般无障壁岛，与岸线近垂直的潮流沙脊发育；（b）中潮差海岸，潮道多，并导致障壁岛短，与潮道和退潮三角洲共生；（c）小潮差海岸，障壁岛发育，有包括风暴冲溢扇在内的大量岛后冲刷沉积物沉积，少有潮汐通道，潮汐三角洲亦不发育

障壁岛有三种成因机制：①近岸沙坝的出现，波浪作用形成的低沙坝隆升出海面形成障壁岛；②近岸沙脊的淹没，障壁岛是海平面上升过程中遭到淹没的近岸沙脊；③沙嘴的形成，由沿岸流形成的长形沙嘴进一步发展形成障壁岛（图3-14）。

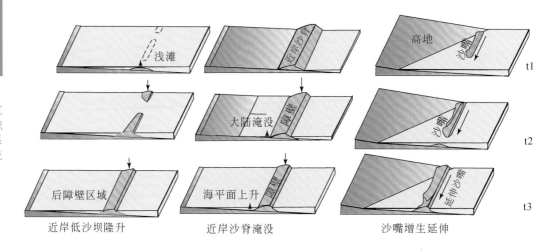

浅滩 近岸沙脊 高地 沙嘴 t1

大陆淹没 障壁 沙嘴 t2

后障壁区域 海平面上升 障壁 延伸沙嘴 t3

近岸低沙坝隆升   近岸沙脊淹没   沙嘴增生延伸

图 3-14　障壁形成机制（Roy et al.，1994）

从上（第 1 阶段 t1）到下（第 3 阶段 t3）显示了近岸低沙坝隆升（左）、近岸沙脊淹没（中）和
沙嘴增生延伸（右）形成障壁岛的过程

里海沿岸可以看到因海平面上升近岸沙脊被淹没而形成屏障岛的例子，海平面上升使得与大陆相连的高低不平的沿岸沙脊演变为新的离岸式障壁岛。在许多地形起伏大的沿海地区和低坡度沿海平原岸线方向突变的特殊区域，都可观察到沙嘴的增生和延伸现象。当沙嘴演化至一定程度与海岸带分离时，就会形成离岸式障壁岛，即堰洲岛。

3.4　障壁岛体系发育的主要影响因素

障壁岛的发育和演化受一系列过程和因素的控制，这些过程和因素相互作用导致了各种各样的障壁岛形式。大多数影响障壁岛演化的因素具有不同尺度的时空差异性（图 3-15）。因此，没有两种障壁岛是完全相同的。障壁岛体系沉积过程和相关的形态变化发生在不同的时间（瞬时、事件、工程时间和地质时间）和空间尺度。下面对影响障壁岛沉积体系发育和演化的主要因素进行分析讨论。

3.4.1　海岸带地形和基底岩性

海岸带地形高点可以作为障壁岛沉积的锚定点或稳定核心。这些高点可能是岬角，也可能是海岸带的山丘。这些地形高点最终也会完全被现代障壁岛沉积物覆盖。

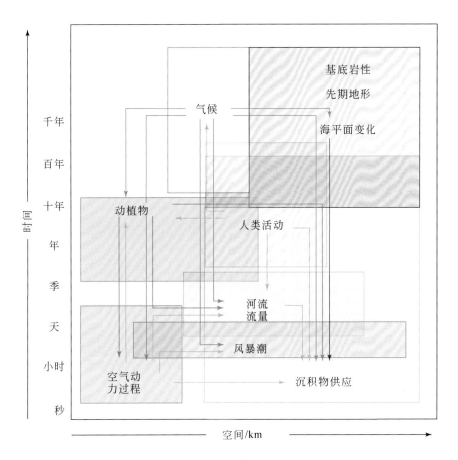

图 3-15　影响障壁岛发育的互联驱动因素及其时间和空间尺度 (Sytze, 2014)

　　野外观测（来自里海）和模拟实验结果揭示了障壁岛类型和规模与海岸带坡度之间的相关关系。在坡度极缓的海岸带（坡度为 1:10 000），当波浪向岸运动过程中遇浅，底部摩擦使波能减小，沉积物几乎没有重新分配的可能性，因此限制了砂体迁移，不易形成障壁岛体系。坡度稍陡的海岸带（坡度约为 1:1000），在破浪带形成的沙坝可逐渐转变为障壁岛。当海岸带地形坡度较陡（约为 1:100）时，风成沙脊会演变成大型障壁岛。障壁岛后海域宽度也是海岸带坡度的函数。海岸带坡度更陡（大于 1:100），海滩直接与大陆相连，障壁岛后区域不发育，形成没有岛后区域的连岸式障壁（图 3-16）。

　　海岸带坡度不大，沉积物供应充足的海岸带，进积型障壁岛的发育是比较常见的。然而，当障壁岛处的水深增加时，其前积速率会逐渐降低。障壁岛沿岸线和垂直岸线的迁移速率也随海岸带坡度的减小而增加。海岸带坡度还通过控制海岸带上部侵蚀带范围内的沉积物通量影响障壁岛的演变（图 3-16）。当海岸带坡度比波浪和海流的相互作用所产生的坡度小时，海岸带为障壁的形成提供

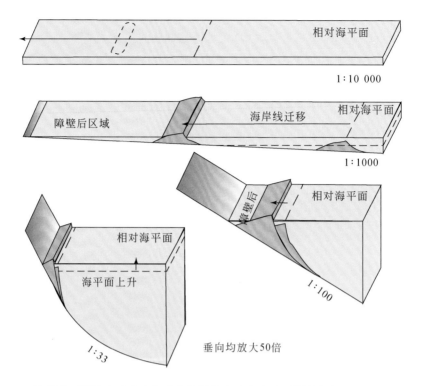

图 3-16　海岸带不同坡度对障壁岛形成的制约及对障壁后区域的影响（Roy et al., 1994）

当海岸带地形坡度在 1∶1000 ~ 1∶100 时，会出现障壁岛和后障壁岛区域；当海岸带坡度小于
1∶10 000 时，不形成障壁岛；当海岸带坡度大于 1∶100 时，可形成连岸式障壁，障壁后区域不发育

物源［图 3-17（a）］；当滨面沉积遭受侵蚀，海岸带坡度变陡使水深增加至一定
程度时，波浪和沿岸流不能波及底部沉积物，障壁岛既不发生沉积，也不遭受侵
蚀［图 3-17（b）］；随着海岸带坡度的进一步增加，障壁岛就会遭受显著侵蚀，障
壁沉积发生离岸运移，被搬运至滨面和陆架区［图 3-17（c）］。

3.4.2　相对海平面变化

　　末次冰盛期之后，绝对海平面的减速上升及其在中—晚全新世的相对稳定是保
证当今障壁岛体系形成的主要因素之一。在海平面减速上升的陆架边缘处或附近，
沉积物初始缓慢退积和随后的进积过程易形成障壁岛。海侵过程中，海岸带水深大
都在风暴浪基面以上。先期松散沉积物在海洋动力的作用下发生分异，细粒物质呈
悬浮状态被带至浪基面之下的浅海低能环境中沉积，粗碎屑则呈推移形式搬运至沿
岸高能环境。在整个海侵过程中，海底沉积物总体向岸输运，为形成大规模障壁岛
提供物源。

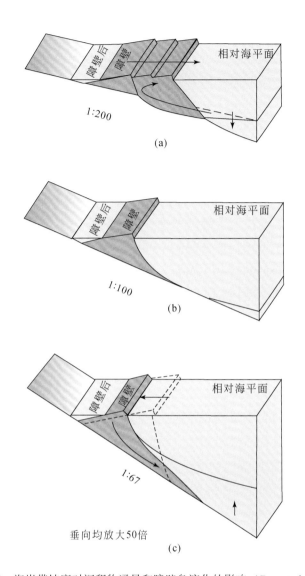

相对海平面

障壁后　障壁

1:200

(a)

相对海平面

障壁后　障壁

1:100

(b)

相对海平面

障壁后　障壁

1:67

垂向均放大50倍

(c)

图 3-17　海岸带坡度对沉积物通量和障壁岛演化的影响（Roy et al., 1994）

　　板块垂向运动在不同程度上与海平面升降叠加，每百年几米的基底升降和沉积物压实对障壁岛的影响通常远大于绝对海平面升降的影响。在构造抬升区，海平面下降会显著缩短障壁岛的寿命。一系列滩脊和其间的洼地形成的滨岸平原构成相对稳定的障壁体系，所以尽管随着海岸线向海迁移，新的滩脊也会定期形成，但长期海平面下降控制了每个滩脊演变为障壁岛的时间。

　　目前尚不清楚海平面变化速率对障壁岛发育的具体影响。近十年，加拿大东部和西北欧洲的野外观测记录表明，砾石障壁岛体系的退积生长速率与海平面升高速率呈正相关。我国沿海地区障壁岛对海平面变化也很敏感，在沉降和隆升构造带之间的过渡区域，相对海平面上升明显，是形成障壁系统的有利地区。数值模拟结果

（侧边栏）第 3 章　障壁岛沉积体系

也表明，海平面的快速上升有利于障壁岛的逐步退积。海平面变化还以其他各种方式影响障壁岛体系的物源供应和沉积通量。海平面变化越大，可为障壁岛体系形成提供的物源就越多；海平面变化还会改变河流流域的坡度和流路，从而间接影响沉积物的供应。

3.4.3 沉积物的源汇和通量

障壁岛沉积物来源多样，包括河流、滨面和内陆架的现代沉积、潮汐三角洲、沿岸流上游的障壁岛、沿岸流上游的侵蚀性海岬和海洋生物等。这些沉积物是海岸沉积的组成部分，处于沉积物再分配的中间阶段，可为障壁岛的发育提供物源。沉积物类型也会影响障壁岛的发育。例如，粗颗粒沉积物的强渗透性会导致较粗颗粒或砾石质障壁岛缺乏明显的潮汐通道（Carter and Orford，1984）；在极端事件中，因海岸带高地剥蚀而来的砂和砾石的不同搬运速率（或单独到达），会导致缓坡富砂障壁岛和陡峭的砾石障壁岛的发育发生周期性变换。

沉积物供应通过填充可容纳空间、决定障壁岛沉积物粒径的方式影响障壁岛的发育。海平面升降变化过程中，由于沉积物丰度的差异，退积型和进积型障壁岛可以共存。沉积物供应和需求之间的不均衡不仅会导致不同空间位置障壁岛的可变性，还会导致障壁岛发育随时间变化。障壁岛的变化反映了诸如河流等沉积物供源特征的周期性变化（图3-18）。可将障壁岛的沉积物供源周期性变化分为四个阶段，分别用t1、t2、t3、t4表示。在沉积物总体供应充足的情况下，沉积物供应主要影响障壁岛的生长速度和滩脊发育位置；在沉积物总体供应不足的情况下，沉积物供应主要影响障壁岛的生长和消亡的变化。同时，河流也通过影响沿海水流和供源位置进而间接影响障壁岛的演变。

除了沉积物源，沉积物汇对障壁岛的发育也扮演重要角色。一方面，障壁岛后区域、潮汐入海口和河口会截留一部分沉积物，因此无法充分滋养障壁岛的形成；另一方面，障壁岛遭受侵蚀后经沉积物重新分配，最终沉积在海侵沙丘、潮汐盆地、临滨和内陆架。

3.4.4 风、浪、沿岸流、跨岸流和潮汐

由风、浪和潮汐产生的空气和水的流动会造成泥沙的流动，这些营力或对障壁岛造成剥蚀，或为障壁岛的发育提供物源（图3-19）。风力直接影响的是有限的潮间带和潮上带区域，但因风可驱动波浪和洋流（潮汐的非天文潮因素），因此也可以间接影响到潮下带。风、浪和潮汐的联合作用可形成沉积环流圈。潮下带沉积物

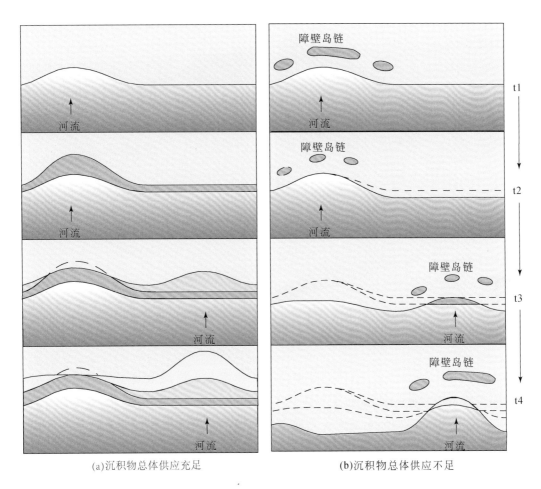

t1

t2

t3

t4

(a)沉积物总体供应充足   (b)沉积物总体供应不足

图3-18　河流等沉积物供源的周期性变化对障壁岛发育的影响（Sytze，2014）

在滨面和近岸带的搬运十分重要，因为该过程直接决定着障壁岛系统的沉积或剥蚀
状态。

风速和风向是制约沿岸沉积物搬运及障壁岛系统演化的非常重要的地质因素，在
植被稀疏或无植被发育的具广阔潮间带和潮上带的障壁海岸尤其如此。干旱期风在海
岸带的作用最为有效；而在降水或洪水多发的潮湿期，风对海岸带沉积物搬运的影
响很小。持续的向岸风会形成风成沙丘、沿岸沙丘、风蚀坑和海侵沙丘等。在风的
影响下，沿岸沙丘的风蚀坑进一步遭受侵蚀至波高阈值之下，从而作为泥沙的运移
通道，将泥沙运移至海侵沙丘沉积区，或者将砂体运移至障壁岛后海域（图3-19），
进而暴风雨期间的泥沙运输量增加。

波浪作用主导着从前滨到滨面的水动力条件，其影响在近岸带达到顶峰，到下
滨面逐渐减小。波浪对障壁岛系统的影响包括由浅滩波驱动的底部沉积物输运、入
射波向岸的沉积物搬运通量、入射波对前缘沙丘的侵蚀、低障壁岛甚至整个障壁岛

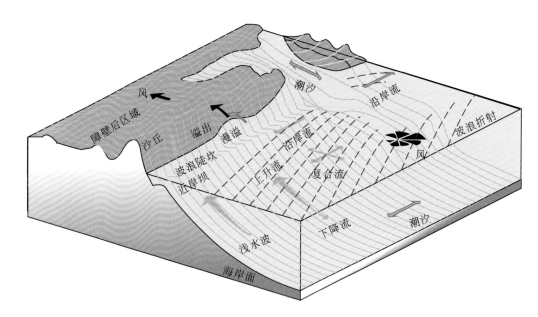

图 3-19 影响障壁岛的流体动力学（灰色）和空气动力学（黑色）过程（Stive and de Vriend，1995）

的漫溢沉积等（图 3-19）。退积型障壁岛沉积速率与入射深水波能量相关。入射波
平行岸线分量形成的沿岸流和垂直岸线分量形成的跨岸流控制着沿岸沉积物的搬
运。监测、分析海岸带的水流模式和泥沙运移路径，对于解释和预测障壁岛的发育
演化非常重要。

3.4.5 风暴潮

由风及低气压引起的风暴与天文潮汐、波增水和波浪爬高相互作用，形成风暴
潮。尤其在宽缓陆架区，风暴潮对障壁岛体系产生强烈的瞬时影响，使障壁岛结构
变得脆弱，更容易受后期风暴影响。

风暴潮期间，障壁岛体系的发育演变是侵蚀过程和沉积过程的总和。侵蚀过程
包括沙丘崖的形成、海滩侵蚀、漫溢潮道的侵蚀和潮汐入口水道的形成。沉积过程
包括海滩阶地的形成、滩脊的发育、沼泽沙丘的形成、冲溢扇的发育、溢流平台的
形成和沉降片蚀等（Morton and Sallenger，2003）。

冲浪流态下，波浪爬高仅限于前滨。在破浪流态下，波浪爬高可达向风沙丘脊
的底部。在跨越流流态下，波浪爬高会超过海滩阶地。在大潮高潮期，风暴潮足以
淹没大部分障壁岛。当风暴潮及与之伴生的波增水和波浪爬高遇到连续且高耸的向
风沙丘时，障壁岛沙丘会遭受严重侵蚀，其宽度在几个小时内可减少数米。侵蚀下
来的沉积物或沿岸运移或暂时沉积在上滨面，使波能耗散。

即使风暴并未登陆，风暴潮也会影响从滨面到障壁岛后的整个障壁岛体系的沉积物供应。砂和砾石的供应导致障壁岛内部结构的重组。越来越多的野外观测和模拟结果表明，传统上认为障壁岛体系正常情况下普遍存在的剥蚀和泥沙净流失是有限的；相反，风暴潮会导致内陆架和下滨面的侵蚀以及向岸的输运，从而加快障壁岛的发育和剥蚀。例如，美国北卡罗来纳州发生风暴潮后，软珊瑚从距离现代冲浪带>1km 的海域向岸搬运，覆盖在组成障壁岛的蛤壳化石碎片和岩屑之上。在里海，风暴潮作用是唯一能够将足够多的粗粒沉积物从滨面向沿岸输运从而形成障壁岛体系的动力机制（Kroonenberg et al.，2000）。风暴潮还导致沿岸流上游流路的剧烈侵蚀并为障壁岛的增生发育提供额外的物源。

海啸对障壁岛的影响与风暴潮类似，会侵蚀或夷平海滩，破坏障壁岛，形成沙丘陡坡。一般来说，在障壁岛沉积记录中很难区分风暴潮和海啸成因沉积物。

3.4.6　气候

气候通过降水、风浪、洋流、水温和气温等的直接效应影响障壁岛体系的形成与演化。例如，热带地区富含腐殖质的沉降海岸带不利于沙丘的发育，其障壁岛体系主要由强烈的化学风化作用而形成的泥构成。独特的极地气候和地质条件，如冰壅、冰筏作用、永久冻土层的热侵蚀、冰消沉降以及冰架取水限制等因素均可影响障壁岛的发育。

长周期气候变化（如全球变暖）和短周期气候变化（如厄尔尼诺和拉尼娜）控制着海平面、地下水位和风暴度。气候还影响植被类型和生物修复能力、风化作用、河流流量、沉积物供应、风力搬运、沉积物成岩变化以及碳酸盐骨骼碎屑形成等。

障壁岛体系记录了所有时间尺度上的气候波动，如个别厄尔尼诺事件导致沉积频率增加；系列厄尔尼诺现象导致秘鲁海岸带滩脊的形成；20 世纪澳大利亚东南部海岸带障壁岛的增生和侵蚀与降水量、河流流量和风暴年代际变化相关；西北欧海岸带小冰河期百年尺度的干旱多风期导致滨岸沙丘移动。大气环流的千年变化诱导沿岸沉积物流方向的逆向变化，从而导致滩脊的增生或剥蚀，如巴西海岸带千年级气候变化诱导沿岸流方向发生变化，沿岸流向北流动时，滩脊增生，沿岸流向南流动时，滩脊遭受削蚀（图 3-20）。

由于气候变化，近年来或者未来几十年许多现代障壁岛的发育模式已经或将受到影响。相对海平面加速升高迫使障壁岛向岸移动，并使海岸带可容纳空间增加。风向的改变也会影响障壁岛的发展。飓风和其他风暴的频率与强度的增加预计将导致海岸侵蚀加剧。例如，20 世纪 70～90 年代中期，热带气旋活动弱，墨西哥湾东

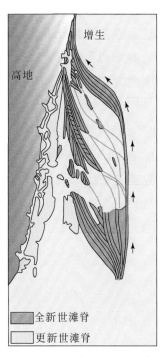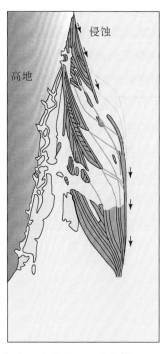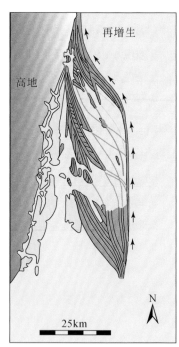

图 3-20　巴西东北部多西海岸平原的滩脊体系（Dominguez et al., 1992）

气候变化诱导的沿岸流逆向流动（箭头所示）导致滩脊的增生或削蚀。

深灰色和浅灰色线表示由进积和侵蚀形成的古海岸线

北部的障壁岛体系相对稳定；自 1995 年开始，热带气旋活动增强，墨西哥湾东北部经历了显著的侵蚀（Stone et al., 2004）。海冰面积变化对极地障壁体系有强烈的间接影响。夏季来临，海冰从海岸撤退的距离和时间越长，其在开阔水域的搬运时间就越长，导致波浪作用也越强。这一效应使得阿拉斯加和西伯利亚海域许多障壁变得更加脆弱，同时也为加拿大北极岸线上的砂砾聚积创造条件，形成新的障壁。

3.4.7　河流排放

河流一方面通过提供沉积物，另一方面通过与径流有关的过程来影响障壁岛体系。汇入到开放海洋环境的河流及河口沉积会激发退潮流对海岸带的影响，形成潮汐入口，驱动河口迁移，并形成防波堤捕获沿岸水流搬运的沉积物。当河流径流量变化较大时，潮汐入口可能要经历开合变化。当河流堤岸遭受侵蚀且减弱的潮流无法继续利用原有的潮道保持畅通时，就可能形成新的潮汐入口。

中国海岸带障壁岛发育程度较差、规模较小，明显受中国海岸带沉积物粒度和流场特征的制约。中国两条最大的入海河流——长江和黄河，均属远源河流，沉积物的粒度偏细。中国海的西太平洋边缘海性质使其对沉积物的簸选能力较差，海岸带沉积的泥沙混杂现象显著，缺乏形成障壁岛所需的粗砂质物源。另外，中国海岸河口众多、潮差偏大，这也是不利于障壁岛发育的重要因素。黄渤海和东海海区潮流分布情况比较复杂，潮差等值线大致平行海岸，从开阔海区向岸边增大。绝大部分海岸属于中潮差和大潮差海岸，不利于大型障壁岛的形成。一部分障壁岛与三角洲伴生，因三角洲发育不稳定、不连续，障壁岛的延续时间也都不长，在海岸沉积格局的塑造过程中不占重要地位；还有一部分障壁岛系受沿岸流影响形成的沙嘴延伸、扩展发育而成，其形成时间也比较短。

第4章 | 潮汐沉积体系

4.1 潮汐沉积体系的重要概念和形成背景

4.1.1 潮汐沉积体系的重要概念

潮汐：是海水在月球和太阳引潮力等外力作用下产生的周期性运动，其最大特点是水流的周期性和往复性。按照潮流周期的长短，可分为半日潮、全日潮和混合潮三类；依据潮流的运动形式，可分为往复流和旋转流两类。海峡水道及狭窄港湾内多为往复流，开阔海多为旋转流。

潮差：指相邻的高潮和低潮的潮位高度差。海岸带的潮差变化很大，其大小受引潮力的大小、季节变化及海底地形的影响而不同。按照潮差的大小，可以将海岸带分为小潮差（潮差<2m）、中潮差（2m≤潮差≤4m）和大潮差（潮差>4m）三种类型。在小潮差海区，波浪作用普遍居主导地位；在大潮差和部分中潮差海区，潮汐作用常居主导地位。大洋的潮差很小，一般不超过1m。把一定时期内潮差的平均值称为平均潮差，如日平均潮差、月平均潮差、年平均潮差和多年平均潮差等。中国东南沿海海域中，东海潮差最大，渤海和黄海次之，南海潮差最小。杭州湾内大部分水域的平均潮差超过4m，湾顶澉浦最大潮差达8.93m，是中国潮差最大的水域。

潮流速度：是潮差和排水面积的函数，某一位置最大潮流速度取决于在半潮周期内通过该点的水量。当潮波传入近海时，水体变浅、排水面积减小、潮汐能量相对集中，致使潮流速度增大。所以即使是在潮差很小的海岸带，如果河口面积足够小，也能出现较大的潮流速度，这就是所谓的"狭管效应"。半封闭陆架海的潮流速度可达100cm/s，水质点在半潮周期内的运动距离可达1~10km（Dalrymple et al.，1992）。潮流速度和方向在一个单一的潮汐周期内发生有规律的往复变化。

纳潮量：由潮汐涨落造成的某一海区水域（如港湾、海湾等）内水体体积的变化量。其大小和变化对该水域的水流状态、泥沙运动、地貌变化、海岸带环境和海水自净能力等有很大影响。

潮流搬运：涨潮流时短流速高、退潮流时长流速低的特征会使沉积物会向着强潮流或主潮流的方向发生净搬运。潮流的净搬运过程在海底塑造出潮流沙丘床底。理想情况下涨潮流和退潮流流速与持续时间相等，不会产生水和沉积物的净搬运；实际情况下因海岸带受多重因素影响并非如此简单。当潮波沿着河道逆流而上时，潮流速度与径流流速相抵，传播速度显著变小使潮波变形，潮波前坡增大，后坡平缓，出现涨潮时短、退潮时长的现象。退潮时，河道径流与潮流一起顺流而下使潮流流速增加，导致退潮流速大于涨潮流速。另外，潮水侵入河口还会影响水流内部结构，在某些断面上出现表层向海流动、底层逆河而上的现象。一个潮汐沉积旋回的不同潮汐通道内，主潮流和次潮流的方向往往不一致，导致潮流沉积作用更加复杂。

潮汐沉积作用：是潮汐往复流和旋转流搬运的结果，并受潮汐类型、潮差大小和潮流速度等的影响，潮流速度又是潮差的函数。潮流沙丘包括两种尺度不同的堆积地貌，即潮流沙波和潮流沙脊，它们的延长方向分别与潮流方向垂直和平行。潮流沙波规模小，一般出现在深海海底；潮流沙脊规模大，主要发育在河口、潮控三角洲前缘、海峡和潮控、浪控以及风暴频繁的浅海环境，多数以群体的形式出现。

潮汐沉积体系：受潮汐控制的沉积环境主要包括潮坪、河口、潮流沙丘（包括潮流沙波和潮流沙脊），因此，潮汐沉积体系主要包括潮坪、河口、潮汐沙垄、沙波和沙脊。

再作用面：潮汐作用带的主要底形为潮流沙丘。当主潮流速度足以推动沙丘运动时，就会形成交错层理。其中常有几乎等间距的不连续面，称之为再作用面。再作用面又称为停顿面，标志着反向的次潮流的存在，也代表优势流向沙波迁移的停顿阶段。因同时伴随悬浮沉积作用，往往覆盖有一层泥质沉积（图4-1）。如果次潮流也足够强，就会侵蚀沙丘，形成稍微向潮流方向倾斜的再作用面，并推动沉积物向相反方向运动，形成反向的交错层理。

泥皮：潮流转向的拐点，其流速为零。当潮流速度大幅度减缓时，在潮流沙丘的背流面形成泥皮。波浪作用较强或旋转潮流海区，潮流没有零速期，泥皮也因此不发育。

双黏土层：当主潮流速度大幅度减缓时，在潮流沙丘的背流面形成主潮流泥皮。次潮流的搬运能力小，所搬运的沉积物量少，形成次潮流泥皮。主潮流泥皮与次潮流泥皮在空间上十分接近，构成双黏土层。

潮积束：在一个主潮期内形成的砂质细层系，其上下界面由再作用面或泥皮限定，称为潮积束。由于潮流速度的周期性变化，潮积束的规模和厚度在纵向上都有

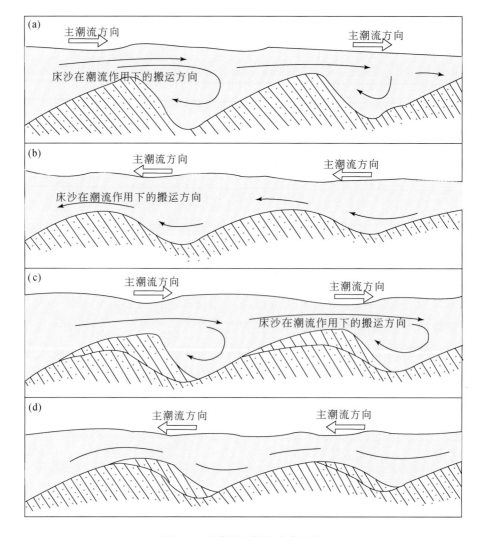

图 4-1　再作用面构造发育过程

（a）和（c）潮流沙丘建设阶段；（b）和（d）潮流沙丘发育停顿和侵蚀阶段。再作用面在（b）和（d）阶段形成

明显的旋回性变化。涨大潮时形成的潮积束最厚，而退大潮时最薄（图 4-2）。如果某海区为半日潮，则在一个完整的大潮周期（约 14.77d）内将会有 28 个潮积束。如果是全日潮，一个大潮周期内最多将会有 14 个潮积束。如果潮流速度在退潮时降到沉积物的启动速度之下，潮积束的数量就会减少。如果有次一级沙丘叠加，潮积束的情况更为复杂。

　　潮汐韵律：周期性大潮引起的潮流速度的变化势必导致沉积层厚度的旋回性变化，形成所谓的潮汐韵律。潮汐韵律层内的砂层是由沙波或沙丘侧向迁移形成的潮积束，而泥层则是由悬浮体垂向加积形成的泥皮。由砂层到泥皮通常为渐变过渡，没有明显的界线，而由泥层到砂层的转变通常为突变接触。

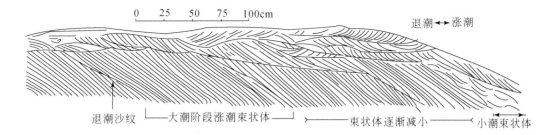

图 4-2 荷兰韦斯特斯海尔德河口湾砂坪一个潮汐周期内形成的潮积束和层理变化特征

该潮坪附近大小潮时底流流速不同，大潮时底形迁移距离长，小潮时底形迁移距离小，因此沙波
规模差异大，前几层的优势倾向有差异，小潮时部分潮积束平行退潮流向

潮汐层理：潮汐是周期性的双向水流运动，因此其沉积层理也具有双向性特点。当潮流较弱时，其底形规模较小，以波纹为主。潮流速度较高时，形成的砂质波纹与潮汐转向期形成的泥皮在纵向上更迭，形成压扁层理或透镜状层理（图 4-3）。如果双向潮汐水流的次潮流也较强，则在砂岩透镜体内可以见到反向交错层理。砂泥比、砂泥层的厚薄和沉积物的粒度大小都取决于潮流的强弱。潮汐层理在绝大多数情况下是鉴定潮汐沉积的充分必要条件。

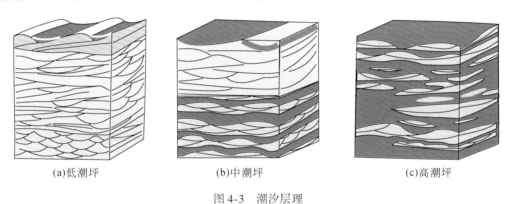

(a)低潮坪　　　　　　　(b)中潮坪　　　　　　　(c)高潮坪

图 4-3　潮汐层理

（a）压扁层理，由上而下潮流速度增加，泥皮保存概率减小；（b）波状层理；
（c）透镜状层理。灰色为泥皮，黄色为砂岩，蓝色为粉砂岩

鱼骨状交错层理：呈板状双向交错，状似鱼骨，是一种比较典型的潮流沉积构造。在潮流有主次之分的情况下，一般都形成单向层理或以单向为主、逆向为辅的潮汐层理，鱼骨状交错层理并不多见。

4.1.2　潮汐沉积的形成背景

潮坪呈环带状围绕海岸分布，宽度可达几千米，呈极缓坡（地形坡度一般<1°）向海洋方向倾斜，其顶界和底界分别受到陆地和海平面的限制。世界上 70% 以上的

潮坪分布在有障壁岛的河口、港湾及潟湖等低能、受遮挡的大潮差泥质海岸，30%以下的潮坪发育在浪控开阔海域。这主要是因为潮差较大时，极缓坡海岸带在最大潮位与最低潮位之间能暴露更为广阔的区域。经典的潮坪沉积层序一般在潮差大于6m的海岸带形成，如加拿大芬迪湾、法国西北部圣米歇尔山海湾、澳大利亚西北部帝王湾等。当有大量细颗粒泥沙向海输运，即使在开阔的高能浪控海滩也会发育潮坪沉积（Liu et al.，2011），如亚马孙河搬运大量的细颗粒悬浮物质，在开放的高能海岸带卸载，形成宽阔的潮上泥坪。类似的还有流入墨西哥湾的密西西比河因挟带大量细颗粒泥沙入海，在路易斯安那西部和得克萨斯东部海岸之间形成泥坪沉积。当密西西比河三角洲向其西侧海岸供应大量的泥沙时，路易斯安那沼泽沙脊发生进积。潮坪的形成和发育还受波浪作用和地形坡度等因素的影响（Dyer et al.，2000）。

潮坪多由硅质细碎屑颗粒组成，但也有钙质碎屑形成的潮滩。钙质碎屑主要来自钙质生物的骨骼残骸。热带地区的珊瑚和珊瑚藻类，温带地区的有孔虫类、苔藓虫和软体动物等常形成钙质碎屑。巴哈马的大巴哈马海岸即为世界上最大的钙质碎屑潮滩，宽阔的潮汐滩地由球粒、鲕粒、颗粒状和葡萄石等碳酸盐泥组成。

潮坪的细颗粒沉积物除了来自河流供源外，还有其他供源方式，如加拿大芬迪湾和英格兰西南部的塞文河河口，河口区固结不牢的冰碛物及更新世弱成岩沉积物易遭受侵蚀而成为潮坪细颗粒沉积的物源；在北海附近，强烈的潮流将大量泥沙等细颗粒物质汇积到瓦登海，这些细颗粒潮滩沉积大部分来自英格兰东海岸带基岩悬崖的快速侵蚀。

从沉积学角度来说，潮滩通常情况下为沉积物汇区，但即使在典型高潮差海岸带的潮坪发育区，加拿大芬迪湾、法国西北部圣米歇尔山海湾、澳大利亚西北部帝王湾等，也有大量潮坪泥滩遭受侵蚀的迹象。又如我国东部江苏沿海的大片潮坪滩涂，是由黄河挟带的大量泥沙从连云港入黄海并卸载沉积而成。但自1855年黄河改道从渤海湾入海以来，渤海湾沿岸潮坪滩涂逐渐形成，而江苏沿海的潮滩则一直遭受侵蚀并成为沿岸其他类型沉积的物源。

潮坪泥质海岸有许多显著不同于浪控砂质海岸的特征。首先，细颗粒泥沙的行为与粗颗粒的砂砾石不同，细颗粒沉降和沉积所需的时间更长，细颗粒间的絮凝作用也使已沉积细颗粒的再悬浮需要更高的能量。其次，细颗粒的泥质沉积物支持着重要的生物活动，如潜底生物对沉积物内部的扰动、底栖动物和海底面生物形成生物席助力沉积物沉积、潮间带上层大型植物群落的发育等。另外，泥质沉积还记录海岸线变迁、海岸带古环境和海平面变化等。

潮流沙脊的形成除了充足的泥沙供应外，还需要强而稳定的潮流动力场。流速为1~3.5kn的定向往复流是形成潮流沙脊的必要条件，潮流流速以不小于2kn为最佳（王颖，2001），≥1m/s的潮流速度是形成潮流沙脊的基本条件。关于分布在现代陆架的潮流沙脊成因，国际海洋地质学界尚有争论。一种观点认为，在流场较强，特别是在波浪和风暴潮影响较大的陆架，足以形成现代潮流沙脊，且潮流沙脊以可观察到的速度发生移动。现代潮流沙脊大都发育于潮流流速大于 50cm/s 的陆架上，展布方向与主潮流方向一致，或呈小于 20° 的夹角。另一种观点认为，现代陆架潮流场远较冰后期海侵时弱，不足以形成潮流沙脊，保存的陆架潮流沙脊为冰后期残留沉积。

4.2 潮汐沉积体系及沉积特征

潮汐沉积体系主要包括潮坪、河口、潮汐沙垄、沙脊和沙波。潮汐河口湾沉积特征单列一章（第 6 章）进行分析，本节注重阐述潮坪、潮汐沙垄、沙脊和沙波的沉积特征。

4.2.1 潮坪

潮坪沉积以细粒碎屑沉积物为特征。潮坪与浪控砂质海岸的沉积物粒度在平面上均有明显的分异现象，但分异特征恰恰相反。潮坪沉积越向陆地越细，浪控砂质海岸沉积离水线越远、岸面越深越细。潮坪沉积物的粒度分异反映了其沉积水动力条件和能量的分带特征，并据此将潮坪分为潮上带、潮间带和潮下带三部分，从沉积物粒度上分别与泥坪、混合坪和砂坪对应（图 4-4）。潮间带按能量由高到低可进一步划分为高潮坪、中潮坪和低潮坪。潮坪沉积物的分带现象反映了潮坪的动力学特征，对潮坪相模式的建立至关重要。潮上带是以悬浮载荷为主的搬运沉积带；潮间带是床沙及悬浮载荷共存的过渡搬运沉积带；潮下带是以床沙载荷为主的搬运沉积带；在潮坪的外缘，一般有一个大致平行于岸线的主潮道。流过主潮道的涨、退潮流强劲，其沉积物多为砂质。潮道向着陆地的方向，其潮流动力减弱，主要为悬浮泥质的沉积汇区。

与潮控海湾相比，潮坪海岸可能表现出更多样化的沉积特征。除了常见的各类潮汐层理、泥皮结构和双黏土层之外，潮坪沉积的表面还有由多种表面形态和沉积构造发育，如潮坪表面长时间暴露产生的干裂、退潮顶盖、气泡及泥泡结构等（图 4-5）。这些表面结构与海水、雨水作用或地下水的渗滤效应相关。因为缺乏生物活动的破坏，潮坪沉积表面形态和表面构造在潮上带高盐坪和潮间带更为明显。在砂质较多的地区，形成了结构复杂的沙纹，主要为波长大于 60cm 的床沙底形，称为巨波痕。不同地区潮下带地形坡度有所不同，但总体来说其坡度很小，局部为受潮道影响形成的潮流沙丘和潮流沙脊。当前对潮坪地貌要素和表面

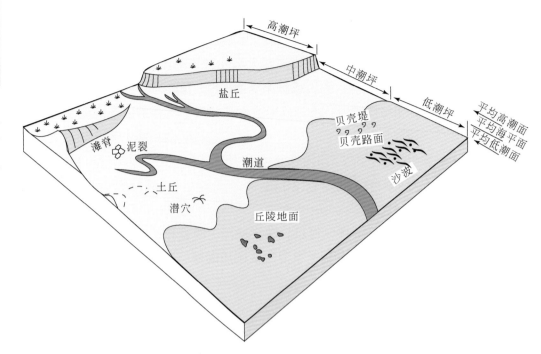

图 4-4　潮坪分带及其与水动力（潮差）和平均海平面之间的关系（Semeniuk，2005）

结构的研究明显不足。地下水的渗滤可能会影响沉积物的地球化学特征和成岩过程（Semeniuk，2005）；蒸发和植物的蒸腾作用会导致潮上带盐度升高从而增大潮坪不同区带的盐度梯度，水动力和盐度梯度可能是潮坪地貌要素和表面结构形成的关键制约因素。

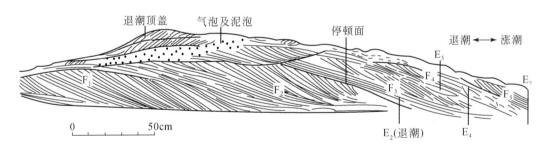

图 4-5　荷兰韦斯特斯海尔德河口湾砂坪砂体的交错层理和层面构造

$F_1 \sim F_5$：连续涨潮相潮积束；$E_2 \sim E_5$：退潮相潮积束。该潮坪附近潮差为 4.9m，涨潮流速大于退潮流速，沉积物以细砂为主，底形由大型交错层理和波状交错层理组成，均具有双向性特征。层理主要平行涨潮流方向，平行退潮流方向的层理不太发育。在平行涨潮流方向可以看到若干潮积束，潮积束间被倾角平缓的遭受或为遭受侵蚀的再作用面（泥面）隔开

　　潮坪进积形成向上粒度变细的纵向序列，一般表现为单旋回，由潮下带、潮间带和潮上带三层结构构成（图 4-6）。潮坪沉积序列由一个冲刷面开始，潮道切割作

用可以形成起伏极大的沟壑。向上为粒度和层厚都同步变细的砂质沉积，泥质组分的比例逐渐增加。潮下带和下部潮间带常见的沉积构造有泥皮、前积层和再作用面，局部发育鱼骨状层理。在面向广海的潮坪地区，常有波浪形成的丘状层理。潮间带的混合坪和泥坪沉积则有大量压扁层理和透镜状层理，以及以侵蚀面为底的潮道、潮渠沉积。这些沉积构造在时空上都有密切联系，具有双向性特点。潮上带位于潮坪沉积序列的顶部，厚度由1m至十余米不等，代表盐沼相的根土层、煤线和古土壤层发育，生物扰动现象或弱或强，因地而异。有人认为，根据一个完整的进积潮坪序列的厚度可以测定潮差的大小，但是由于同生侵蚀作用和沉积物压实作用，这种估算的偏差往往是比较大的。

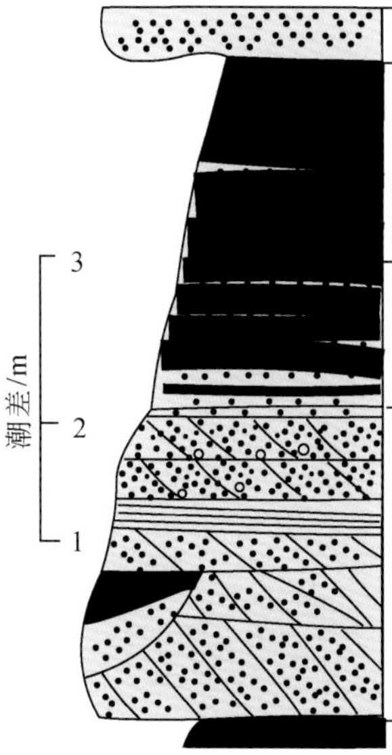

	岩性	沉积构造	解释
	红褐色泥岩	结核	潮上坪
	红褐色、褐色泥岩	水平及波状粉砂岩纹层	高潮泥坪
	泥岩和石英砂岩互层	干裂纹、交错纹层、脉状、透镜状、波状层理	中潮坪
	石英砂岩	平行层理、流动卷痕、波痕及交错层理、鱼骨形交错层理、再作用面	低潮坪
		大型交错层理、块状砂岩、潮渠、鱼骨形交错层理、再作用面	浅的潮下带

图 4-6 潮坪沉积的理想层序

中国既有淤积型或进积型潮坪，也有蚀退型潮坪。淤积型一般分布于堆积平原（如苏北平原）、海湾（如渤海湾、莱州湾、辽东湾）和河口湾（如杭州湾）等淤积海岸，其发育一方面受制于潮汐活动，另一方面取决于沉积物的供应。蚀退型潮坪以苏北老黄河口潮坪较为典型。1855年黄河改道以来，由于入海泥沙大量减少，苏北老黄河口潮坪由淤积型转变为侵蚀型，100多年来已经蚀退20km。

4.2.1.1 潮上带

潮上带是指平均高潮线以上、只有风暴潮才能带来水和沉积物的一部分陆区，水体滞流，属于低能带，以泥质沉积物的垂向加积为主，对气候变化敏感，纹层状构造发育。从潮间带到潮上带，随着砂质的减少，压扁层理逐渐为透镜状层理所取代（图4-7）。泥坪常有植物生长繁衍，形成盐沼环境。潮上带沉积物层理往往遭到植物根系的破坏，有时有咸水或淡水泥炭形成。从上部潮间带到潮上带，泥裂构造十分常见。泥质或砂泥质潮坪也是穴居生物繁衍的地方，虫迹、虫孔构造比较发育。在沉积物的搬运较弱的低能区，针管迹可以部分或全部破坏沉积物的层理构造。

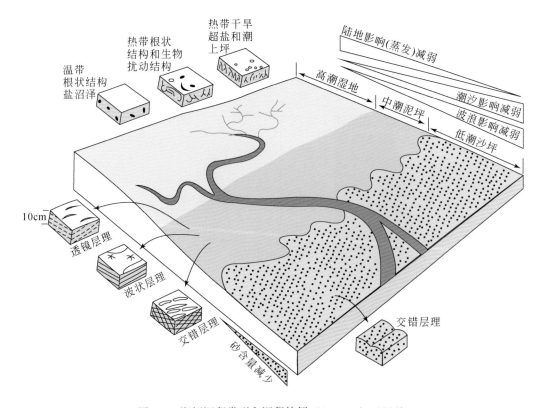

图4-7　潮坪沉积类型和沉积特征（Semeniuk，2005）

　　潮上带淤泥的水动力特征和搬运规律比粗颗粒更复杂，也更难于理解。潮流以悬浮的方式输送泥质，导致水的浑浊度很大。床底附近悬沙浓度高，其上部水体悬沙浓度有一个逐渐降低的过渡带，该过渡带被称为泥跃层。在高潮时的平流期，泥质大量在潮上带淤积。涨潮时，当流速降至搬运阈值之下后仍有水侵，泥质由于沉降速度较低，仍处于悬浮状态，会继续向陆地输送。退潮时，在陆地最远端，退潮流流速达不到启动已沉积的泥质所需要的速度。在涨潮时流速下降后会导致沉降滞后，使得悬浮的泥浆进一步向陆地搬运；而退潮时流速再次恢复之前会导致冲刷滞后，使得潮上带沉积物在退潮时被再搬运的可能性很小。细粒沉积物在潮上带的大量淤积表明潮汐对泥质的有效捕获。

4.2.1.2 潮间带

潮间带是指平均高潮线和平均低潮线之间潮汐往复运动比较强烈的区域,有时暴露在水上,有时没于水下。潮间带能量介于潮上带和潮下带之间。潮间带泥质与砂质互层沉积发育,砂作为推移质经过潮滩被牵引流向潮下带搬运,而泥质(淤泥和黏土级颗粒)则作为悬浮载荷被潮流向潮上带输送。离潮道越远,泥质沉积物越多;离潮道越近,砂质沉积物越发育。不同粒级的差异性搬运方式导致潮间带沉积发育复杂的潮汐层理,包括透镜状层理、压扁层理、剥落状层理等,潮积束和泥皮结构比较普遍(图4-7)。在潮间带的下部,砂、泥量均等的情况下形成波状层理,砂质为主的层理间夹有淤泥透镜体(压扁层理)。在没有生物扰动且离潮道较近的地方,交错层理和波纹层理发育(图4-8)。涨潮速度往往超过退潮速度,离海越远的潮流,这种不对称性变得越大,越有利于砂质颗粒逐渐向陆地搬动,直到流速减小到砂粒发生卸载的搬运阈值为止(图4-8)。

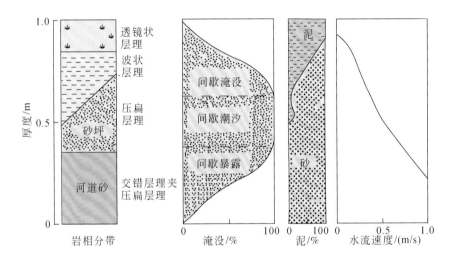

图4-8 潮间带沉积特征和潮流速度变化规律(Amos,1995;Woodroffe,2003)

潮道是潮间带的一个独特特征,横跨潮滩、盐沼和红树林。潮道作为引水渠,在涨潮时,大部分被淹没;在退潮时,大部分沼泽经由引水渠被排干。潮道还是沉积物和营养物质交换、生物进入和离开沼泽以及碎屑物质出口的主要途径。潮道水系为树枝状。一条穿过邻近潮坪的主河道分叉,形成次级较小的、蜿蜒的潮溪。潮溪类似于河道,其水流具有双向性,其排水量受纳潮量的制约,大潮时的排水量大于小潮时的排水量。潮道的横截面面积进入潮上沼泽区(潮溪)后迅速减小[图4-9(a)]。

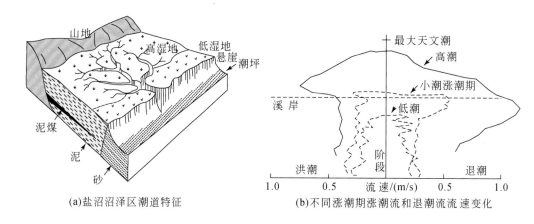

(a)盐沼沼泽区潮道特征　　　　　　(b)不同涨潮期涨潮流和退潮流流速变化

图 4-9　潮道和潮流流速特征（Woodroffe，2003）

小潮期潮水上升时，潮溪会被填满，但水不会溢出堤岸，更不会淹没所有的沼泽表面。大潮期涨潮时，水面超过潮溪堤岸并淹没沼泽地带，此时潮溪内潮流速度加快。低潮时或低潮后不久，潮流可以继续流向高沼泽更远处，直到纳潮量为零。当潮汐下降时，由于水面之上的负梯度，沼泽区发生排水，往往会形成一个流速峰值（French and Stoddart，1992）［图 4-9（b）］。如果退潮流速度大于涨潮流流速，则这些潮溪以退潮流作用为主，潮溪可能会在曲流转弯处发生轻微的侧向侵蚀。

潮间带潮道的沉积作用与河流相似。在曲流型潮道的底部，常有滞留的介壳和泥砾，只有近海处才有较多的砂。潮道内点沙坝沉积有侧向加积层理，细层倾角 5°~15°，最大可达 25°，一般为砂泥质互层，其厚度大致相当于潮道的深度。因沉积速度较快，虫孔发育程度较差。在有些地区，潮道的位置稳定，以垂向充填的沉积物为主。

4.2.1.3　潮下带

潮下带是指平均低潮线以下受潮汐影响的一部分高能浅海海域，接近主潮道，沉积物以砂质为主。其底形发育状况取决于潮流的强度。在潮差较大或潮流速度较高的地方，一般形成沙丘交错层理，亦可见平行层理；而在潮流速度较低的地方，则为波纹交错层理，交错层理的厚度向岸线方向减小（图 4-7）。

潮坪沉积作用受到气候的强烈影响和制约。在热带潮坪，海草和红树林发育，碳酸盐沉积物的含量一般较高。海滩岩常见，在干旱气候地区的潮间带上部和潮上带，常有蒸发沉积物。在高纬度地区的潮坪带则常有冰筏碎屑沉积，乃至冰块牵引引起的沉积物变形构造。

菌藻类生物化学作用形成的叠层石，是热带、亚热带干旱地区常见的一种潮坪沉积物，在中东等地的现代萨布哈环境中甚为普遍。其形态取决于水流的强度和运动方式。在低能的潮上带，水流冲刷作用微弱，形成波状的叠层石；在潮间带，由于水流的往复冲刷，形成聚环柱状的叠层石；在潮下高能带形成球状核形石。

4.2.2 潮汐沙垄、沙脊和沙波

潮汐沙垄、沙脊和沙波、沙纹广泛分布于潮汐河口、潮汐三角洲前缘和潮汐作用强烈的陆架区。这些地区的沉积物以砂质为主，潮流速度在 50～150cm/s，适合波状起伏的沉积底形的形成和保存。流速较大的主潮流控制了沉积物的搬运和加积方向。主潮流上游多沉积砂砾岩，下游多沉积泥岩。不同规模的潮汐底形常常叠加在一起。潮汐沙垄、沙脊为顺优势潮流发育的大型纵向底形，潮流沙波和沙纹为中小型横向分布的沉积底形（图 4-10）。

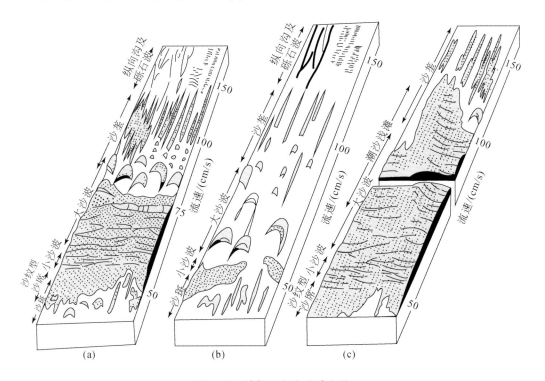

图 4-10 陆架区潮汐砂质底形

（a）沉积底形类型；（b）物源不足时的沉积底形；（c）物源充足时的沉积底形

沙垄主要发育在 20～100m 水深、砂级沉积物供应不足、潮差较大的陆架区。沙垄外形呈平行潮流方向的线状，常由长 15km，宽 200m，厚度小于 1m 的沙垄或沙带组成。受物源供应的影响，沙垄形态和数量可发生变化（图4-10）。

潮流沙脊平行最大潮流方向呈线状、放射状分布，与陆上沙漠的纵向沙丘颇多相似之处。在以潮汐作用为主的浅海区，覆盖面积可达数千平方千米，称之"海底沙漠"一点也不为过。潮流沙脊主要在物源供应充足，表层潮流速度大于50cm/s的浅海区形成。沙脊延伸方向大致与潮流平行，一般与最大潮流之间的交角小于20°，局部沉积物的净输运方向在沙脊脊线的两侧相反。沙脊高几十米，宽几百米到几千米，沙脊之间的间距1～30km，长度10～120km，高度7.5～40m。在河口亦有类似的潮流沉积底形，称潮汐沙坝。

潮流沙脊的形状一般不对称，主要取决于双向潮流的作用强度。沙脊陡坡指示区域性的沉积物搬运方向。潮流流速在沟槽处大于沙脊的顶部，为了补偿流速的差异，势必产生两个纵向的螺旋流，从沟槽底部辐散并向两侧沙脊运动，把泥沙运向沙脊顶部从而产生潮流沙脊。沙脊表面发育一系列不对称沙波，沙脊两侧沙波的陡坡都指向沙脊的顶部。沙脊顶部则多为对称沙波。沙波的这一分布特征说明，在两个沙脊之间的确有横向的次生环流存在。

沙波形成于物源供应丰富的潮控砂质浅海，是一种大规模的横向坝型沙体。沙波延伸方向垂直涨潮与退潮方向，与沙漠中的横向沙丘类似。沙波层系厚度达1m，低角度交错层理发育。沙波波高1～20m，波长10m至数百米，形态可对称可不对称。沙波一般发育在深水区，其脊线垂直于潮流方向。

在次潮流不足以使沉积物发生运动的地方，塑造底形的动力实际上是单向水流。因此，沙波横切面不对称，陡坡倾向指向主潮流方向，即沉积物搬运和底形移动的方向。倾角可以从沉积物的安定角（32°～35°）至0°，一般在5°左右。如果次潮流足够强，甚至与主潮流近乎相等时，叠加沙丘增大。沙丘内的冲刷面增加，冲刷面的倾角变小，泥皮和泥砾的数量增加，沉积构造的双向性愈益明显，甚至形成所谓的复合交错层理。

潮流沙脊可以有不同的分类方案。按照其沉积环境，可以分为河口港型、海湾型、陆架型潮流沙脊；按照其延伸方向与岸线的关系，可以分为平行海岸的和垂直海岸的潮流沙脊；按照沙脊的增生方向，可以分为进积型和退积型潮流沙脊；按照潮流的运动方式，可以分为规则潮汐形成的潮流沙脊和辐聚辐散型潮流形成的潮流沙脊；按照活动性，可以分为活动的和不活动的潮流沙脊。

中国海域潮流沙波和潮流沙脊分布广泛，尤以北部海域最发育，分布面积从数千平方千米到数万平方千米不等，最大的可达10万km²以上。根据它们的活动性可分为两类：一类是活动的近岸潮流沙脊，分布在水深30～50m以浅的近岸潮流活动区；另一类是已经停止活动的外陆架古潮流沙脊，分布在水深80～110m现代潮流难以波及的深水区。根据控制潮流沙脊形成的地貌因素，可分为海峡峡口型、河口湾型、海湾型、滨岸潮流辐聚型、梳状潮流沙脊和顺岸潮流沙脊6类（Ma and Liu，1996）。

苏北浅滩是中国最为有名的现代潮流沙脊分布区之一，位于苏北岸外，水深不大于50m，以弶港为中心向北、东、南方向辐射，面积达28 000km²。苏北浅滩潮流沙脊群由70多条沙脊组成，沙脊长70~120km，宽5~15km，高20~30m。沙脊分为侵蚀型（毛竹沙以西的沙脊）和堆积型（外毛竹沙、内蒋家沙、蒋家沙等）两类（杨子赓，1985）。对沙脊末端柱状样的分析发现，组成沙脊的沉积物粒度总体具有脊粗（细砂、粉砂质砂、砂质粉砂）槽细（黏土质粉砂和粉砂质砂）的特征，主要由互层的灰色细砂与薄层粉砂质细砂组成，具平行层理、波纹层理和透镜状层理，含贝壳碎片，生物潜穴发育。其粒度累积概率曲线呈三段或二段型，颗粒分选性极好，在跃移组分中部可以见到明显的冲刷回流点（R）。

该区的主潮流速度可达3~4kn，潮流外缘速度可达1.8~2.5kn。涨潮时辐聚，退潮时辐散。泥沙运动受潮流控制，远岸侵蚀，近岸堆积。部分近岸沙脊已经淤积成陆而与岸滩连成一片。近期内沙脊具有明显的侧向迁移和纵向萎缩的趋势。

关于苏北辐射状潮流沙脊群的成因，早期有学者认为是废弃的古长江三角洲，因为古长江曾经弶港入海（耿秀山等，1983；杨长恕，1985）。20世纪80年代以来，基于大量实测资料和模拟实验，着眼于潮流沙脊分布区动力场出现许多新观点：①苏北潮流沙脊群是由长江北上的沿岸流及其挟带的泥沙与废黄河口南下的沿岸流及其所挟带的泥沙在弶港相遇，向海辐散的结果（李从先等，1979）。②潮流沙脊群在早全新世古长江河口沙坝、水下沙洲的基础上，经潮流改造而成，是潮流和河流共同作用的结果（朱大奎和安芷生，1993）。③潮流沙脊的形成是由以弶港为波腹点（顶点）的潮流辐聚、辐散作用形成（耿秀山等，l983；杨长恕，1985；林辉等，2000）。沿山东半岛南侧逆时针方向旋转的反射潮波与来自东海NW向前进潮波在弶港外海辐聚，形成辐射状潮流场，直接控制泥沙的运动。海平面上升加剧了潮流和泥沙的辐聚和辐散，导致了苏北浅滩辐射型潮流沙脊的形成（张东生和张君伦，1996）。④苏北潮流沙脊群是风成沙丘被潮流改造的结果（赵松龄，1991）。

当前对沙脊内部结构、定性构造及底形类型的研究尚十分缺乏；沙脊群的形成过程，尤其是沉积和侵蚀作用的相互关系还缺少实际资料的佐证；沙脊纵向沉积序列资料欠缺；沙脊演变的时间标尺研究也显不足；对泥沙运动的基本规律还缺乏系统的认识等。

第 5 章 | 三角洲沉积体系

5.1 三角洲的概念和发育过程

5.1.1 三角洲的概念

公元前 5 世纪古希腊历史学家赫罗多特斯（Herodotus）观察到埃及尼罗河河口三角洲的形状与希腊语中的字母"Δ"相似，三角洲（delta）一词便由此产生。1832 年，莱伊尔（Leyer）在《地质学原理》一书中将"三角洲"作为地质学术语正式使用，并将三角洲划分为湖泊三角洲、内海三角洲和海洋三角洲三种类型。1885 年，吉尔伯特（Gilbert）研究更新世淡水湖泊三角洲时，将其划分为顶积层、前积层和底积层，这一划分方案一致沿用至今。1912 年，巴瑞尔（Barrell）把吉尔伯特对于三角洲的划分方案应用于泥盆纪的古三角洲研究，进一步明确了三角洲的科学定义，认为"三角洲是河流在一个稳定的水体中或紧靠水体处形成的、部分露出水面的一类沉积"，该定义至今仍被广泛认同（Bhattacharya and Giosan，2003）。在沉积学界，通常将三角洲划分为三角洲平原亚相、三角洲前缘亚相和前三角洲亚相，分别与吉尔伯特划分的顶积层、前积层、底积层对应。Wright（1985）进一步将三角洲分为河流沉积物的陆上和水下沿岸堆积两部分，认为三角洲沉积还包括被波浪、水流或潮汐二次改造的沉积物（图 5-1）。大多数河流三角洲形成于海相盆地的边缘，一些大河三角洲构成世界上最大的沿海地貌（Evans，2012）。

三角洲的定义包括四方面的含义：①三角洲沉积物来源于一个或几个可确定的河流输入的点物源；②三角洲以进积结构为特征，进积结构形成的前积层是识别三角洲的重要标志；③尽管三角洲最终能充填盆地，但它们都发源于盆地周缘；④河流为三角洲的形成提供了物源，所以三角洲的最大沉积位置受到河流点物源位置的制约。

大型河流向海洋输入巨量物质并形成三角洲，不同河流形成的三角洲规模差异甚大（图 5-2）。全球的大型河流主要汇集在喜马拉雅山和青藏高原等新特提斯造山

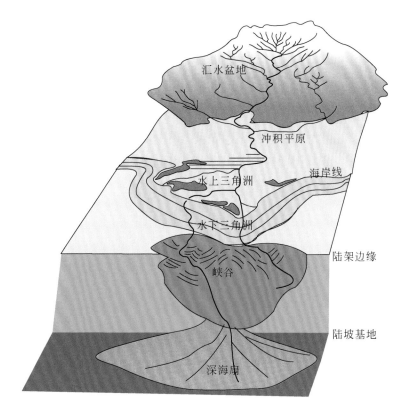

图 5-1　典型的大型三角洲水上和水下部分组成完整三角洲沉积体系

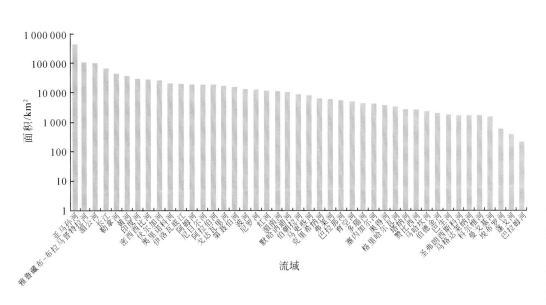

图 5-2　世界主要大型三角洲及其陆上面积

带、西太平洋构造域边缘陡峭的构造活跃岛屿形成的大型集水区，另外印度尼西亚等地也是大型河流发源区（图 5-3）。世界上众多大型油气田和煤田等沉积矿产都与三角洲密切相关，三角洲相沉积地层中储集了约占全球30%的油、气、煤等燃料资源（Bhattacharya and Glosan，2003），如科威特布尔干油田、委内瑞拉马拉开波盆地玻利瓦尔沿岸油田、墨西哥湾盆地白垩系和古近系油田等。三角洲还对大陆输送到海洋的物质（包括碳）有着过滤、沉降和净化的作用。三角洲海岸的特点是地势低、生物多样、生态系统丰富、生产力高，围绕某些三角洲区域，工业和运输业的发展导致重要城市与超大型港口的崛起及繁荣。同时，三角洲海岸是沿岸国家海岸防御、饮用水供应、娱乐、绿色旅游和自然保护的关键区域，许多三角洲支持着密集型发展的农业和渔业，是许多国家的粮仓和菜篮子。

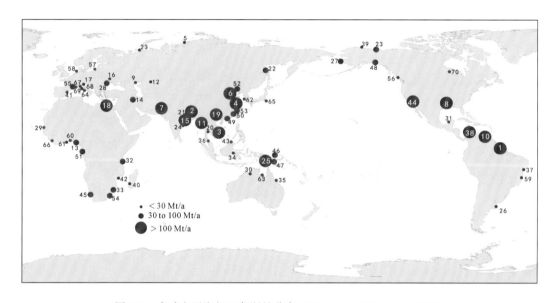

图 5-3　全球主要海相三角洲的分布（Walsh and Nittrouer，2009）

1. 亚马孙河三角洲；2. 恒河-雅鲁藏布江三角洲；3. 湄公河三角洲；4. 长江三角洲；5. 勒拿河三角洲；6. 黄河三角洲；7. 印度河三角洲；8. 密西西比河三角洲；9. 伏尔加河三角洲；10. 奥里诺科河三角洲；11. 伊洛瓦底江三角洲；12. 阿姆河三角洲；13. 尼日尔河三角洲；14. 巴士拉河三角洲；15. 戈达瓦里河三角洲；16. 第聂伯河三角洲；17. 波河三角洲；18. 尼罗河三角洲；19. 红河三角洲；20. 湄南河三角洲；21. 默哈讷迪河三角洲；22. 伯朝拉河三角洲；23. 马更些河三角洲；24. 克里希纳河三角洲；25. 弗莱河三角洲；26. 巴拉那河三角洲；27. 育空河三角洲；28. 多瑙河三角洲；29. 塞内加尔河三角洲；30. 奥得河三角洲；31. 格里哈尔瓦河三角洲；32. 塔纳河三角洲；33. 赞比西河三角洲；34. 马哈坎河三角洲；35. 伯德金河三角洲；36. 克兰河三角洲；37. 圣弗朗西斯科河三角洲；38. 马格达莱纳河三角洲；39. 科尔维尔河三角洲；40. 曼古基河三角洲；41. 埃布罗河三角洲；42. 普纳河三角洲；43. 巴拉姆河三角洲；44. 科罗拉多河三角洲；45. 奥兰治河三角洲；46. 普拉里河三角洲；47. 塞皮克河三角洲；48. 铜河三角洲；49. 珠江三角洲；50. 浊水溪三角洲；51. 刚果河三角洲；52. 辽河三角洲；53. 高坪河三角洲；54. 林波波河三角洲；55. 罗讷河三角洲；56. 弗雷泽河三角洲；57. 维斯瓦河三角洲；58. 莱茵-梅塞河三角洲；59. 热基坦永雅河三角洲；60. 韦梅河三角洲；61. 莫诺河三角洲；62. 韩江三角洲；63. 麦克阿瑟河三角洲；64. 台伯河三角洲；65. 利根川三角洲；66. 莫阿河三角洲；67. 阿诺河三角洲；68. 翁布罗内河三角洲；69. 瓦尔河三角洲；70. 莫西河三角洲

全球变化和环境变化成为现今突出的重大问题。全球大河三角洲作为人口最为密集和经济最为发达的地区，更凸显了其生态和环境的重要性与脆弱性。

5.1.2 三角洲形成背景和发育过程

5.1.2.1 三角洲的形成背景

三角洲形成需要"源"，河流对流域区的侵蚀带来巨量物源，支持三角洲的形成。同时，三角洲形成也需要"汇"，"汇"表现为三角洲区沉降盆地的能量不足以驱散所有河流带来的沉积物，沉积物便得以沉积形成三角洲。许多影响岩石圈变形的因素，如温度变化、岩石圈厚度变化、加卸载等都可导致三角洲汇水区的沉降（Evans，2012）。三角洲沉积区的沉降还有自我强化功能，因为巨量泥沙供应意味着载荷的增加，载荷增加进一步促进汇区沉降，从而维持三角洲位置的相对固定。现代三角洲的沉降主要是由浅部全新统和下伏沉积物脱水压实作用造成的，因为三角洲的水上和水下部分的沉积物均富含水与有机质。

受板块边界类型的制约，世界上主要三角洲的构造位置各不相同，总体上可分为如下几种情况（图5-3）。

1）发育在裂谷型大陆边缘的大型三角洲，如尼日尔河三角洲。这些三角洲的"源"位于裂陷的大陆地壳，"汇"位于洋壳之上，表明三角洲在形成大陆边缘中的重要作用。

2）受主动大陆边缘俯冲碰撞形成的高陡造山带阻挡，导致大型河流转而流向大陆对面的被动大陆边缘海岸，形成大型三角洲和富含沉积物的广阔陆架。例如，南美洲的亚马孙河和奥里诺科河三角洲、北美的密西西比河和麦肯齐河三角洲以及亚洲的底格里斯河–幼发拉底河和印度河三角洲。

3）还有一些三角洲则由造山带集水区直接汇流入海而形成，如阿拉斯加的育空河和哥伦比亚的马格达莱纳河三角洲。

4）有的三角洲位于主动大陆边缘海盆地的边缘，其中河道发育受断层控制，如尼罗河、长江和科罗拉多河三角洲。

5）一些平行造山带发育的河流，在河流的终点形成三角洲，如伊洛瓦底江三角洲。

6）莱茵河全程位于大陆裂谷地堑区，完全位于克拉通上，汇入北海形成莱茵河三角洲，而不是在大陆边缘形成三角洲。

世界上很少有河流能够穿过造山褶皱带在大洋沿岸形成三角洲，只有横贯落基山脉的弗雷泽河，横贯喜马拉雅山脉的雅鲁藏布江，横贯西班牙坎塔布里亚山脉的埃布罗河例外，三者分别形成弗雷泽河三角洲、雅鲁藏布江三角洲、埃布罗河三角洲（Evans，2012）。

尽管河流泥沙的长期输入对保证海岸进积、大陆架稳定和海底的生长起着重要作用，但并非所有河流都能形成三角洲。河流入海能否形成三角洲及三角洲的发育规模取决于许多条件，包括河流沉积物供应、沉积物粒度、海岸和接收盆地的形态以及接收盆地的海洋动力条件。发源于构造异常活跃的巨大山系（如喜马拉雅山和青藏高原）的大型河流为形成世界上最大型三角洲带来巨量的物源；在西太平洋汇聚边缘构造活跃的陡峭岛屿集水区，如印度尼西亚，大型三角洲的发育也特别集中。河流挟带数百万年来大陆风化和剥蚀的产物，经河流搬运在河口区卸载形成三角洲，该过程对认识全球三角洲沉积物的矿物学和粒度特征很重要。

河流以何种形式（包括溶解载荷、悬浮载荷或推移质载荷）搬运载荷取决于沉积物类型、粒度和河水流速。少数大型河流搬运的悬浮和/或溶解载荷以及有机和污染物载荷占全球河流向海洋总负载的 80% ~ 90%（Woodroffe and Saito，2011）。河流带入河口的沉积物量和粒度取决于河口水动力条件，泥沙通量和粒度对能否形成三角洲以及三角洲的形态又具有决定性的影响，并主要表现在以下几个方面：①对三角洲水上部分，包括三角洲平原坡度和水上分支河道的发育格局有重要影响；②对输入泥沙在河口区的混合过程有影响；③影响岸线类型进而影响岸线对波能和潮汐的响应；④影响三角洲水下部分，如三角洲前缘的变形和再沉积。

一般来说，较粗粒的砂砾河流在河口往往有更多的机会形成三角洲，因为这些粗大的碎屑作为推移质需要更强的波浪和沿岸流才能被搬运至别处。小型河流输入海洋的沉积物是形成海洋沉积的主要部分，但小型河流也不太可能在河口区形成三角洲，因为它们在各自河口区相对很低的载荷量更容易被波浪和水流分散。

5.1.2.2　三角洲的发育过程

（1）三角洲平原发育及河道分支过程

三角洲通过向上加积和向海进积两种较为复杂的过程发育壮大。其中，河道含沙量和载荷粒度是两个重要的变量。河流流入宽广的汇水区，受河道展宽、地形坡度变小和潮流顶托作用的影响，河道水流速度骤减。粗粒的砂砾等推移质荷载形成河道滞留沉积，粉砂和泥等悬浮荷载则形成堤坝或滩坝。河水不但受到河道滞留沉积、堤坝和滩坝的阻碍，还与海底发生摩擦而降低流速，从而导致蜿蜒的河道经常发生分流形成分支河道。河道分流对三角洲的发育至关重要，三角洲的形成过程就是通过减少分流河道的宽度和长度来增加河流分叉，创建一个理想的河道分支的分形网络。随着河道进一步向前延伸、水流速度的持续下降以及河道充填淤积导致其决口，在相对低洼处形成一条新的水道流向大海（黑色河道）。在新水道的前端，前积速度快，新的三角洲叶瓣继续成长发育。而旧的水道（灰色）废弃停止发育（图5-4）。构造事件及工程施工也会造成河道分流或河道废弃。废弃河道及其堤坝在三角洲平原上留下直立的沙脊。河道堤坝决堤会形成决口扇，使粗粒物质在细粒泛滥平原上迅速沉积，形成决口扇的同时导致河道水流速度突降，使三角洲在横向上逐渐扩大（图5-4）。海平面稳定上升期，由于三角洲规模和水深的增加，进积作用减缓，由海平面上升驱动的加积作用则变得更为重要。

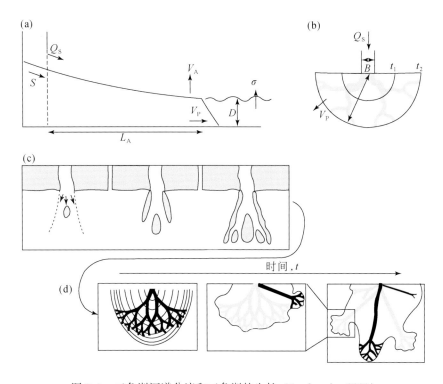

图 5-4　三角洲河道分流和三角洲的生长（Jerolmack，2009）

（a）向海进积的三角洲剖面。（b）三角洲俯视平面图。三角洲从 t_1 到 t_2 期间呈放射状向海进积，形成连续的河道分岔。L_A 为三角洲的长度；S 为三角洲上游河道坡度；Q_S 为沉积物供应速率；V_A 为加积速率；V_P 为前积速率；D 为受水盆水深；σ 为沉降+海平面上升；B 为三角洲扇面宽度，随三角洲生长的径向距离增加而增加。（c）三角洲快速进积过程中河道分叉形成分流网络的过程。流入海洋的河流卸载形成初始河口坝，河口坝向前推进，河道天然堤向河口推进。随着流量减少流速降低，该进积系统在距离河口一段距离处停滞，迫使水流分岔。（d）河道淤积导致其决口，形成一条新的河道流向大海（黑色河道）；在新水道的前端，前积速度快，而旧水道（灰色）废弃。随着时间的推移，水道反复的决口（右）产生新的分支水道。三角洲平原上旧河道（灰色）逐渐废弃停止发育，被河漫滩淤积所淹没。废弃河道末端河口坝或被海浪改造，或被海平面相对上升引起的洪水淹没

河漫滩植被一般比较发育，形成三角洲平原特有的黏土和泥炭林地、沼泽、小型湖泊、池塘和湿地沉积。黏土矿物类型对三角洲平原沉积物孔隙水流动有促进或抑制作用，进而影响有机质的积累。如果黏土矿物对沉积物孔隙水流动起抑制作

用，则更容易形成湿地，并进一步促进有机质的沉积。沉积物的黏性强烈影响三角洲的形态：高黏性沉积物形成河控型三角洲，海岸线不规则，三角洲平原地形复杂；低黏性沉积物形成具有平滑海岸线和平坦冲积平原的扇形三角洲。另外，沉积物黏性还制约三角洲分支河道数量以及分支河道的平均分叉角（Edmonds and Slingerland，2010）。

（2）三角洲的河口过程和悬移质沉积规律

除了发源于陡峭山区，如地中海西部和南美洲陡峭的太平洋东岸山脉，短源河流形成的粗粒吉尔伯特型或扇形三角洲的河口过程不发育之外，世界上大多数三角洲形成过程中的泥沙输运都经历河流淡水与海水相互作用的河口动力过程。河口过程和三角洲形貌是水流类型、河口几何形状、河流和盆地的相对深度、悬浮泥沙含量、粒度和密度的函数（Wright，1985）。

常见的情况是当海水入侵河道时，或与河流淡水发生不同程度的混合，或在河道淡水下部形成高密度盐楔。淡水和咸水之间的盐度差异造成的水体密度的显著差异和水体悬浮泥沙浓度的变化，形成河口最大浊度带（estuarine turbidity maximum，ETM）。潮流和密度流的共同作用使河道内细粒物质的沉积和再悬浮交替发生，据此，将河流入海河口区含沙水流划分为低密度流、等密度流和高密度流三种类型（图5-5）。河口区不同类型的含沙水流对细粒三角洲的形成有着不同但非常重要的影响。

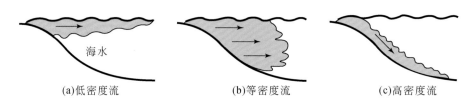

图5-5　河流入海的河口区含沙水流类型

低密度流的特征是流入的含沙河水密度小于海水密度，高密度海水上方有低密度羽状流，低密度河水形成平面喷流漂浮在海水之上。低密度流在其向海边缘被表面波破坏，在淡水-咸水交汇区被内波破坏，使得水体中的泥沙在海底卸载或被搬运至他处。低密度流通常发生在大型河流入海处，形成以河流作用为主的海相三角洲［图5-5（a）］。等密度流的特征是河水和受纳水体之间没有密度差，形成轴状喷流。通常当河流汇入淡水湖泊时会出现这种情况［图5-5（b）］。高密度流的特征是河流悬浮泥沙含量高，河水密度大于海水密度。高密度河水沿底部形成平面喷流［图5-5（c）］。河水密度超过海水密度以高密度流形式从河口入海的情况并不普遍，但在河流悬浮泥沙含量很高的河口区，如亚马孙河和黄河河口则可见到高密度流。另外，当偶发因素导致河流的悬浮泥沙含量突然增加时，也会在其河口区出现高密度流，如法国的小瓦尔河河口。大陆坡海底峡谷中的高密度浊流从底部进入深海形成盆底扇也属于此类型。

河流和盆地的相对深度也会影响三角洲形貌，典型例子如密西西比三角洲的两个分支河口——密西西比河河口和阿查法拉亚河口。密西西比河河口和阿查法拉亚河口水流类型和动力学特征也不相同，前者排入大陆架边缘附近深水区，而后者则排入150km宽的大陆架浅水区（Bianchi and Allison，2009）。阿查法拉亚河的汇水盆地相对较浅，受潮汐或风力驱动的水流和波浪的共同影响，水流在河口区混合充分，导致形成富含泥质的大面积前三角洲；在深水区入海的密西西比河口，水面突降导致水流加速、河口羽状流快速横向扩展、河床遭受侵蚀，形成的前三角洲面积小、泥质含量低。

潮控河口最大浊度带是受淡水和咸水交汇维持的可移动沉积物池，最大浊度带泥沙有两个来源：底部沉积物的再悬浮式重力循环和潮汐泵送。所以，潮控三角洲开放河口区的泥质沉积过程不仅仅是缓慢的稳态淤积，也有底部沉积物的再悬浮。受强潮流和波浪作用后，河口最大浑浊带高浓度悬浮泥沙形成浮泥，而浮泥可以形成非常厚的泥质沉积。河流流量的变化通常会通过影响再悬浮过程导致最大浊度带悬浮泥沙浓度的巨大变化。

（3）三角洲河口坝形成和推移质沉积特征

在河流作用强烈主导的三角洲河道，河口作用非常弱，使得三角洲河道内的推移质直接输运至河道末端形成河口坝。河口与河口坝之间的距离与水流动量通量成正比，与推移质载荷粒度成反比。水流动量通量越大，推移质载荷粒度越细，河口与河口坝之间的距离就越长；反之，水流动量通量越小，推移质载荷粒度越粗，河口与河口坝之间的距离就越短（Edmonds and Slingerland，2007）。河口坝通常为浅水砂质沉积，其沉积过程常受波浪作用的影响：该过程一方面抑制了泥质沉积，另一方面也易使已沉积的泥质再悬浮。

河口坝一般有两种演化路径：①在波浪作用下形成障壁，保护障壁后的三角洲平原和潟湖亚相细粒沉积不受侵蚀；②为邻近海滩和障壁的发育提供沙源与泥沙运输途径。在开阔海海岸带，特别是在不断有涌浪发生且没有基岩海岬的开阔海域，河流供应的巨量泥沙可以从河口沿海岸搬运数百公里，形成大量连续的沙脊和滩坝，如西非海岸（Anthony and Blivi，1999）和墨西哥太平洋海岸。

（4）三角洲的进积和加积过程

三角洲主要通过向海进积及向上加积两种方式生长。三角洲分流河道系统为三角洲的加积和进积提供泥沙。进积作用导致三角洲向海推进，向海进积过程中形成的可供三角洲沉积的空间则需要以加积作用的垂直堆积方式来填补。三角洲进积作用所产生的空间有时也称为"可容纳空间"，与海平面上升所产生的可容纳空间不太一样。由于沉积速率、河岸侵蚀速率、海平面以及三角洲坡度和流入三角洲的泥沙粒度的变化，三角洲河道主要表现曲流和辫状河流两种动力形态。曲流河道因发生河道分叉而形成大规模三角洲；辫状河道形成狭窄的、垂直堆积的河道沉积，并常因河道决口而导致该分支河道废弃。

5.2 三角洲类型

5.2.1 三角洲的分类

三角洲是河流与海洋相互作用的结果。研究者从不同的角度对三角洲进行了分类（Galloway，1975）。斯考特和费希尔（1969）曾将三角洲分为建设性和破坏性三角洲两种类型。建设性三角洲在以河流作用为主，泥沙在河口区堆积速度远大于波浪所能改造的速度。其特点是增生速度快、沉积厚、面积大、向海凸出、砂泥比低。大型河流入海多形成建设性三角洲。当海洋作用增强并超过河流作用时，波浪、潮汐、海流对泥沙的输运量大于或等于河流输入泥沙量，河口区形成的泥沙堆积经海洋水动力的改造、加工和破坏，形成破坏性三角洲。这类三角洲形成时间短、分布面积小，多为中小型河流入海所形成。

由于河流、波浪、潮汐对三角洲的形成起直接控制作用，许多学者主张按照这三者的相对作用强度来划分三角洲的成因类型。美国学者 Galloway（1975）根据河流、波浪、潮汐三要素的相对作用强弱，对三角洲进行了三端元分类（图5-6）。三角洲的三个端元分别代表以河流、波浪和潮汐作用为主的三角洲类型，依次称之为河控三角洲、浪控三角洲、潮控三角洲。河控三角洲通常呈细长形，属于建设性三角洲；浪控三角洲呈尖头状，潮控三角洲与潮汐河口湾形状相似。

三角洲的三角图解分类所依据的水动力条件明确，动力地貌和沉积特征较易辨识，使用简便，具有很大的包容性，现仍被广泛采用（图5-7）。当然，近来也有学者对三角洲分类也提出了不同看法，认为一般潮流只能参与三角洲的改造，形成潮成砂体，尚难形成单独的三角洲（Bhalacharya，2003；Dalrymple and Choi，2007）。此外，强潮河口湾内所产生的潮成砂体，其底部有明显的区域上可对比的稳定沉积间断，与典型的三角洲沉积相序不符（Dalrymple et al.，1992）。尽管如此，本书仍采用三角洲的三端元分类原则对三角洲进行分类。

随着研究范围的拓展，沉积地质学家逐渐发现不但有砂、泥为主的细粒三角洲，还有砂和砾为主的粗粒三角洲，如扇三角洲和辫状河三角洲。扇三角洲最早定

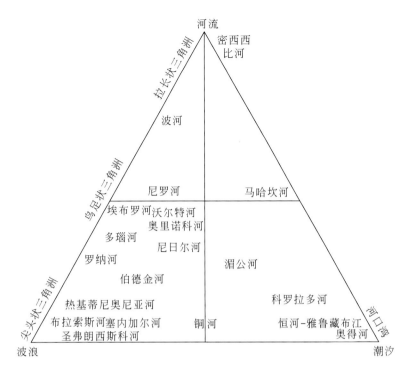

图 5-6　基于河流、波浪和潮汐相互作用的三角洲三端元分类（Galloway，1975）

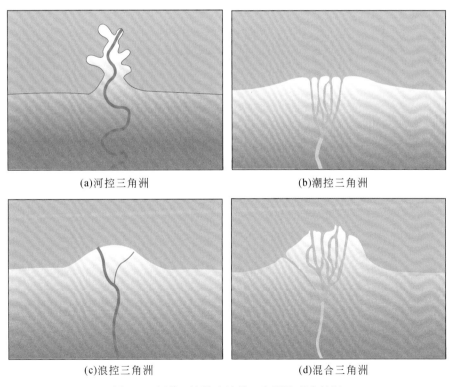

图 5-7　河控、潮控和浪控三角洲的形态特征

义为从邻近高地进入水体的冲积扇，辫状河三角洲定义为由辫状河体系流入到停滞水体中形成的富含砂和砾石的三角洲，其辫状分流平原由单条或多条河流组成（McPherson，1987）。这样，基于三角洲沉积区与物源区关系、三角洲平原类型以及三角洲沉积物粒度，将三角洲划分为扇三角洲、辫状河三角洲和正常三角洲（图5-8）（薛良清和Galloway，1991）。扇三角洲主要由风暴型流量控制，辫状河三角洲通常主要由湍急洪水控制，这两种三角洲也像正常的三角洲那样会经受海洋的改造，然后再依据河流、波浪和潮汐作用的相对关系，划分出河控、浪控和潮控三角洲等沉积类型。

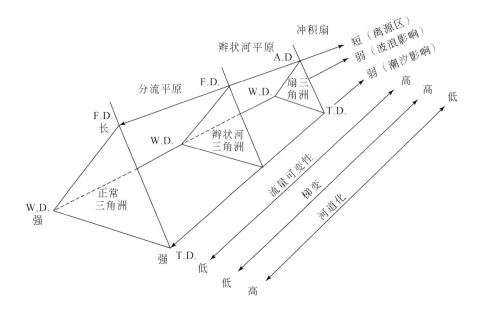

图5-8　三角洲体系分类谱系（薛良清和Galloway，1991）

A. D. 冲积扇为主的三角洲；F. D. 河控三角洲；W. D. 浪控三角洲；T. D. 潮控三角洲

尽管三角洲的粒度可粗可细，三角洲中河流、波浪、潮汐相互作用的能量也不相同，但总的来说，可以根据三角洲的沉积环境和沉积相特征，将其划分为三角洲平原、三角洲前缘和前三角洲三个亚相及多个微相（表5-1），也有学者将三角洲划分为上三角洲平原、下三角洲平原、三角洲前缘和前三角洲四个亚相。

表5-1　基于物源和粒度的三角洲分类及不同类型三角洲亚相和微相的划分

三角洲类型	亚相	微相
扇三角洲	扇三角洲平原	分流河道、漫滩沼泽
	扇三角洲前缘	水下分流河道、水下分流河道间、河口坝、前缘席状砂
	前扇三角洲	

三角洲类型	亚相	微相
辫状河三角洲	辫状河三角洲平原	辫状河道、越岸沉积
	辫状河三角洲前缘	水下分流河道、水下分流河道间、河口坝、远沙坝
	前辫状河三角洲	
正常三角洲	三角洲平原	分支河道、天然堤、决口扇、沼泽、淡水湖泊
	三角洲前缘	水下分流河道、水下分流河道间、河口坝、远沙坝
	前三角洲	前三角洲泥、滑塌浊积扇

资料来源：薛良清和Galloway，1991

当前，人们进一步尝试对三角洲进行定量分类，Bhattacharya 和 Giosan（2003）强调了波浪影响下三角洲不对称发展的潜力，并提出利用"不对称指数"表示波浪的影响对于河流过程的重要性（图5-9）。模拟实验结果表明，波浪作用明显引发三角洲不对称性发育，波浪接近三角洲的角度会对三角洲的平面形态演化和沉积结构产生重要影响（Ashton and Giosan，2011）。

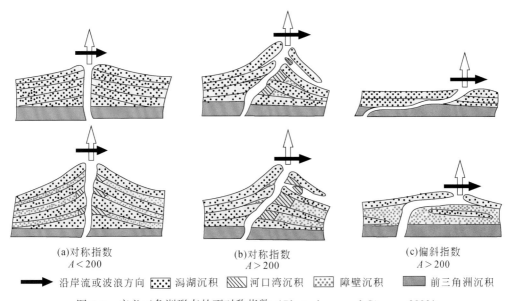

图5-9　广义三角洲形态的不对称指数（Bhattacharya and Giosan，2003）

Hori 和 Saito（2008）提出了分别基于平均潮差、平均浪高与河流悬浮泥沙含量和排水量的三角洲半定量分类指标，区分浪控、潮控和波浪-潮汐联合控制的三角洲成因（图5-10）。这些三角洲分类的新尝试对于更好地了解三角洲本质特征极为有益。由于三角洲发育受海岸带形态复杂性和多样性的影响，因此海岸形态等基本难以量化的环境参数就成了影响三角洲定量划分的障碍。世界上许多三角洲，尤其是发育在热带地区的三角洲，因为难以进行实地考察，其研究还相当薄弱。

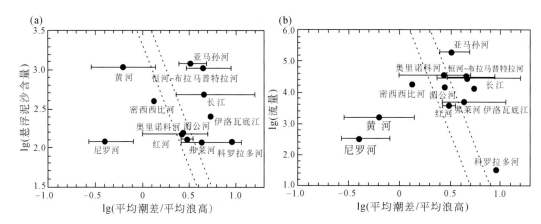

图5-10 基于平均潮差、平均浪高与悬浮载荷浓度（a）和（b）排水量对比对
主要河流三角洲进行半定量分类（Hori and Saito，2008）
虚线将三种类型的三角洲，包括浪控、潮控和波浪–潮汐联合控制的三角洲分开

5.2.2 三角洲动力地貌的时空演变

虽然河流、波浪和潮汐三种因素都可能独立支配三角洲的形成，但实际上更常见的是三者在空间和时间上相互叠加共同制约三角洲的形成和演化。尤其是波浪和潮汐作用在不同位置的相对变化会影响到大型三角洲的发育。三角洲平原的形态及其所包含子环境的变化是三角洲的主控动力（河流、波浪和潮汐）因素之间变化和叠加的响应。一些大型三角洲具有多样性形态特征，不同位置的形态变化明显受不同主控动力因素制约。南美洲第三大三角洲奥里诺科河三角洲，其形貌特征表现为南部受河流主导并受潮汐影响，中部和西北部受波浪作用主导。全新世晚期的进积作用主要由三角洲南部分流河道的分流和沉积作用控制；中部和西北部三角洲平原区因缺乏大量河流物质的输入，泥炭沉积广泛堆积，以受波浪作用影响为主（图5-11）。波浪主导也解释了三角洲南部波阿拉瓜和波卡德马卡雷奥两个分支河道之间许多浪成沙脊的成因（Warne et al.，2002）。大型三角洲所处的沿岸带地貌变化使三角洲的分类进一步复杂化。

三角洲动力地貌随时间的变化表现为从季节到数千年不等的时间尺度内河流流量和供源能力的变化，这些变化将影响河流和海洋（主要是波浪）过程之间的平衡。随着时间变化，尤其是随着河流流量的季节性变化，三角洲由河流主导变为潮汐主导，东南亚和东亚地区的季风带三角洲尤其如此（Woodroffe and Saito，2011）。恒河–布拉马普特拉河三角洲的活跃干流——梅格纳河道以河流作用为主，而孙德尔本斯河道，包括其西侧停止发育的恒河三角洲则以潮汐作用为主，三角洲的优势

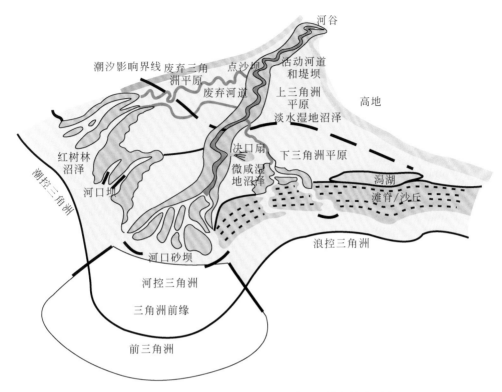

图 5-11　河流、波浪和潮汐共同作用下三角洲的动力地貌变化特征综合示意（Warne et al.，2002）

河道分支与三角洲废弃部分之间存在地理上的明显分隔。

　　一般情况下，浪控三角洲呈尖头状，而欧洲的多瑙河、罗纳河和埃布罗河以及西非的沃尔特河浪控三角洲均呈叶状，表明河流和波浪影响在三角洲发育过程中的折中和叠加。河流和波浪作用的折中和叠加还有利于三角洲分支河道内粗粒沉积物的滞留和三角洲自组织功能的发挥。河流和潮汐喷口的"水力丁坝"效应使波浪发生折射，波浪角控制三角洲河口位移和转变方向（图 5-9）（Ashton and Giosan，2011）。因此，即使在波浪影响强烈的海域，大型三角洲动力地貌的调整也能控制沿岸泥沙流池结构，防止泥沙从三角洲沉积体系漏失。在多个分支河道发育的地方，如湄公河和尼日尔河三角洲，多河道喷口导致"水力丁坝"效应增强，在波浪影响下形成的多个沿岸输沙系统确保了大量泥沙的滞留。该过程充分体现了河流、波浪和潮汐作用三者之间的相互平衡和妥协。三角洲形态呈高度非线性动力学变化，涉及陆上三角洲进积、水下三角洲沉积、海流和波浪水动力以及波流相互作用之间的多重反馈（Giosan et al.，2005）。尽管这些沉积过程非常复杂，但三角洲形态仍显示出明显的自组织趋势，随着时间推移，分支河道流量受河道间竞争或工程改造的影响，可能会出现从河流控制到河流和波浪混合控制再到更强波浪控制的变化，如罗纳河三角洲。

5.3 三角洲沉积特征及鉴别标志

5.3.1 河控三角洲的沉积特征

5.3.1.1 河控三角洲的形态

河控三角洲是在河流流量和泥沙输入量大，波浪、潮汐作用微弱，河流建设作用远超过潮汐和波浪破坏作用条件下形成的。在内海以及其他潮汐和波浪影响较弱的海区最有利于河控三角洲的形成，如里海沿岸的伏尔加河三角洲。河控三角洲的河道向下游延伸很远，然后进入接收盆地，河道两侧发育天然堤。河控三角洲普遍具有曲流河道横向迁移的特征。随着每条分支河道向受水盆地延伸，因地形坡度减小，水动力和输沙能力会降低。这种情况会使河道决口并导致河道改变。新的分支河道取道水动力效率更高、流路更短、坡度更高的路径向前延伸，取代废弃河道继续发育并进一步形成新的三角洲朵叶体。河道分流以及改道对三角洲的发育和形态塑造都至关重要，例如，黄河三角洲为朵状河控三角洲，历史上黄河多次注入渤海或于苏北注入黄海（岑仲勉，1957），各自在渤海湾西岸和苏北形成三角洲：华北平原的形成归因于黄河注入渤海（任美锷，2006）；部分苏北平原的形成也归因于黄河注入黄海（王颖，1996）。

按照河控三角洲的形态可进一步分为鸟足状三角洲和朵状三角洲两种类型。

（1）鸟足状三角洲

鸟足状三角洲又称舌形或长形三角洲，是以河流作用为主的三角洲的极端类型，为最典型的高建设性三角洲。其特点是河流输入的泥沙量大、悬浮载荷多、砂泥比低，有较发育的天然堤和固定的分支河道，并沉积巨厚的三角洲泥，向海推进快、延伸远，分支河道和指状砂体长短不一地向海延伸，平面形似鸟足（图5-12）。鸟足状三角洲发育的地貌特征表现为海岸曲折，呈锯齿状，有广阔的三角洲平原和较为发育的滨海沼泽。

密西西比河三角洲为典型的鸟足状三角洲，位于三角洲三端元分类图解中（图5-6）以河流作用为主的顶点。在河控三角洲发育的低能量环境中，波浪和潮汐产生的水流很弱，不足以对河流沉积物进行重新分配，波浪不会将这些沉积物重新塑造成通常的海岸线形状。

（2）朵状三角洲

朵状三角洲的形态呈向海凸出的半圆状或叶瓣状。与鸟足状三角洲相比，朵状

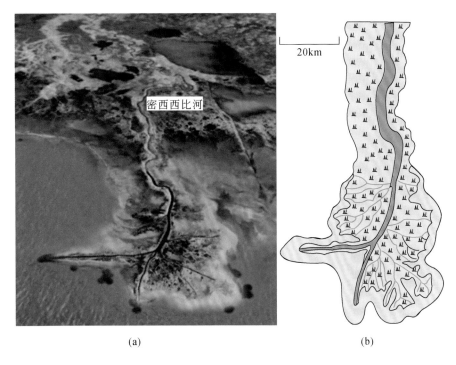

(a)　　　　　　　　　　　　　　(b)

图 5-12　密西西比河鸟足状三角洲谷歌影像（a）和地质要素（b）

三角洲形成时泥沙输入量相对减少，砂泥比值较高，波浪作用有所增强，但河流输入沉积物的数量仍高于波浪和潮汐作用改造能力。三角洲前缘伸向海洋的指状砂体受到海水的冲刷、改造和再分配形成席状砂层，使三角洲前缘变得圆滑而近似于半圆形。我国的黄河三角洲、滦河三角洲，欧洲的多瑙河三角洲和非洲的尼日尔河三角洲均属朵状三角洲（图 5-13）。

　　密西西比河三角洲是典型的河控三角洲，正在形成中的密西西比河三角洲呈鸟足状，废弃后被浪改造才成为扇状（Bhattacharya and Giosan，2003）；黄河三角洲在其形成和发育过程中即呈朵状，这与黄河的含沙量更高、受水盆地更加宽浅等因素有关（任于灿，1992）。黄河发源于巴颜喀拉山，干流全长 5464km，进入河口地区的多年平均径流量为 350 亿 m^3，不到长江的 1/20，甚至小于珠江和松花江，年均输沙量为 8.82 亿 t，居中国入海河流之首，是密西西比河年均输沙量的 3 倍，故而更具备形成河控三角洲有利条件（胡敦欣等，2001；黄海军等，2005）。

5.3.1.2　三角洲的沉积亚相特征

　　根据沉积环境和沉积特征可将三角洲分为三角洲平原、三角洲前缘和前三角洲三个亚相（图 5-14）。

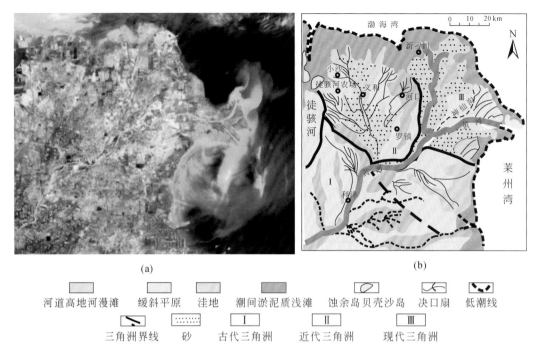

(a)   (b)

| 河道高地河漫滩 | 缓斜平原 | 洼地 | 潮间淤泥质浅滩 | 蚀余岛贝壳沙岛 | 决口扇 | 低潮线 |

| 三角洲界线 | 砂 | I 古代三角洲 | II 近代三角洲 | III 现代三角洲 |

图 5-13　黄河朵状三角洲卫星影像（a）和地质要素（b）（李广雪，1987）

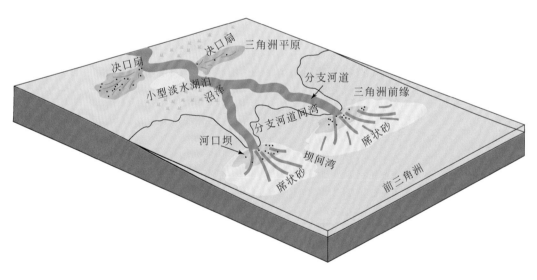

图 5-14　河控三角洲沉积模式

（1）三角洲平原亚相

三角洲平原亚相为三角洲沉积的陆上部分，其范围包括从河流大量分叉位置至海平面以上的广大河口区，是与河流有关的沉积体系在海滨的延伸。

三角洲平原沉积环境和沉积特征与河流比较有许多共同之处，在一定程度上为河流相的缩影。其岩性主要包括砂岩、粉砂岩、泥岩（包括泥炭、褐煤）。砂质沉积与泥炭、褐煤共生是该亚相的重要特征。砂质碎屑的分选性变化大，粒度概率曲线与河流相似。层理构造复杂，因环境而异，见雨痕、干裂、足迹等层面构造，生物化石少，多为淡水动物化石和植物残体。河道砂体呈透镜状，横向变化大。分支河道和沼泽沉积构成该亚相的主体，这是与一般河流的重要区别。

三角洲平原亚相可进一步划分为分支河道、陆上天然堤、决口扇、沼泽、湖泊等几个沉积微相。

A. 分支河道微相

分支河道又称分流河床，是构成三角洲平原亚相的骨架。其沉积特征与河流体系的河床沉积基本相同，以砂质沉积为主，粒度比邻近微相稍粗，分选变化较大。河床可发育边滩或心滩，垂向上具有下粗上细的间断性正韵律，常发育板状、槽状交错层理，具有不对称波痕及冲刷充填构造，少见化石，底部可见植物碎片，横剖面呈透镜状，沿河床方向呈长条状，故又称河道沙坝。

B. 陆上天然堤微相

陆上天然堤发育在分支河道两侧，以细砂和粉砂沉积为主，远离河床，沉积物变细、泥质含量增多，常见爬升交错层理、波状交错层理及流水波痕，可见铁质结核和碳酸盐结核，少见植物碎片。

C. 决口扇微相

洪水漫溢河床冲破天然堤形成决口扇。决口扇由较大面积的席状砂层组成，粒度比河床沉积细，与河流决口扇沉积类似。粉细砂岩具有块状层理和小型交错层理，泥岩发育块状层理和水平层理。

D. 沼泽微相

沼泽位于三角洲平原分支河道间的低洼地区，其表面接近平均高潮线。沼泽中植物繁茂，排水不良，为停滞还原环境，沉积有深色有机质黏土、泥炭、褐煤，夹有洪水成因的纹层状粉砂。沼泽微相富含保存完好的植物碎片，并含有丰富的黄铁矿、菱铁矿等自生矿物。当排水通畅时，黏土中的有机质不发育，并可见昆虫、藻类、介形虫、腹足类等化石。

三角洲平原最大的沉积特征是沼泽面积分布广，可占三角洲平原亚相面积的90%，故有人把分支河道沉积形象地比喻为三角洲平原的"骨架"，把沼泽沉积比喻为三角洲平原亚相的"肉"。广泛且稳定分布的层状有机质沼泽沉积可作为三角洲平原地层对比的标志层，根据其分布范围，可圈定三角洲平原的大致轮廓。

E. 湖泊微相

三角洲平原微相中的湖泊面积小，水体浅、通常 3 ~ 4m 的水深，沉积物主要为暗色有机黏土物质，夹有泥沙透镜体。黏土矿物发育极好的纹理。可见黄铁矿、蓝铁矿等自生矿物，但不成结核。多见原地生长的软体动物贝壳，虫孔发育。河流支流汇入时，可形成小型的湖成三角洲沉积。

（2）三角洲前缘亚相

三角洲前缘亚相位于三角洲平原外侧向海方向，处于海平面以下，为河流与海水的剧烈交锋带，是三角洲沉积作用最为活跃的地带，也是组成三角洲砂体的主体。三角洲前缘亚相可进一步划分为水下分支河道、水下天然堤、支流间湾、河口坝、远沙坝、三角洲前缘席状砂六个沉积微相。

A. 水下分支河道微相

水下分支河道为陆上分支河道的水下延伸部分，也称水下分支河床。在向海延伸的过程中，水下分支河道加宽、深度减小、分叉增多、坡度降低、流速减缓、堆积速度增大。沉积物以砂、粉砂为主，泥质极少。常发育交错层理、波状层理及冲刷–充填构造，并见有层内变形构造和水生化石。垂直流向剖面上，分支河道砂体呈透镜状，侧向则变为细粒沉积物。

B. 水下天然堤微相

水下天然堤是陆上天然堤的水下延伸部分，为水下分支河道两侧的沙脊，退潮时可部分出露水面称为砂坪。沉积物为极细的砂和粉砂，粒度概率曲线呈悬浮总体含量较高的单段或两段型，基本上由单一悬浮总体组成，常见黏土夹层。其沉积构造以流水形成的波状层理为主，局部出现流水、与波浪共同作用形成的复杂交错层理。可见虫孔、泥球、包卷层理和植物碎片等。

C. 支流间湾微相

支流间湾为水下分支河道之间相对低洼的海湾地区，与海相通，但水动力较弱。三角洲向前推进时，在分支河道间形成一系列尖端直向陆地的楔形泥质沉积体，称为"泥楔"。故支流间湾以黏土沉积为主，含少量粉砂和细砂。砂质沉积多为洪水季节河床漫溢沉积结果，常呈夹层或薄透镜状出现。支流间湾沉积常具水平层理和透镜状层理，可见浪成波痕、生物介壳和植物残体等，虫孔构造及生物扰动构造发育。垂向沉积层序上表现为下部为前三角洲黏土沉积，向上变为富含有机质的沼泽沉积。

D. 河口坝微相

河口坝又称分支河口坝或分流河口坝，位于水下分支河道的河口处，是河水与海水交锋最为强烈的地区，沉积速率最高。海水的冲刷和簸选作用带走泥质沉积物，而砂质沉积物保存下来。河口坝沉积物主要由分选好、质纯的中细砂和粉砂组成，具较发育的槽状交错层理，成层厚度为中、厚层，可见水流波痕和浪成摆动波痕。河口坝随着三角洲向海的进积而覆盖于前三角洲黏土沉积之上，黏土中有机质产生的气体上冲形成气鼓构造，也成为气胀构造。如果下面的泥质层很厚，也可以产生泥火山或底辟构造，生物化石稀少。三角洲废弃时，沙坝顶部可出现虫孔及河流和海洋搬运来的生物碎片。

E. 远沙坝微相

远沙坝位于河口坝前方较远部位，又称末端沙坝。沉积物粒度较河口坝细，主要为粉砂，并含有少量黏土和细砂。远沙坝内可发育中小型槽状交错层理、包卷层理、水流波痕和浪成波痕及冲刷–充填构造等。由粉砂和黏土组成的结构纹层和由植物碳屑构成的颜色纹层在远沙坝微相中也较为常见。向河口方向结构纹层增加，颜色纹层减少；向海方向颜色纹层增加，结构纹层减少。远沙坝含化石不多，仅见零星的生物介壳，也可见虫孔。垂向沉积层序上，远沙坝位于河口坝之下，前三角洲黏土沉积之上，与河口坝构成下细上粗的垂向层序，与河流沉积下粗上细的垂向层序相反。

F. 三角洲前缘席状砂微相

在海洋作用较强的河口区，河口坝及远沙坝受波浪和岸流的淘洗和筛选，发生侧向迁移，使之呈席状或带状广泛分布于三角洲前缘，形成三角洲前缘席状砂体。席状砂的砂质纯、分选好，沉积构造与河口坝相同，广泛发育交错层理、生物化石稀少。砂体向岸方向加厚，向海方向减薄。三角洲前缘席状砂是建设性三角洲向破坏性三角洲转化的沉积微相类型，在高建设性三角洲相中不太发育。

（3）前三角洲亚相

前三角洲亚相位于三角洲前缘的前方，是河口三角洲沉积最厚的地区。沉积物大部分是在浪基面以下深度形成，主要由暗色黏土和粉砂质黏土组成，可含少量细砂，有时可见海绿石等自生矿物。常发育水平层理和块状层理，常见有广盐性生物化石，如介形虫、瓣鳃类等。随着向海方向的过渡，正常海相化石增多，生物潜穴及生物扰动构造发育。前三角洲暗色泥岩富含有机质，可作为良好的生油层。

在某些地质因素作用下，具有较陡沉积界面的三角洲前缘砂可向前滑塌，在前三角洲或其前方形成规模较小、沉积物分选较好的滑塌型浊积扇。

5.3.1.3　河控三角洲的平面相组合及垂向层序

三角洲内部的平面相组合由陆向海依次为三角洲平原、三角洲前缘和前三角洲（图5-14）。这些亚相在三角洲沉积中处于同一时期的同一沉积界面上。随着三角洲以前积式向海推进，早先的沉积界面就形成了三角洲前积层的等时线或等时面（图5-15），这也是等时地层对比的界限。每两个等时线间所限定的前积层都包含了同一时期形成的三角洲平原、三角洲前缘和前三角洲三个不同的亚相，故称为同期异相。而在一个大的三角洲沉积中，同一亚相，如前三角洲可形成于不同沉积时期，这些不同沉积时期形成的沉积亚相具有相似的沉积特征，故称为同相异期。同相异期界面常被用于岩性地层对比。

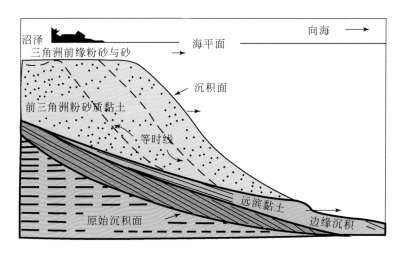

图 5-15　三角洲沉积的同期异相和同相异期

　　三角洲在平面上依次邻接而出现的相，在垂向上也依次递变增加。对不断向前进积的河控三角洲来说，自下而上依次为前三角洲泥、三角洲前缘砂和粉砂、三角洲平原分支河道砂和泥炭沼泽沉积，构成下细上粗的、沉积厚度达几百米的反旋回垂向沉积序列。垂向序列的上部局部出现三角洲平原分支河道下粗上细的间断性正旋回，顶部出现夹碳质泥岩和薄煤层的沼泽沉积（图 5-16）。另外，河控三角

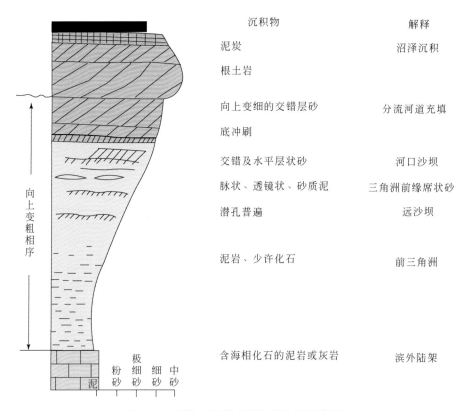

沉积物	解释
泥炭	沼泽沉积
根土岩	
向上变细的交错层砂	分流河道充填
底冲刷	
交错及水平层状砂	河口沙坝
脉状、透镜状、砂质泥	三角洲前缘席状砂
潜孔普遍	远沙坝
泥岩、少许化石	前三角洲
含海相化石的泥岩或灰岩	滨外陆架

图 5-16　河控三角洲典型的垂向沉积序列

洲垂向序列中，自下而上海相化石减少，陆相化石尤其是植物化石增多，以致顶部出现碳质泥岩或薄煤层；波浪产生的浪成波痕及交错层理向上减少，流水产生的交错层理向上增多。在河控三角洲发育最好的低能环境中，波浪和潮汐产生的水流太弱，无法对河流沉积物进行重新分配，波浪不会将这些沉积物重新塑造成通常的岸滩形状。因此，与浪控三角洲不同，河控三角洲不会有滨岸海滩脊沉积的发育。

5.3.2 浪控三角洲的沉积特征

浪控三角洲主要形成在波浪作用较强、潮汐作用较弱的内海，三角洲前缘以较平直的尖头或弧形海滩线为特征。因其平面形状呈鸟嘴状，所以又称鸟嘴状三角洲。因为波浪在海岸带常见，所以浪控三角洲可能是三种三角洲类型中最常见的一种。波浪作用既影响河流载荷在海岸带的直接沉积，也会导致河流载荷进一步沿岸搬运，并因此形成沙嘴、沙坝及潟湖。平行海岸的海滩、沙嘴和沙坝进积序列记录了波浪对河流沉积物的改造作用。浪控三角洲的河口部位，海浪作用大于河流作用，往往只有一条或两条主河道入海，分支河道少且小。河流输入泥沙量不多，且被波浪作用改造、再分配，在河口两侧形成一系列平行海岸的海滩、沙嘴和沙坝，在其向陆一侧形成半封闭潟湖和沼泽，在主河口区有较多的泥沙堆积，形成于突出河口的鸟嘴状形态。分流河口附近出现的局部突出部分由低起伏河口坝组成，其侧翼为海滩脊复合体。埃及的尼罗河、法国的罗纳河、意大利的波河和巴西圣弗朗西斯科河形成的三角洲均属浪控三角洲（图5-17）。

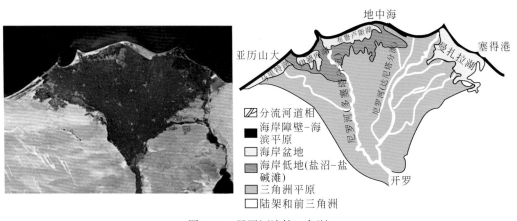

图5-17 尼罗河浪控三角洲

若波浪作用与单向沿岸流作用增强，将会克服河流作用导致河口偏移，甚至与海岸平行，建造成遮挡河口的直线型障壁沙坝，形成掩蔽型鸟嘴状三角洲（图5-9）。同时，即使在沿岸流和波浪作用很强的地区，河流出口处的"水力丁坝"效应也能使大量泥沙滞留而不被沿岸流带走，从而确保浪控三角洲的形成。非洲西海岸的塞内加尔河三角洲即属于此类型（Ashton and Giosan，2011）。

浪控三角洲也划分为三个沉积亚相。浪控三角洲平原的沉积特征类似于河控三角洲平原，具有间断正旋回的沉积特征。浪控三角洲前缘中，波浪作用能使大多数供给三角洲前缘的沉积物发生再分配，河口坝的形成受到阻碍，致使三角洲前缘较陡，主要沉积为受波浪改造的、具临滨沉积特征的砂质沉积物。进积作用沿整个三角洲前缘发生，而非集中在一个点上进行，其进积速度比河控三角洲的进积速度慢。前三角洲主要为具有生物碎片和生物扰动的泥质沉积物。除此之外，浪控三角洲通常表现为与滨岸平行的海滩脊沉积序列的出现，该序列记录了河流沉积物被波浪改造后的特征。

一般来说，浪控三角洲的垂向层序通常为下细上粗再变细的复合旋回层序，但以具有浪蚀海滩脊的沉积序列为特征，层序顶部一般都出现具有间断正旋回沉积的三角洲平原沼泽和分支河道沉积 [图 5-18（a）]，以此与海岸的海滩脊沉积层序相

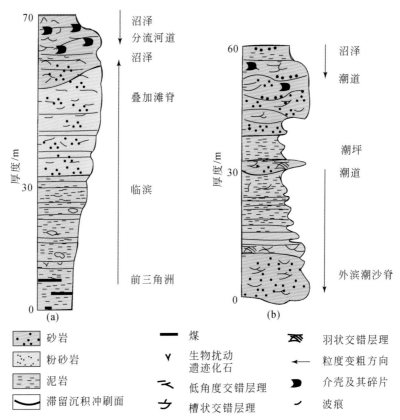

图 5-18　浪控三角洲（a）和潮控三角洲（b）的垂向复合沉积层序

区分。浪控三角洲层序底部为含生物扰动的前三角洲泥质沉积，向上过渡为互层的泥、粉砂和砂质沉积，波浪冲刷构造和浪成交错层理发育，最后演变为具有低角度交错层理、分选好的高能海滩砂及三角洲平原分支河道砂和沼泽泥炭沉积[图 5-18 (a)]。

法国的罗纳河三角洲为比较典型的浪控三角洲。该三角洲前缘由侧向延伸很宽的海滩脊组成，海滩脊前缘为较陡的滨外斜坡，倾角为 2°。三角洲的进积作用通过海滩脊的加积作用和河口坝的进积作用完成，主分流河道处进积作用最为显著。三角洲进积形成典型的向上变粗的层序。三角洲前缘层序下部为生物扰动的滨外黏土沉积，向上过渡为细纹层粉砂岩、波纹层粉细砂岩、分选好的具有交错层理和平行层理的砂岩。

5.3.3 潮控三角洲的沉积特征

河流流入三角状或喇叭状的港湾，由于潮汐作用远大于河流作用，在港湾中堆积的泥沙受潮汐作用的强烈破坏和改造，形成潮控三角洲。潮控三角洲外形受港湾的形状控制，故又称港湾型三角洲，多属破坏性三角洲。潮控三角洲的规模理论上一般较小，但事实上，7 个最大的现代三角洲中有 5 个主要由潮汐控制，包括两个最大的三角洲，亚马孙河和恒河三角洲。潮汐溯源入侵河道会导致水位和水动力条件的变化，从而大大影响三角洲的沉积过程。潮汐占主导的三角洲的海岸线通常非常不规则，由多个宽的喇叭状到漏斗状的河口组成。潮汐对三角洲沉积的影响通常表现为广泛发育潮滩和蜿蜒曲折的潮溪。潮溪内的推移质形成垂直岸线、与双向潮流成平行的细长沙坝和岛屿，向上游逐渐变细。潮汐主导的三角洲在偶尔的强浪作用下可形成裂指状散射不连续分布的沙脊和沙坝，该特征是区别于其他类型三角洲的重要标志。澳大利亚北部巴布亚湾三角洲就是这类三角洲的典型例子（图 5-19），我国的钱塘江、越南的湄公河、缅甸的伊洛瓦底江三角洲亦属于此类型。

潮控三角洲一般发育在中高潮差、低波能、低速沿岸流的狭窄地区。指状河道砂向滨外过渡为长条状潮流脊状砂。在中高潮差地区，潮流在涨潮时入侵平原分流河道，溢漫河岸，淹没附近的分流间湾地区。在潮汐平静期，这些潮水就暂时蓄积起来，然后在退潮时退出去。因此，在潮控三角洲平原分流河道下游以潮流作用为主，而在分流间湾则以潮间坪沉积为特征。潮汐影响的分流河道具有低弯曲度、高宽深比和漏斗状形态。河道中的主要地形是沙丘，分流河道下游主要地形是平行于河道走向排列的线状沙脊。一般来说，该类沙脊长数公里，宽数百米，高几十米，反映了河流体系所供沉积物的搬运及改造作用。在大潮情况下，海岸带和分流河口

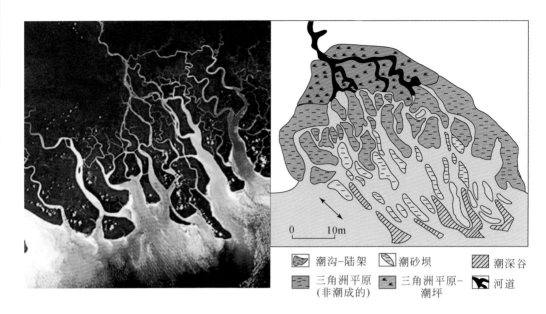

图例：
潮沟-陆架　潮砂坝　潮深谷
三角洲平原（非潮成的）　三角洲平原-潮坪　河道

0　　10m

图 5-19　澳大利亚巴布亚湾潮控三角洲

地区是一个布满潮流脊、潮道和岛屿的、界限不确定的复杂地貌地区。这种情况下，三角洲前缘的主要特征是具有从分流河口呈放射状分布的、长达几公里的潮流沙坝，沙坝之间的潮道中分布有许多浅滩和河心岛。

受潮汐影响的三角洲平原分流河道的沉积层序自下而上为含海相动物碎片的粗粒滞留沉积、槽状交错层理和羽状交错层理砂岩潮道沉积、生物扰动多的泥炭沼泽沉积或海岸障壁砂沉积［图 5-18（b）］。潮控三角洲平原分流河道间地区包括潟湖、小型潮沟和潮间坪沉积。在潮汐旋回期间，整个分流河道间地区先被淹没，然后露出水面。在潮湿气候区，分流河道间地区多为潮汐分流河道和弯曲潮沟所切割的沼泽；在较干旱地区，分流河道间地区多为干燥的泥坪和砂坪沉积。因此，潮控三角洲平原由受潮汐影响的分流河道和潮坪序列组成［图 5-18（b）］。

在潮控三角洲前缘斜坡沉积区，存在许多从分流河口呈放射状分布的、长几公里的潮流沙脊，沙脊之间的潮道里发育心滩和河心岛。受潮汐作用的强烈影响，潮控三角洲前缘地区形成了一个具有潮坪沉积特征的垂向层序［图 5-18（b）］。层序下部主要为具有双向槽状交错层理和生物碎片的潮汐沙脊沉积，向上变为粒度较细的潮坪沉积，其间夹有羽状交错层理的潮道砂岩沉积，再向上变为三角洲平原的潮道和沼泽沉积。三角洲平原发育的沼泽和分支河道沉积是区别潮控三角洲与河口湾的主要标志。

有关潮控三角洲的垂向层序研究尚待深入，当前仍处于资料积累阶段，尚未总结和归纳出一个比较成熟的理想垂向沉积模式，上述沉积层序仅是概括性的。

5.3.4 扇三角洲的沉积特征

5.3.4.1 扇三角洲的概念

扇三角洲定义为"由相邻高地进积到安静水体中的冲积扇"。"扇三角洲是由冲积扇（包括旱地扇和湿地扇）作为物源，在活动的扇体与稳定水体交界地带沉积的沿岸沉积体系"。于兴河（2002）将扇三角洲定义为"以冲积扇为物源而形成的近源砾石质三角洲"。

依据影响扇三角洲发育的因素，可将其划分为波浪改造的扇三角洲和潮汐改造的扇三角洲。依据扇三角洲发育的位置，将其划分为陆架缓坡型扇三角洲、斜坡（陡坡）型扇三角洲和吉尔伯特型扇三角洲。不同类型的扇三角洲，其平面分布、砂体类型及垂向沉积层序各具特征。吉尔伯特型扇三角洲为发育在陆相断陷湖盆陡坡或缓坡的扇三角洲，不在本书研究范围。

扇三角洲由扇三角洲平原、扇三角洲前缘和前扇三角洲组成（图5-20）。扇三角洲平原与正常三角洲平原差别较大，实际上扇三角洲的陆上部分属于冲积扇环境，与冲积扇沉积特征相同；扇三角洲前缘和前扇三角洲位于水下，兼具牵引流和重力流沉积特征。

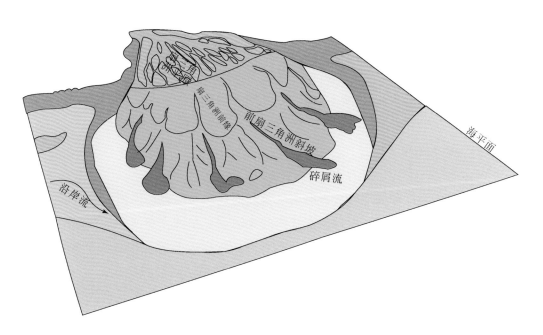

图5-20 扇三角洲的平面沉积相模式

5.3.4.2　扇三角洲的形成条件

扇三角洲常呈扇形，沉积范围较小，只有在特定的构造、气候、地形条件下才能形成发育，常与同沉积大型断层伴生。从大地构造背景来看，活动大陆边缘、大陆碰撞海岸、岛弧碰撞海岸及克拉通内部裂谷盆地的陡坡等环境有利于扇三角洲的发育。扇三角洲形成的重要条件是海岸地形高差较大、临近山区、构造活动强烈、盆地斜坡较陡、气候较为干旱、物源供应充足、近源快速堆积（图5-21），如美国阿拉斯加铜河扇三角洲发育在碰撞型海岸，牙买加耶拉斯扇三角洲发育在岛弧碰撞型海岸，死海西岸扇三角洲为裂谷型扇三角洲。在这些地区，短而坡度大的河流（主要是辫状河）从附近的物源区流出，挟带大量的粗粒沉积物在海盆边缘快速堆积形成扇三角洲。

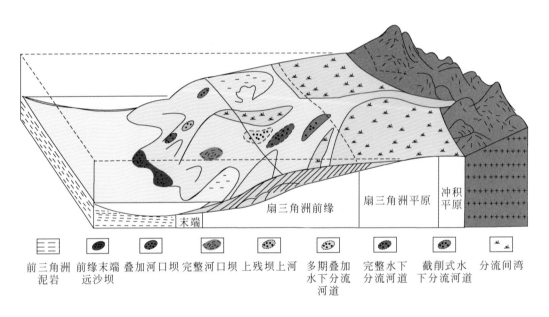

前三角洲泥岩　前缘末端远沙坝　叠加河口坝　完整河口坝　上残坝上河　多期叠加水下分流河道　完整水下分流河道　截削式水下分流河道　分流间湾

图5-21　扇三角洲分布位置及亚相划分

构造活动的强度和周期性会影响扇三角洲的规模与形态，强烈而频繁的构造活动有利于扇三角洲的多期次发育，如我国的滦河扇三角洲。滦河为短源河流，滦河流域的降水量为 $500\sim750\mathrm{mm/a}$，为常年河流，所形成的冲积扇属湿润型冲积扇，由辫状河流沉积组成。滦河扇三角洲发育在构造运动活跃的燕山山脉的山前地带，地形坡度陡、高差大，形成以滦州为顶点的冲积扇，前缘进入海域被改造构成扇三角洲沉积体，为我国沿海扇三角洲的典型实例。燕山山脉阶段性构造抬升的不均匀性，导致冀东平原依次发生自西向东的倾斜运动，使不同时期的滦河扇三角洲发生自西向东的迁移，形成三期扇三角洲组成的扇三角洲裙。

扇三角洲可发育在不同的气候条件下。气候通过气温、降水和风等因素影响植被发育、母岩风化类型和强度、地表水温及沉积物供应速率等，这些因素会不同程度地影响扇三角洲的发育。一般情况下，较为干旱的气候、快速沉积物供应更有利于扇三角洲的发育。扇三角洲的三个亚相在岩性、沉积结构、构造、垂向组合、化石等方面各具特征。

5.3.4.3 扇三角洲亚相沉积特征

扇三角洲常发育在地形高差大且邻近高山的盆地边缘，一部分位于水上，一部分位于水下。水上部分称为扇三角洲平原，水下部分称扇三角洲前缘和前扇三角洲。扇三角洲以陆上沉积占优势，并可向海洋推进一定的距离和深度。

扇三角洲沉积物粒度较粗，多为砾石质，分选和磨圆差，成分和结构成熟度较低，发育牵引流形成的大型交错层理和重力流成因的混杂沉积构造，多形成向上变粗的反韵律。单个扇三角洲的沉积厚度一般为几十米，累计厚度可达几公里，向盆地延伸几十公里。扇三角洲的面积一般几到几十平方公里，大者几百平方公里，美国阿拉斯加东南海岸扇三角洲面积为 $446km^2$。

（1）扇三角洲平原沉积特征

扇三角洲平原是扇三角洲的陆上部分，通常呈向海盆方向倾斜的扇形，实际形态受盆地岸线形状、波浪和潮汐作用强度以及沉积物供给等因素的综合影响。平原亚相可划分为辫状分流河道和漫滩沼泽两个沉积微相，沉积特征类似于陆上冲积扇。

A. 辫状分流河道微相

辫状分流河道沉积位于扇三角洲平原上部，具有一般辫状河流的沉积特征。沉积物以厚层碎屑支撑的砾岩、砾状砂岩为主要岩性，成熟度低，岩屑含量可达45%，分选差至中等，胶结物主要为泥质，无递变层理或具正递变层理。最粗的砾石常分布在河道中部，砾石呈次棱角至次圆状，长轴一般为几厘米，呈叠瓦状排列，也可见砾石混杂分布。临近滨岸地区岩石粒度变细，主要为含砾砂岩和粗砂岩，成熟度相对升高。河道沉积物粒度具有下粗上细的正韵律，发育有大型交错层理、平行层理、小型交错层理、波状层理和包卷层理，化石少见，底部发育冲刷面并有滞留砾石和泥砾沉积。

B. 漫滩沼泽微相

在扇三角洲平原地区，除了发育砾石质的辫状分流河道沉积之外，漫滩沼泽、泛滥平原和小型湖泊等微相也见发育。漫滩沼泽位于分流河道间或者单个扇体之间的低洼地区，由于扇三角洲主要发育在干燥气候区，因而漫滩沼泽发育不全，面积较小。漫滩沼泽沉积粒度细，一般为粉砂、黏土及细砂薄互层，薄互层沉积具块状构造，发育水平纹层夹少量交错层理，见干裂构造，个别地方见石膏和盐类沉积。受洪水泛滥影响，可见较粗的砂岩透镜体。在气候相对湿润、能发育湿润型冲积扇的地区，扇三角洲平原可出现分布范围较小的泥炭沼泽沉积，常见植物根系和生物扰动构造。

（2）扇三角洲前缘沉积特征

扇三角洲前缘位于岸线至正常浪基面之间的较浅水区域，大陆的水流与波浪、潮汐相互作用的地带，波浪、潮汐与河流相互作用可形成河流作用为主的、波浪和潮汐作用改造的扇三角洲前缘。河流作用为主的扇三角洲前缘主要沉积含砾的、交错层理发育的砂岩。波浪和潮汐作用改造的扇三角洲前缘常伴生发育障壁-潟湖沉积体系。扇三角洲前缘以较陡的前积结构为特征，发育大、中型交错层理等牵引流沉积构造，主要沉积砂砾岩。扇三角洲前缘可细分为水下分流河道、水下分流河道间、河口沙坝和前缘席状砂等沉积微相。

A. 水下分流河道微相

在扇三角洲沉积中，水下分流河道占有相当重要的地位，由含砾砂岩和砂岩构成，分选中等。垂向层序结构特征与陆上分流河道相似，但砂岩颜色变暗，以中、小型交错层理为主，在其顶部受后期水流和波浪作用改造，有时出现脉状层理及波状层理。砂体呈长条状分布，横向剖面呈透镜状且很快尖灭。粒度概率曲线由悬浮、跳跃和滚动三组分组成。跳跃组分总体比较发育，分选中等，斜率36°~60°，具有牵引流搬运特征。水下分流河道沉积中化石少见，主要为浅水介形虫和淡水藻类。

B. 水下分流河道间微相

水下分流河道间位于水下分流河道两侧，由互层的浅灰色细砂、粉砂及灰绿色泥岩组成。水平层理、波状层理、透镜状层理以及压扁层理、包卷层理发育。该微相的重要特征是生物扰动程度较高，发育较多的生物潜穴，同时受波浪的改造作用比较明显。粒度概率曲线中跳跃总体常由两个斜率不同的次总体组成，可见鲕粒，主要为表鲕。在反韵律的单层中，自下而上分选变好，表鲕含量增加，螺类壳体化石较丰富。

C. 河口坝微相

由于受暂时性水流作用和盆地波浪、潮汐的改造，扇三角洲的河口坝不像正常三角洲那样发育。与正常三角洲河口坝相比，扇三角洲河口沙坝的沉积范围和规模较小，位于水下分支河道的前方，并继续顺其方向向浅海深处发展延伸，整体呈底平顶凸或双凸的透镜状。河口坝含沙量高，以分选较好的粉砂-中砂为主，沉积层理主要为反韵律。受季节性影响常伴有泥质夹层。沉积构造主要为中小型交错层理、平行层理、波状交错层理、透镜状层理，偶见板状交错层理。在较细的粉砂质泥岩中，可见滑动作用或生物扰动形成的变形层理和扰动构造。其粒度概率曲线具有两个斜率不同的次跳跃总体，表明受河流和海洋的双重作用。

D. 前缘席状砂微相

前缘席状砂是扇三角洲沉积的主要标志，位于河口沙坝的前方或侧前方，紧邻前扇三角洲。在气候相对干旱的地区，当波浪和沿岸流作用加强时，因水下分流河道和河口坝受改造导致砂体重新分配。沉积物经过反复淘洗和筛选，分选变好，在扇三角洲前缘形成分布广、厚度薄的席状砂体。障壁岛-潟湖沉积体系可与前缘席状砂伴生发育。前缘席状砂粒度细，分选好，成熟度高，显示反韵律沉积序列，表现为砂泥间互层发育，可见波状交错层理和变形层理。粒度概率曲线中跳跃总体含量高达 80% ~ 90%，也是由两个斜率不同的次跳跃总体组成，表明受双重流体介质作用，滚动组分含量少。

（3）前扇三角洲沉积特征

前扇三角洲处于浪基面以下的较深水地区，该亚相分布范围较窄，与较深海、陆架暗色泥岩之间缺少明显的岩性界限，呈过渡关系。前扇三角洲主要由灰绿色和灰黑色泥岩、泥质粉砂岩、钙质页岩、油页岩互层组成，水平层理发育，含丰富的介形虫、鱼类化石。其季节性纹层主要表现在粒级和颜色的变化，常见粉砂质透镜状夹层。

需要注意的是，在前扇三角洲以及深水暗色泥岩中可见较粗粒的砂体。在扇三角洲沉积过程中，由于沉积物快速侧向沉积，其表面倾角不断增加，沉积物会在自身重力作用下，再加上受地震、断裂活动等多种诱发因素影响，扇三角洲前缘沉积物向前滑塌，经液化形成浊流并在低洼区沉积，形成透镜状浊流砂体。另外，扇三角洲前方还可形成由洪水挟带的大量陆源碎屑堆积而成的浊积扇体，此类扇体较稳定且分布较广。

通常一个完整的建设性扇三角洲的垂向沉积层序自下而上由前扇三角洲泥岩-扇三角洲前缘末端粉细砂岩-扇三角洲前缘河道砂砾质砂岩-扇三角洲平原砂砾岩组成（图5-22）。

斜坡（陡坡）型扇三角洲沉积模式主要是依据牙买加东南部耶拉斯扇三角洲的沉积特征建立的，该模式可适用于进积到岛坡、陆坡或断陷盆地边缘的扇三角洲。

陆架型扇三角洲发育在坡度低缓、宽阔的陆架海边缘，又称缓坡型扇三角洲。陆架型扇三角洲模式是依据阿拉斯加东南岸科帕河扇三角洲的沉积特点而建立的。

沉积地质学家总结了海洋扇三角洲的 12 种判别标志，可供参考：

1）海相扇三角洲常分布于岛弧或大陆碰撞等构造活动海岸。

2）扇三角洲向陆一侧可能是断层，陆上扇沉积物不整合覆盖在基岩之上。

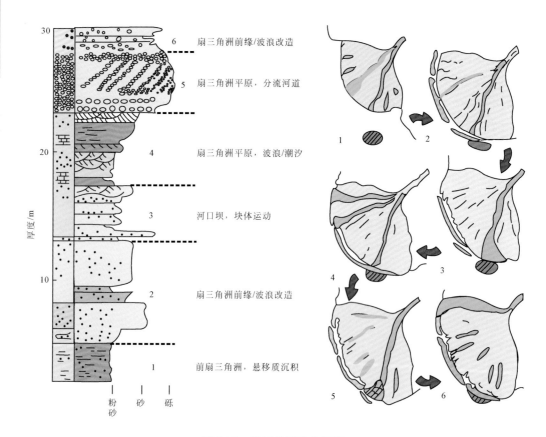

图 5-22　扇三角洲垂向层序

3）扇三角洲沉积形态为扇形或粗碎屑棱柱体，其厚度从山前到过渡带是增加的。

4）沉积物的结构和成分成熟度低，表明其紧邻基岩物源区。

5）沉积层序向上变粗，砾石百分比和最大碎屑粒径向上增大，泥质含量向上减少。

6）扇三角洲陆上部分基本上为冲积扇，可用冲积扇的沉积模式进行对比研究。

7）向陆架进积的扇三角洲发育充分，自陆上沉积向水下沉积方向由水平层状粗砾和砂变为交错砂层。

8）陆上扇的指相特征表明该带沉积物来自一个点物源。

9）陆上扇占优势的河流沉积物与过渡带（海岸带）占优势的海洋沉积物呈渐变和指状交错，可依据砾石特征区分河流和海滩沉积物。

10）过渡带沉积物侧向上渐变为指状，与扇三角洲的水下沉积物交错沉积。

11）扇三角洲中端和远端沉积物可上覆于海洋沉积之上，也可能被海洋或非海洋沉积覆盖，这取决于扇三角洲的形成、终止时的构造背景。

12）扇三角洲的沉积厚度取决于山前隆起、沉积物供给、盆地下沉的复杂相互作用；进入水下斜坡的扇三角洲厚度可能大于进入水下陆架的扇三角洲厚度。

5.3.5 辫状河三角洲的沉积特征

5.3.5.1 辫状河三角洲的概念和形成条件

辫状河三角洲指由辫状河体系前积到停滞水体中形成的富含砂和砾石的三角洲，是介于粗粒扇三角洲和细粒正常三角洲之间的一种独特属性的三角洲。根据物源区辫状河特征及其与冲积扇之间的关系，又将辫状河三角洲细分为远离物源区的、冲积扇前方的和与冰川平原有关的三种类型。

辫状河三角洲是由辫状河进入海洋形成的粗粒三角洲，其发育受季节性湍急洪水作用的控制。冲积扇末端的辫状河或由山区发育的冲积平原辫状河经较短距离搬运入海，在较陡的沿岸形成辫状河三角洲。辫状河流沉积虽然表现为季节性，但辫状河三角洲具有限定性河口，辫状河口与海洋能量相互作用形成辫状河三角洲沉积并对其进行改造。前人曾将辫状河三角洲归为扇三角洲，现在已对二者有了较为系统的区分。在构造变动不同阶段，同一盆地的相同部位，扇三角洲可以转化为辫状河三角洲，辫状河三角洲也可转化为扇三角洲。

5.3.5.2 辫状河三角洲亚相沉积特征

粗粒的辫状河三角洲可进一步划分为辫状河三角洲平原、辫状河三角洲前缘和前辫状河三角洲三个亚相（图5-23）。

（1）辫状河三角洲平原沉积特征

辫状河三角洲平原主要由众多辫状河道和辫状河平原组成，潮湿气候条件下可发育有河漫沼泽沉积。辫状河道充填物呈宽厚比高的宽平板状砂体，剖面呈透镜状，底部发育冲刷充填构造，冲刷面平缓，表现为低地形起伏。辫状河道沉积单元包括互层的横向沙坝或纵向沙坝或两者的透镜体，并掺杂有丰富的小到中等、从砂质到泥质充填的冲蚀槽。辫状河道内部结构极其复杂，多个沉积单元叠合形成广泛分布的厚层均一组成单元。与冲积扇相比，辫状河三角洲沉积物以河流体系的高度河道化、牵引流构造发育、缺少碎屑流沉积、砂体良好的侧向连续性为特征；而扇三角洲平原为片流、碎屑流和辫状河道互层沉积，其岩石类型和沉积构造类型更为复杂。因此，平原相带沉积作用的差异是区别两者的关键标志。与正常三角洲相比，辫状河三角洲粒度更粗，层理类型更复杂；正常三角洲平原亚相的沉积物由限定性极强的分流河道和分流河道间组成。

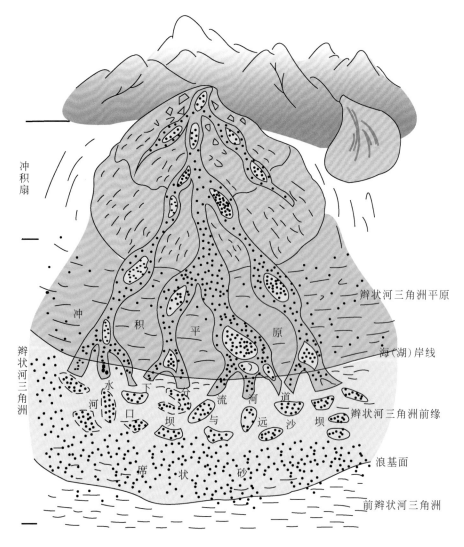

冲积扇

辫状河三角洲平原

海（湖）岸线

辫状河三角洲前缘

浪基面

前辫状河三角洲

辫状河三角洲

图 5-23　秦皇岛大石河冲积扇–辫状河三角洲沉积体系（赵澄林和朱筱敏，2001）

A. 辫状河道沉积

辫状河道沉积以河道沙坝侧向加积形成的沉积物为主，亦见部分废弃河道充填沉积。河道沙坝岩性较粗，为杂色砾岩、含砾砂岩及砂岩，成分和结构成熟度较低，发育侧积交错层理及冲刷面构造，见平行层理、大中型板状和槽状交错层理。河道沉积物具有较大的宽厚比，它们组成若干向上变细的透镜体并相互叠置，单个透镜体最大厚度 0.2～5m，横向延伸数米即变薄尖灭。以具大型板状和槽状交错层理及平行层理的砾岩、砂岩及块状砾岩常见，也有以砂质为主的辫状河三角洲。

B. 废弃河道充填沉积

废弃河道充填沉积往往呈下凸上平的透镜状，岩层向两端收敛变薄、尖灭。充填沉积物自下而上粒度明显变细，往往从河道滞留沉积砾岩逐渐变为砂岩、粉砂岩和泥岩，底部见起伏不大的冲刷面，向上层理规模从大中型交错层理、平行层理到小型交错层理，顶部为水平层理，层内可见到充填沉积过程中形成的滑塌构造。岩性及沉积构造特征反映了水道充填沉积过程中水动力逐渐减弱的过程。

C. 越岸沉积

越岸沉积受辫状河道迁移摆动影响，其宽度变化较大，如秦皇岛大石河辫状三角洲冲积平原宽度可达 5～6km。在洪水期，水体漫越河道，在河道两侧形成一些积水洼地，接受粉砂岩和泥岩等细粒物质的沉积。部分洪水期越岸沉积形成的洼地可逐渐被植被覆盖，发展为沼泽环境，沉积碳质页岩，形成具有一定开采价值的煤层。这种环境下形成的煤层厚度变化大，分布不稳定，多呈透镜状或藕节状断续出现。先期形成的煤层一般会遭受河道迁移的破坏，使其分布更加不规则。局部越岸沼泽中含有暂时性小型水道砂岩透镜体。

（2）辫状河三角洲前缘沉积特征

辫状河三角洲前缘沉积如正常三角洲一样，主要由水下分流河道、分流河道间、河口坝及远沙坝组成，其中水下分流河道特别活跃，其沉积物在前缘亚相中往往占总量的90%以上。

1）水下分流河道沉积

水下分流河道在辫状河三角洲中所占的厚度最大，是其主体沉积。水下分流河道是平原辫状河道在水下的延伸部分，主要由粒度较细的砂砾岩组成，其他沉积特征与辫状河道极为相似，整体上向上粒度变细，单砂体厚度减薄。砂砾岩中泥质杂基含量极少，多在5%以下，呈颗粒支撑。砂体总体呈层状，分布稳定，其内部往往由若干下粗上细的砂岩透镜体相互叠置而成，单个透镜体自下而上由细砾岩、含砾中粗砂岩、中砂岩和细砂岩组成，层序主体由中粗粒砂岩组成。单一透镜体的最大厚度一般为 0.5～2m，少数可达5m，横向延伸数米变薄尖灭。由于河道的频繁迁移，砂体中侧积交错层理极为发育，为其主要沉积构造类型。冲刷面构造、平行层理和大中型交错层理也常见。

2）水下分流河道间沉积

水下分流河道间沉积为水下河道改道被冲刷保留下来或沉积的较细粒物质，沉积水动力较弱，沉积作用以悬浮沉降为主，岩性一般为暗色泥岩，含粉砂泥岩及含泥粉砂岩，见水平层理、小型槽状交错层理及沙纹层理。由于河道改道特别活跃、迁移频繁，河道间泥岩中常夹有一些透镜状的孤立砂体，岩性变化较大，可从含砾砂岩至粉砂岩，结构成熟度较低。

3）河口坝

河口坝位于水下分流河道的末端或侧缘，平原辫状河道入水后，挟带的砂质由于流速降低而在河口处沉积下来即形成河口坝。一方面，由于流体能量较强，辫状河道入水后并不立即发生沉积作用，而是在水下继续延伸一段距离，因此，河口坝大多数发育于离海岸线较远处水下分流河道的末端。另一方面，由于辫状河三角洲通常由湍急洪水或山区河流控制，水下分流河道迁移性较强，河口不稳定，加之受波浪和沿岸流作用的影响，难以形成像正常三角洲前缘那样的大型河口坝，而与扇三角洲相似，河口坝不发育或规模较小。辫状河三角洲前缘河口坝砂体主要为砂岩，也可见含砾砂岩和粉砂岩，在垂向上一般呈下细上粗的反韵律，砂体中可见平行层理和交错层理。

4）远沙坝和席状砂

远沙坝和席状砂为辫状河三角洲前缘边部的末端沉积，与河口坝相比，远沙坝砂体厚度较薄，岩性较细，多由细砂岩和粉砂岩组成，颗粒分选性和磨圆度均较好。其横向延伸远且连片发育，分布范围广；纵向上沉积厚度薄，内部见小沙纹层理，与三角洲前缘泥质呈薄互层沉积，总体呈反韵律或均质韵律。在气候较为干旱的辫状河三角洲沉积区，河口沉积物受波浪和沿岸流的影响常遭受改造破坏，形成分布广泛、结构和成分成熟度均较高的砂泥岩互层的席状砂沉积。

（3）前辫状河三角洲沉积特征

前辫状河三角洲沉积与各类前三角洲亚相相似，以泥岩和粉细砂质泥岩为主，颜色较深，有时见水平层理。若辫状河三角洲前缘沉积速度快，沉积物在重力作用下沿前缘斜坡向下运动，形成较薄的滑塌成因碎屑流、液化流及浊流沉积被包裹在辫状河前三角洲或深水盆地泥质沉积中。

碎屑流沉积为数厘米厚的砂质砾岩、含砾泥岩及泥质砾岩，砾石的最大粒径可达3cm，具微弱的反粒序，大的砾石可在层面上出现，底部见冲刷面，岩石中泥质基质含量高，呈杂基支撑。

辫状河三角洲的沉积特征介于正常三角洲和扇三角洲沉积特征之间，在沉积成因、沉积序列等方面既有相同之处，也存在一定的差异（表5-2）。

表5-2 扇三角洲、辫状河三角洲和正常三角洲的沉积特征比较

沉积类型	扇三角洲	辫状河三角洲	正常三角洲
沉积位置	紧邻物源区、地形较陡的盆地边缘	距离物源区较近、地形较陡的盆地边缘	远离物源区、地形较缓的盆地边缘
河流类型、水流性质	冲积扇直接进入盆地，牵引流和泥石流	较近源辫状河进入盆地，牵引流	源远流长的曲流河进入盆地，牵引流
岩性和杂基	砂砾岩及杂色泥岩，杂基含量高，不稳定成分多	砂砾岩及灰绿色泥岩，杂基含量高，不稳定成分多	砂岩和暗色泥岩，杂基含量低，稳定成分多
沉积结构	粗粒，混杂结构，分选磨圆差	粗粒，分选磨圆中等	细粒，分选磨圆好

沉积类型	扇三角洲	辫状河三角洲	正常三角洲
沉积构造	冲刷面、块状构造不清楚、交错层理、干裂、雨痕	冲刷面、大型槽状和板状交错层理	交错层理、平行层理、波状层理、爬升层理、植物根
平原沼泽特征	不发育沼泽	局部发育沼泽	发育沼泽
河口坝	不发育河口坝	不太发育河口坝	发育河口坝
沉积旋回特征	发育多个间断性正韵律	发育多个间断性正韵律	发育反韵律、复合韵律
地震相	较为杂乱的楔形	具前积反射的楔形	典型前积反射
砂体形态	平面扇形，剖面楔形。规模小，向盆地中央延伸距离较短，约几公里	平面扇形或舌形，剖面板状、楔形。规模较大，向盆地中央延伸几公里	平面鸟足状或带形，剖面楔形、透镜状。规模大，向盆地中央延伸几十公里

资料来源：朱筱敏，2008

5.3.6 古代三角洲的沉积鉴别标志

5.3.6.1 岩石类型

三角洲的岩石类型总体表现为岩性单一，砂泥岩和煤层发育。正常三角洲沉积以砂岩、粉砂岩和黏土岩为主，在三角洲平原沉积中常见暗色有机质泥岩沉积，如泥炭层或薄煤层等。无或极少砾岩和化学岩，这一点与河流相和湖泊相的区别明显。碎屑岩的结构和成分成熟度较河流相高。粗粒的扇三角洲和辫状河三角洲沉积以砂砾岩为主，结构和成分成熟度均较低，缺少煤层。

5.3.6.2 粒度分布

三角洲沉积物的粒度分布特征反映了河流与波浪的相互作用。由陆向海方向，三角洲砂岩具有碎屑粒度变细和分选变好的趋势。在粒度概率曲线图上，河口坝沉积位于跳跃与悬浮总体之间的过渡带，偏向于跳跃总体，其粒度区间在 $2 \sim 3.5\phi$，分选好，反映了河流与波浪的相互作用。远沙坝沉积粒度为细粒的单一悬浮体组成。

5.3.6.3 沉积构造

三角洲沉积层理类型复杂多样，河流中沉积作用和海洋中波浪潮汐作用形成的各种构造同时发育。砂岩和粉砂岩中常见流水波痕、浪成波痕、板状和槽状交错层理，泥岩中发育水平层理、波状层理、透镜状层理、包卷层理、冲刷–充填构造、变形构造、生物扰动构造。扇三角洲和辫状河三角洲砂砾岩沉积发育大型槽状交错层理、板状交错层理及混杂块状构造。

5.3.6.4 化石特征

海生和陆生生物化石混生现象是三角洲沉积的又一重要标志，这表明三角洲形成时正常盐度、半咸水和淡水环境皆发育。在三角洲形成过程中，由于咸、淡水混合，盐度变化大，水体浊度高，狭盐性生物不易生长繁殖，因此能堆积、埋藏并保存为化石的原地生长的生物主要为广盐性生物，如瓣鳃类、腹足类、介形虫等；异地搬运埋藏的生物化石主要为河流带来的陆生动植物碎片。在一个完整的三角洲垂向沉积层序中，海洋生物化石多出现在层序的中下部，向上逐渐减少；陆生生物化石向上增多，在顶部甚至出现沼泽植物堆积而成的泥炭层或煤层。

5.3.6.5 沉积旋回性

三角洲沉积在垂向上表现为下细上粗的反旋回层序。层序顶部三角洲平原分支河道沉积为下粗上细的正旋回，反映三角洲在横向上的相序递变。这一点与河流相沉积的间断性正旋回有显著不同。

5.3.6.6 砂体形态

三角洲沉积在平面上呈朵状或指状，垂直或斜交岸线分布；剖面上呈发散的帚状，向前三角洲方向与浅海泥呈指状交叉沉积。建设性三角洲河口常发育指状沙坝，沙坝的延伸方向与岸线近垂直。高破坏性三角洲的边缘发育与岸线近平行的沙坝或沙堤。扇三角洲和辫状河三角洲具有扇形特征。

第6章 | 河口湾沉积体系

6.1 河口湾的概念和分类

6.1.1 河口湾的概念

河口湾一词起源于拉丁语 aestuarium，意指"潮汐入口"。现今河口湾被定义为半封闭的沿海水体，其上游有河流淡水注入，下游与开阔海连接，其中的海水被来自河流或小溪的淡水稀释（Cameron and Pritchard，1963）。河口湾是河流输入淡水和开阔海水之间的交汇过渡地带。淡水与海水之间形成纵向密度梯度界面，该密度梯度界面控制着河口湾和海岸带水体的循环、混合与动力交换。从沉积特征认识河口湾，可以认为"河口湾"是更新世海平面上升期形成并被淹没的山谷系统的向海部分，又称为三角港。河口湾的平面形态多呈喇叭状或漏斗状，其走向往往与海岸延伸方向直交（图6-1）。河口湾接受来自河流和海洋的沉积物，由此产生的沉积相及分布规律受潮汐、波浪和河流的共同影响（Dalrymple et al.，1992）。

河口湾的形态取决于潮汐强度与河流流量的相对关系。河口湾砂体的分布与沉积物供应、沉积物组成、波能、潮差和纳潮量、河流流量等因素有关。受潮汐作用强且河流输沙量相对很小的河口是形成河口湾的必要条件（Prandle et al.，2006）。河口湾与三角洲沉积的区别在于：河口湾沉积以由海向陆方向的泥沙净输运为特征，而三角洲沉积则以由陆向海方向的泥沙净输运为特征（Dalrymple et al.，1992）。浪控河口湾口门处也可能存在小型三角洲沉积，称为湾顶三角洲。

河口湾内常有进潮口与之伴生发育，但二者在许多方面又有重要的区别。进潮口是河口湾与海洋营养物质交换的重要通道，二者均可作为通往港口的航道，也是鱼类和贝类重要的进食与繁殖场所。河口湾在多种地质环境，如被淹没的河谷形成的狭长溺河、冰川谷、构造盆地和障壁沙坝体系，均可出现；进潮口通常发育在障壁海岸，其大小及沉积砂体展布受纳潮量、潮汐强度、泥沙供给和波浪

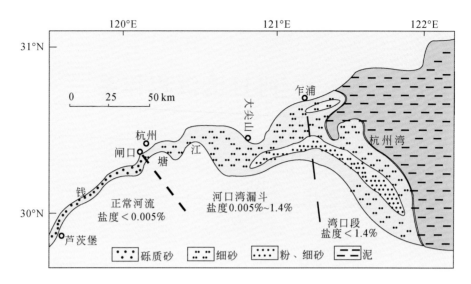

图 6-1　钱塘江河口湾的形态特征及沉积物的分布

能量的制约。

　　在北半球，冰川消融导致的海平面上升淹没了山谷的河流系统，被海水淹没的山谷河流形成了河口湾。但当山谷河流具有很高的负载时，即使海平面上升淹没山谷河流，也会导致三角洲而非河口湾的发育。南半球河口湾由于近 6000a 以来南半球海平面下降，使得其形成历史较为复杂。当有些河口湾的纳潮量大于河流淡水输入量时，被归为进潮口。在某些被砂质障壁围限的河口湾，河口湾下切谷的规模通常受纳潮量的控制，这样的河口湾也归为进潮口。

　　河口湾和热带雨林、三角洲湿地、珊瑚礁等均为世界上最多产的生态系统，比河流甚至比海洋的生态更多样化。受海平面变化和构造运动影响，进潮口附近岸线的变化幅度最大，这也是进潮过程的直接结果。本章主要介绍河口湾的概念及分类、河口湾混合过程、水动力特征、沉积过程和沉积相展布规律，并探讨气候变化和海平面上升对河口湾发育的影响。

6.1.2　基于地貌特征的河口湾分类

　　依据地貌特征，将河口湾可分为坝型、峡湾型、构造型和溺谷型四种类型。海岸平原河口湾属于溺谷型河口湾（图6-2）。

6.1.2.1　坝型河口湾

　　坝型河口湾与被淹没的山谷河口类似，曾经是开放的河口湾，由于河口附近的高沉积速率和活跃的水动力条件而逐渐封闭。坝型河口湾具有季节性的河流输入，

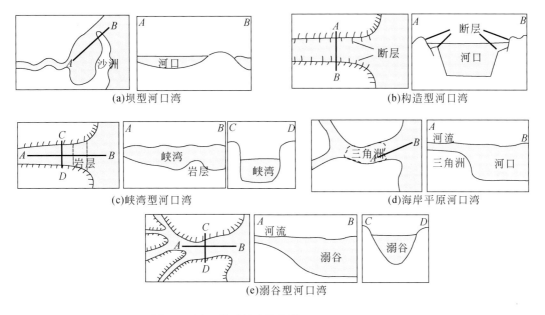

图6-2 河口类型的地貌分类（Pritchard，1952）

长度一般较短，水深较浅，一般不超过10m，并且具有较大的泥沙搬运力。坝型河口湾的河流入海口低，通常沿被动大陆边缘、构造稳定的大陆边缘和边缘海缓倾斜的滨岸平原发育。河口湾附近的沿岸搬运促进了平行海岸的沙坝、沙嘴和沙嘴台地的形成，这些沙坝和沙嘴通常与邻近的海岬相连（图6-2）。湾内可有一个或多个入潮口负责湾区与沿海的物质和能量交换，如葡萄牙的阿尔加维（Algarve）河口湾50km长的障壁海岸发育有7个入潮口。中纬度的美国东部沿海附近发育有许多坝型河口湾，如北卡罗来纳州的帕米利科桑德河口湾、新泽西州的巴尼加特河口湾、佛罗里达州的圣约翰河口湾、得克萨斯州的拉古纳·马德雷河口湾、路易斯安那州的巴拉特里亚尔河口湾等，另外澳大利亚的霍克斯伯里河口湾以及亚马孙河和尼罗河附近地区也发育坝型河口湾。

6.1.2.2 峡湾型河口湾

峡湾型河口湾位于高纬度地区，与冰川深切河谷的发育有关，一般长几公里，水深可达数百米，宽深比很小，约为1∶10。峡湾型河口湾具有U形横截面，侧壁陡峭，河口附近通常发育与冰碛沉积有关的水下岩坝或岩基。河口湾附近的水体交换受上游淡水输入和周期性潮汐输入海水之间的浮力平衡所制约。淡水来源于活跃的冰川或河流（图6-2）。峡湾型河口湾在挪威、冰岛、美国华盛顿州皮吉特海峡、加拿大不列颠哥伦比亚、阿拉斯加、新西兰、格陵兰、斯堪的纳维亚半岛、南极洲和智利等海岸都有发育。

6.1.2.3 构造型河口湾

海平面逐渐上升淹没块断洼地导致构造型河口湾的发育。构造型河口湾通常发育在由构造块断作用形成的海岸带构造洼地，并有一条或多条河流注入（图6-2）。巴西圣弗朗西斯科河口湾、奥克兰马努考港湾、巴布亚新几内亚的奥罗省、西班牙西北部几个河口均属构造型河口湾。

6.1.2.4 溺谷型河口湾

溺谷型河口湾一般较短、水深、壁陡、流量低，多发育在被上升海平面淹没的山谷河口处，其发育尤其受冰期–间冰期海平面升降周期的制约。末次间冰期海平面上升淹没山谷河口形成一系列河口湾。通常这些河谷本身的年龄会更老，尤其是基岩海岸的河谷。基岩结构对河口的形态有很强的控制作用（图6-2）。美国缅因州沿海地区、爱尔兰、巴西和新西兰溺谷型河口湾的发育均由几十万到数百万年前的河流侵蚀和海平面的上升所引起。

6.1.2.5 海岸平原型河口湾

末次冰期低海平面期间，河流在海岸带蜿蜒向前延伸，穿过宽阔的大陆架，下切到陆坡进入半深海形成盆底扇和斜坡扇。18 000～6000年前，更新世冰川期结束后海平面持续大幅上升，导致一些物源供应较少的河流入海形成海岸平原型河口湾。海岸平原型河口湾是溺谷型河口湾的一种特殊类型。大多数海岸平原型河口湾呈长漏斗状、喇叭状或开阔的V形，具有非常大的宽深比，河口区较浅，深度约为几十米，宽度为几公里。西欧的泰晤士河和吉伦特河，美国东海岸切萨皮克湾，加拿大东部的圣劳伦斯河以及南非的奥兰治河入海口均属于海岸平原型河口湾。我国钱塘江包括曹娥江在内，每年输出泥沙只有890万t，涨潮流很强，最大潮差可达8.93m，属于喇叭状海岸平原型河口湾。

6.1.3 基于盐度特征的河口湾分类

有学者直接依据更为定量的盐度垂向分层程度对河口湾进行分类：既有强分层的河口湾，也有弱分层河口湾；既有几乎没有垂向盐度梯度、混合良好的河口湾，也有分层较好的盐楔型河口湾（Valle-Levinson，2010）（图6-3）。盐度分层程度受海岸形态、河道几何形状、淡水输入量、湾口附近的潮差及潮汐波传播特征等多因素的影响。较浅的坝型河口湾水体盐度几乎没有分层特征，水深很深的峡湾型河口湾则具有高度分层特征。密度较小的河流淡水流过密度较大的海水，产生强烈的分层作用，并形成典型的盐水楔形河口湾。美国密西西比河河口属于盐度分层较好的盐楔型河口，墨西哥湾的海水呈楔形经由下切谷从底部进入河口湾，密西西比河淡水从河口表面汇入河口湾，这一过程会导致河口湾水体的垂直分层。

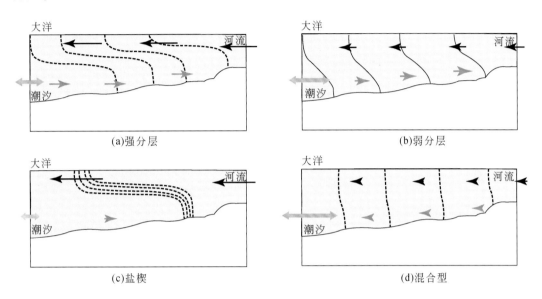

图 6-3　基于水体盐度垂向结构的河口湾分类

不同类型的分层（黑色虚线）受潮汐与河流流量相对大小制约。图中灰色
和黑色箭头长度分别表示潮流和河流流量大小与强弱（Valle-Levinson，2010）

　　分子扩散（盐分子从高浓度到低浓度的运动）和湍流混合（水质点在淡水和海水之间的运动），是降低河口湾盐度梯度的两个过程（Masselink and Hughes，2003）。当河流流量很低时，一些河口湾会完全失去盐楔特征，分层特征减弱，如美国流入切萨皮克湾的詹姆斯河口湾。

　　随着潮汐作用增强，在有的河口湾，河流渐渐失去主导作用，潮汐作用足以克服水体垂向盐度分层，由此产生的湍流导致淡水和海水充分混合，形成混合型河口湾。混合型河口湾比较复杂，在没有盐度垂向分层的情况下，水流交换主要受水平和横向盐度梯度控制。当这些河口湾足够宽时，科里奥利力可能会隔离海水和淡水，导致海水和淡水沿相反的方向流动（Masselink and Hughes，2003），从而在河口湾形成独特的盐度分布特征。较深的天然河道或人工航道（航行或疏浚水渠）的存在进一步加剧了这种情况，引起轴向汇聚和二次循环，导致湍流混合，甚至产生横向盐度梯度。

有学者曾根据潮流与河流的相对流量对河口进行分类（Cameron and Pritchard，1963）。潮流流量定义为涨潮期间海水的平均流入量；河流流量定义为半个潮汐周期内淡水的流入量。当潮流与河流流量比值较低，≤1时，称为盐楔型河口湾；当潮流与河流流量比值在 $10 \sim 10^3$ 时，为局部强烈分层河口湾；当潮流与河流流量比值 $\geqslant 10^3$ 时，为弱分层或垂直混合式河口湾。通常情况下，盐楔的位置相对固定，随着潮汐的周期性变化，仅会向陆或向海移动一小段距离，小潮差海岸尤其如此。尽管潮流每天都会往复运动，但在盐楔型和部分混合型河口湾，盐跃层或密度跃层的余流通常是粗粒床底向陆推移搬运并在河口湾沉积的主要原因（图6-3）。

6.1.4　基于水动力条件的河口湾分类

尽管盐度结构和盐度分层现象通常用作河口湾的分类依据（Valle-Levinson，2010），但从地质学上讲，是河流、波浪和潮汐等流体及其相互作用形成了独特的河口湾沉积环境和特征岩相。与邻近的河流和海洋环境相比，能量相对较低的河口湾是高效的沉积物汇区。据此，地质学家通过对河流、波浪和潮汐等流体及其相互作用的分析，建立了基于潮汐等水动力变化的河口湾地质模型（Dalrymple and Choi，2007），用来解释河口湾地貌、沉积过程和相分布的差异。这些差异与波浪、潮汐和河流在控制沉积过程中的相对贡献密切相关。河口湾分为以河流沉积作用为主导的向陆区、以波浪或潮汐作用为主导的向海区和河流–海洋共同作用的中间过渡区（Dalrymple et al.，1992；Boyd et al.，1992）。因此，Dalrymple 等（1992）和 Boyd 等（1992）采用三元端分类法，将河口湾划分为河控河口湾、潮控河口湾和浪控河口湾［图6-4（a）］。该分类方法与 Galloway（1975）、Davis 和 Hayes（1984）提出的三角洲三端元分类方案相似。

Harris 等（2002）将河口湾的分类模型由传统的二维三端元模型扩展为三维三端元模型，进一步反映了相对海平面变化和沉积物供给对河口演变的影响［图6-4（b）］。全球范围内对这些模型进行的现场测试表明，大多数碎屑河口系统符合该分类方案（Harris er al.，2002），而受基岩海岸或者古构造地貌制约的河口湾及河控河口湾会有例外（Fenster and FitzGerald，1996；FitzGerald et al.，2000）。

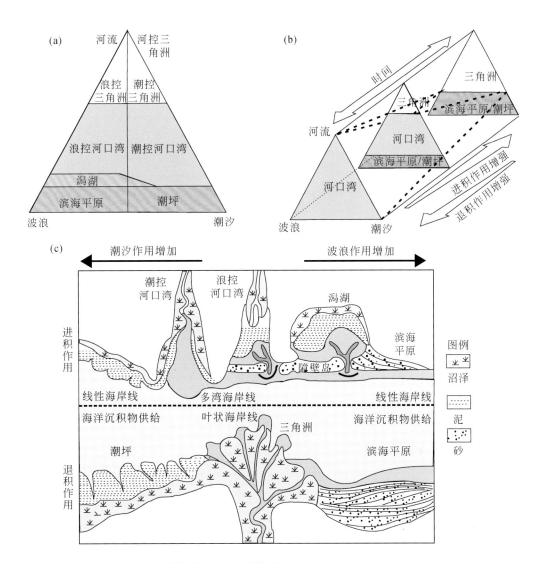

图 6-4 河控、浪控和潮控海岸沉积地貌及演化（Dalrymple et al., 1992；Harris et al., 2002）

（a）建设海岸可以根据河流、潮汐或波浪的相对优势进行分类；（b）河口湾、三角洲与滨岸带地貌演变是水动力条件、沉积物供应和海平面变化的函数；（c）浪控三角洲和潮控三角洲及河口湾的概念模型与海侵和海退过程对沉积体系的影响。该河口湾地质模型适用于海岸平原型河口湾和溺谷型河口湾。随着时间的推移，丰富的沉积物供应导致河口沉积物供给充分，最终形成三角洲

6.2 河口湾沉积特征

黏土等细颗粒物质因粒径小、质量轻，其沉降速度非常缓慢，通常会顺河口表面淡水进一步向河口湾和海洋方向悬浮移动。黏土矿物含有 Na^+、K^+、Ca^{2+}、Mg^{2+} 等低电价大半径阳离子。这些阳离子吸附 NO_3^-、SO_4^{2-} 等阴离子团。黏土的吸附特性

增加了黏聚力，导致黏土颗粒在特定盐度阈值发生絮凝。黏土矿物的絮凝作用使满载悬浮泥沙的淡水仍能上覆于盐水表面（Mehta and McAnally，2008）。带正电荷的黏土颗粒吸附带负电荷的阴离子，负电荷的阴离子又被其他带阳离子的黏土颗粒吸附。这个吸附过程会一直持续到絮凝体形成并沉降到海底为止。黏土絮凝体因质量大大增加会迅速沉降到底部，导致沉积速率增加的位置称为河口湾最大浊度带。最大浊度带通常出现在河口湾上游（Dalrymple and Choi，2007）（图6-5）。

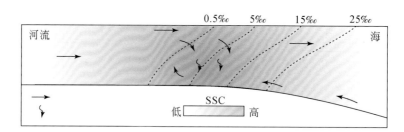

图 6-5　河口湾最大浊度带的位置（Dalrymple and Choi，2007）

该图显示了最大浊度带中的余流和净沉降，SSC 为悬浮泥沙浓度

河口湾最大浊度带比其上、下游水体的悬浮泥沙浓度要高得多，范围在 0.1 ~ 20g/L，具体取决于河口类型和潮汐强度。强潮河口湾悬浮泥沙浓度通常较高，如澳大利亚塔玛河和英国泰晤士河河口湾、巴布亚新几内亚弗莱河河口湾；小潮河口湾悬浮泥沙浓度通常较低，如澳大利亚霍克斯伯里河口湾。河口湾最大浊度带悬浮泥沙浓度随河流速度、潮汐强度、河口深度和盐度结构的变化而变化。荷兰和比利时交界处的斯海尔德河口湾最大浊度带悬浮泥沙浓度高达 0.28g/L，悬浮体中包括最大粒径约 500μm 的絮凝体，其高达 11mm/s 的沉降速度占实测沉降通量的 95%（Manning et al.，2007）。在涨潮期间，随着海水向陆的流动，悬浮泥沙浓度会突然增大并很快达到峰值；大部分水体的悬浮体浓度增大也可捕获向海移动的细颗粒黏土质悬浮体，这是最大浊度带形成的原因，也是最大浊度带具有高沉积速率的原因。

由于河口形态和沉积相的发育受河流和海洋相互作用的制约，Dalrymple 等（1992）提出了两种理想的河口湾沉积端元模型：潮控河口湾和浪控河口湾。在河口湾下游，当河流达到基准面附近时，随着水力梯度的减小，河流能量减小，而在河口湾上游，海洋能量减小。在大多数潮控和浪控河口湾内可以识别出三个不同的区域：①由海洋作用（波浪和潮流）主导的外部区；②低能的中心区；③河流主导的内部区（Boyd et al.，1992）。中心区是外部区和内部区之间的衔接汇流区，能量相对较低，其特征是水体中颗粒最细的推移质在此沉积。内部区以河流作用为主导，浪控河口湾的内部区常发育小型三角洲沉积，称为湾顶三角洲。

6.2.1　浪控河口湾沉积体系

浪控河口湾的特点是由沿岸流和向岸流搬运泥沙，在河口湾形成前缘障壁岛、沙坝或沙嘴，如加拿大新不伦瑞克省的米拉马奇河口湾（图6-6）。前缘障壁岛会削弱大部分或全部近海波浪能量，从而保护河口不受侵蚀。潮流沿障壁海岸线的流动维持潮汐入口的存在，但大部分潮汐能因与潮道和潮汐三角洲的内摩擦而耗散。然而，障壁岛后风生短波是一个重要的物理过程，具有较高的波能，在大型河口尤其如此。因此，随着河流能量向海方向的减小，河口低能中心区的顶部和底部均被高能水体包围（Dalrymple et al.，1992）。浪控河口湾的能量分带性决定了其沉积相分

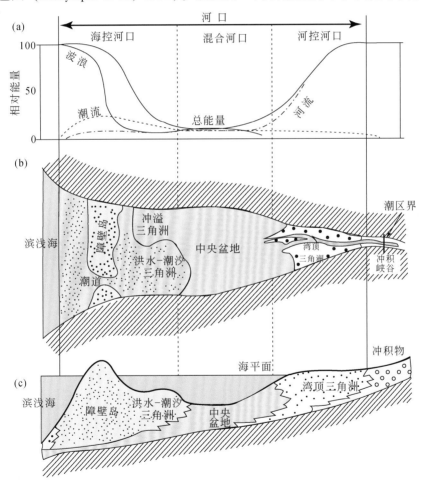

图6-6　浪控河口湾的概念模型（Dalrymple et al.，1992）

（a）浪控河口湾不同区带的水动力条件；（b）浪控河口湾沉积地貌单元（平面）；

（c）浪控河口湾沉积相组合（剖面）

带特征：波浪产生的砂或砾石以及潮汐三角洲和浅滩位于河口湾的外部区（Hayes，1979）；口门处河流相粗颗粒物质形成湾顶三角洲，细颗粒物质形成湾顶三角洲前缘中央低能盆地的富含有机物淤泥和盐沼沉积（Dalrymple et al.，1992）（图6-6）。

湾顶三角洲发育在浪控河口湾的口门附近，由河流沉积物进积至河口形成。湾顶三角洲可能会受到波浪、潮汐或河流不同程度的影响而表现出不同的地貌形态（Galloway，1975），其主要发育在受潮汐影响的口门淡水区。虽然湾顶三角洲沉积通常呈进积式叠加，但整体上河口湾沉积体系呈退积式分布，其泥沙主要向陆地方向输运，相对海平面上升速率的加快可以加快这一趋势，导致湾顶三角洲沉积的快速退积（Rodriguez et al.，2010）。同样，海平面加速上升也将导致障壁岛、潮汐三角洲和其他潮汐沉积向陆方向（口门方向）的迁移（图6-6）。

6.2.2　潮控河口湾沉积体系

潮控河口湾是指在河口处潮汐能量超过波浪能量的河口湾，河口湾内发育的长条形沙坝使波能耗散（Dalrymple et al.，1992）。潮控河口湾一般呈漏斗形，向河口湾上游方向变窄（图6-7）。这种特有漏斗形或喇叭形的汇聚缩窄型地貌形态会将涨潮时潮流的流速进一步放大。涨潮和河流能量相等的区域位于河口潮汐能最大值的向陆方向（Dalrymple et al.，1992）。潮控河口湾内由河口一直向海连续延伸的潮道–河道沙坝沉积特点表明，浪控河口湾中央盆地内普遍存在的最小能量带在潮控河口湾系统中并不发育（FitzGerald et al.，2000）。海平面上升速度的增加将导致河口砂体的退积和向陆方向的迁移，周边沼泽和潮坪沉积随着海平面的上升而迁移超覆到更高的陆地。

6.2.3　洪水对河口湾沉积的影响

河口湾的主要属性之一是其物源主要来自受河流、潮汐及波浪作用影响的河口湾外部浅海，但一些高能排放事件会打破河口湾这种正常的物源供应及沉积状态。在事件性排放期间，河口湾会将河流沉积搬运到开阔海洋，如美国新英格兰沿岸基岩河口湾在大洪水期间推移质向湾外输出，为附近的障壁岛的形成提供了物源（FitzGerald et al.，2002）。通常，这些河口湾的河道和潮道沉积由结构成熟度较低的中粗粒砂岩组成。春汛期，河水暴涨使河流淡水流量增加一到两个数量级，导致河口湾沉积基准面升高，使得在河口湾积聚了数十年的中粗粒砂岩从河底冲出，以推移形式被搬运到湾外开阔海区（Fenster and FitzGerald，1996）。

在美国新英格兰地区，冬末或初春的春汛期或飓风带来的强降雨促使冰雪融

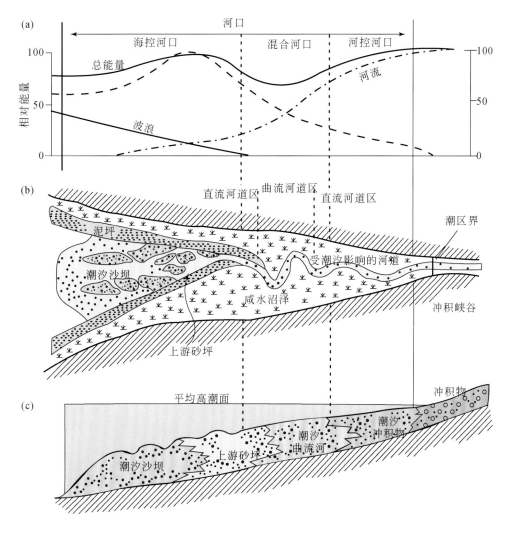

图 6-7　潮控河口湾的概念模型（Dalrymple et al., 1992）

（a）潮控河口湾的水动力条件；（b）潮控河口湾沉积地貌单元（平面）；（c）潮控河口湾沉积相组合（剖面）

化，降雨和冰雪融水流入附近溪流并最终汇入主要河流。在春汛期的一周至几周内，尽管有潮差超过 2.5m 的潮汐作用，但淡水排放可能会取代河口湾的纳潮量，导致河口湾淡水单向向海方向流动（FitzGerald et al., 2002）。春汛和涨潮事件不仅控制了这些河口的粗颗粒沉积物的搬运路径，还影响了床底的层级和方向，如美国缅因州中部肯纳贝克河河口湾在正常淡水排放期间，不同位置的大型波痕和沙波型床底因受河流和潮汐相互作用力的影响不同而呈现出向陆和向海两种不同的方向；春汛期形成的横向沙坝等大型床底则以向海方向倾斜为主，表明海底泥沙向海的搬运及占主导地位的高强度排放事件对河口湾沉积的控制作用。

第7章 碳酸盐岩和礁沉积体系

7.1 碳酸盐岩和礁沉积作用的基本特征

7.1.1 碳酸盐和礁沉积作用的基本特征

概括来讲，在现代环境中，碳酸盐沉积作用具有如下特点：

1）温暖的气候、清澈并具有较高盐度的浅水动荡水体（波浪和潮汐作用较强）最有利于碳酸盐沉淀。

2）在碳酸盐岩形成过程中，机械作用仍占有重要地位，如鲕粒的形成、内碎屑的破碎磨圆和分选、细粒灰泥等物质的簸选等，均与机械作用有关。礁的发育和叠层石的堆积更与水体能量密切相关。

3）碳酸盐岩沉积物在正向地貌区，即凸起处最为发育，如珊瑚礁；在负向地貌区，如盆地内则不太发育，沉积厚度薄。在陆架、碳酸盐台地和稳定克拉通地区，尤其是这些地区的边缘，碳酸盐岩易大量发育。

4）现代碳酸盐沉积作用主要发生在与大陆毗连的镶边台地和大洋内的孤立台地。与大陆毗连的镶边台地，如波斯湾和南佛罗里达；孤立于大海中的浅水台地，如巴哈马台地及我国的西沙群岛和南沙群岛礁等。

5）碳酸盐岩沉积持续发育的最根本要素是保持浅水环境，即海底沉降速度与碳酸盐沉积物补偿速度基本均衡。因此，一方面碳酸盐沉积速率较快；另一方面因受诸多因素的抑制，地质历史时期碳酸盐沉积作用是间歇性的。

6）比浅水台地环境大得多的半深海–深海环境的海底也发育各种碳酸盐软泥和各种重力流沉积。据统计，深海碳酸盐沉积物比浅海碳酸盐沉积物的数量还要大，但它们主要是微体和超微体浮游生物的堆积。浮游生物的大量繁殖亦需要暖、清、浅的水体。

7）尽管湖泊碳酸盐岩与海洋碳酸盐岩相似，但其形成条件更主要是与气候、河流、湖平面升降、水动力、地化特点、生物作用等因素有关。在古湖泊碳酸盐岩中，白云岩较发育。

8）白云岩的形成机理，是碳酸盐岩研究中的热点和难点。现代碳酸盐沉积物的研究是解决这一问题的重要途径之一。不具有交代结构或交代结构不明显的泥晶–粉晶白云岩为准同生白云岩，具有重要的沉积环境指示意义。

7.1.2 制约碳酸盐独特沉积特征的主要因素

尽管碳酸盐与硅质碎屑沉积物一样，受到海岸带和陆架区波浪、潮汐及洋流作用的物理影响，但碳酸盐岩有自己独特的沉积特征。这是因为：①碳酸盐岩沉积为盆地局部原位生物或生物化学沉积成因；②原位碳酸盐的生产速率受生态因素控制，但其沉积速率则依赖于对沉积物再分配的更广泛的物理过程制约；③碳酸盐岩沉积还受其奇特的颗粒形状和低密度颗粒的水动力特性的影响；④从浅海抗风浪潮下礁的快速加积到深水陆架礁缓慢堆积速率的变化；⑤地质年代尺度上的有机质演化过程制约着碳酸盐岩的沉积环境，特别是对珊瑚礁和生物礁建造及颗粒类型有重要影响；⑥沉积后的成岩过程和趋势，低海平面沉积期形成的抗风浪碳酸盐沉积物和喀斯特随着海平面的变化，如在高海平面和海平面下降期，可能会以岛屿的形式持续存在；⑦碳酸盐岩台地边缘的碳酸盐产率极高。

碳酸盐主要由化学作用、生物化学作用以及有机械作用参与的化学或生物化学作用而形成，是一类复合成因的化学岩或生物化学岩。海相碳酸盐的沉积是通过盆地内的"碳酸盐工厂"形成。"碳酸盐工厂"是指通过有机或无机作用产生碳酸盐的场所、条件和过程。James（1997）将"碳酸盐工厂"定义为通过骨屑的结晶作用或海水的沉淀作用形成碳酸盐沉积的浅水透光带海底。Schlager（2003）根据碳酸盐岩的成因和生产来源，将碳酸盐工厂划分为 T 工厂、C 工厂和 M 工厂。

T 工厂，即热带浅水碳酸盐工厂，分布在赤道及南、北纬 30°之间，水深在100m 之内，水温在 20~30℃的温暖、清澈的浅海区透光层。该区域生物作用生产的大量碳酸盐大部分来自水深 10m 以浅水域的沉积沉淀。T 工厂的碳酸盐生成物包括光合作用自养生物和非光合作用自养生物。前者包括造礁珊瑚、钙质红藻、绿藻等；后者包括有孔虫、软体动物、苔藓虫、棘皮动物等（图 7-1）。

C 工厂，即冷水碳酸盐工厂，代表冷水条件下的碳酸盐生长和产出。C 工厂碳酸盐几乎全部由异养生物作用形成，如源自钙质红藻和诸如有孔虫类、软体动物、苔藓动物、棘皮动物和小甲壳动物等非光合自养生物骨骼颗粒。因缺少钙质绿藻仅生产相对较少的碳酸盐泥。C 工厂的碳酸盐泥主要由机械磨蚀作用、骨骼颗粒的生物侵蚀作用和颗石藻的聚积作用产生。冷水碳酸盐工厂分布范围广，从南、北纬

海洋

沉积系统

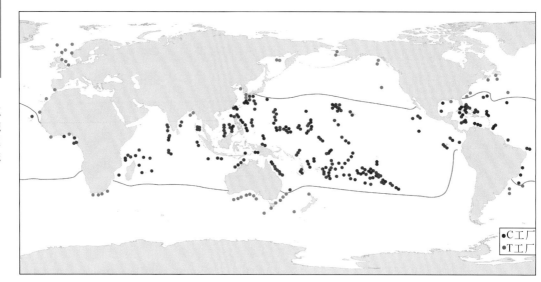

图 7-1　温度对碳酸盐工厂分布的控制（C 工厂和 T 工厂）（James，1997）

30°延伸到两极，在低纬度地区的温跃层也存在 C 工厂（图 7-1）。

　　M 工厂，即碳酸盐灰泥丘工厂，代表微生物成因的微晶灰岩灰泥丘，广泛存在于显生宙地层中，其特征物质由原地细粒碳酸盐沉积组成。细粒碳酸盐灰泥丘沉积是生物和非生物复合体相互作用的结果，生物作用占支配地位。M 工厂分布在营养丰富的低氧含量的水层，但不是缺氧层（图 7-2）。

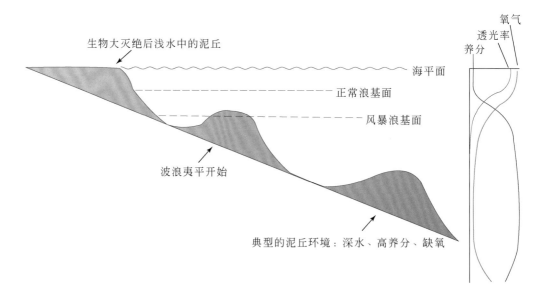

图 7-2　海相碳酸盐 M 工厂的环境背景（Schlager，2003）

碳酸盐沉积物从浅海到深海均有发育，但主要形成于温暖气候条件下的浅海环境。深海环境碳酸盐岩在现代海洋沉积物中占有重要位置，而古代碳酸盐则主要形成于浅海环境。碳酸盐的沉积速率取决于碳酸盐工厂的生产速率，而碳酸盐工厂的生产能力又取决于纬度、温度、盐度、水深、光照密度、浊度、水循环状况、二氧化碳分压（P_{CO_2}）和营养的供应等因素。当这些因素处于有利于有机或无机非生物碳酸盐沉积物产出所需的条件范围时，强大的碳酸盐工厂便开始生产。碳酸盐沉积物在热带台地区的产生和堆积速率比在温带环境要大得多。Handford 和 Loucks（1993）根据对生物成因的碳酸盐生产速率的估计绘制了碳酸盐总产出率的相对深度剖面图，清楚地显示了水深、光度对碳酸盐岩沉积作用的影响（图 7-3）。在南北纬 30°之间的热带海洋中，大量生物成因的碳酸盐沉积物生成门限深度位于水深小于 10 ~ 15m 的海水中，如加勒比海的巴哈马地区、波斯湾、洪都拉斯、孟加拉湾以及我国南海等海域。严格讲，上述主要是有障壁的浅水碳酸盐沉积环境，现代无障壁的浅水碳酸盐沉积环境较少出现。

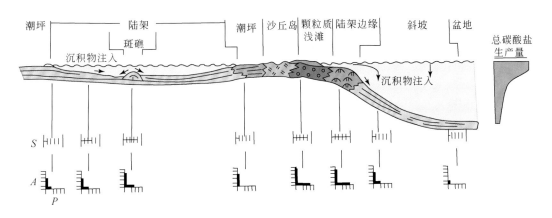

图 7-3　碳酸盐沉积物的生产速率与沉积速率随深度与沉积背景而变化

（Handford and Loucks，1993）

潮上环境几乎不产生碳酸盐沉积物，但堆积速率可能很高；箭头方向指示沉积物搬运的大致方向；

S 为生产速率；A 为加积速率；P 为前积速率

7.2　碳酸盐岩沉积体系

　　碳酸盐岩沉积环境可划分为滨岸、浅海和远洋三大沉积环境。滨岸和浅海碳酸盐沉积环境以平均低潮面或浪基面为界，浅海和深海碳酸盐沉积环境主要以台地或缓坡边缘明显坡折为界（图 7-4）。

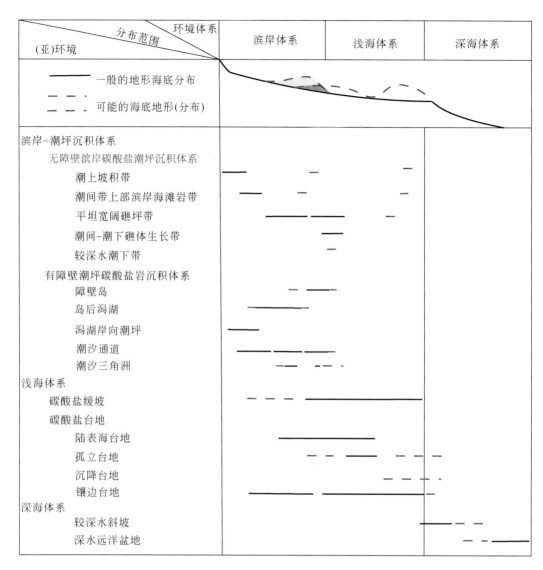

图 7-4 碳酸盐岩沉积体系、环境划分及分布位置

7.2.1 现代滨岸–潮坪碳酸盐沉积体系

碳酸盐岩滨岸沉积环境与硅质碎屑滨岸带沉积环境在横向和纵向上的相、相组合颇有相似之处。根据水动力条件，一般可将碳酸盐岩滨岸沉积体系分为两类亚体系：①无障壁滨岸碳酸盐潮坪沉积体系，包括潮下带、潮间带及潮上带沉积。无障壁滨岸碳酸盐潮坪是指地形平坦、随潮汐涨落而周期性淹没、暴露的环境。碳酸盐潮坪沉积环境受气候控制显著，据此可将潮坪划分为以波斯湾地区为代表的干旱盐化潮坪和以巴哈马群岛为代表的偏潮湿的正常盐度潮坪（图 7-5）。根据平均海平面

的位置，潮坪可划分为潮上带、潮间带和低潮面附近的潮下带，其中潮上带和潮间带是潮坪的主体。②有障壁潮坪碳酸盐沉积体系，是波浪、潮汐、风暴浪都可以发生作用而形成的沙滩障壁–潟湖（复合）亚体系，也可划分为潮上带、潮间带和潮下带。具体包括潮上盐沼（萨巴哈）、潮间障壁岛和潮汐三角洲、潮下潟湖和主潮汐水道及鲕粒滩和珊瑚礁等环境。

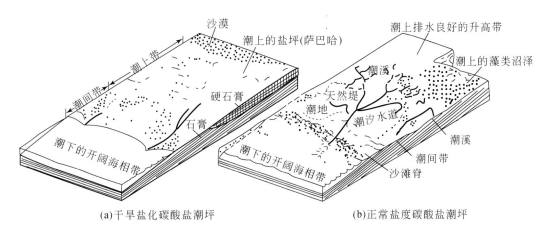

(a)干旱盐化碳酸盐潮坪   (b)正常盐度碳酸盐潮坪

图 7-5　不同气候条件下碳酸盐潮坪沉积的类型划分、主要地貌单元和沉积特征

7.2.1.1　潮上带

潮上带位于平均高潮面与最大风暴潮汐面之间，绝大部分时间暴露于水上，只有大潮和风暴潮期间才会被淹没，属低能环境。大潮在新月和满月时发生，因此每月两次，风暴潮只是在特定的季节偶尔发生。潮上带沉积物主要由灰泥石灰岩、准同生的泥粉晶白云岩构成，一般呈浅灰色，发育水平层理，常见泥裂、鸟眼、层状叠层石等暴露构造。由于环境条件恶劣，无论是狭盐性还是广盐性的生物都很少或几乎没有发育，古代潮上带沉积中原地生物化石极少，生物扰动微弱。风搬运来的陆源泥可以在此沉积，故潮上带沉积中泥质含量常常较高（5% 以上）。

潮上带沉积特征受气候影响较大，在潮湿气候条件下形成正常盐度潮坪，如加勒比海地区，潮上带藻席发育，没有石膏等蒸发岩沉积；在干旱气候条件下形成盐化潮坪，如波斯湾地区，潮上藻席不发育，常见石膏岩层、石膏结核等，准同生白云岩广泛发育，又称萨巴哈（图 7-6）。萨巴哈为阿拉伯语，指干旱气候条件下的盐潮坪或盐沼沉积，其形成要求干旱炎热的气候、平缓的海岸地貌和很浅的地下水位，以发育蒸发岩（石盐、石膏、天青石）和白云石化作用为特征。如果后期发生淋滤作用，蒸发岩被溶解形成塌陷角砾岩层。

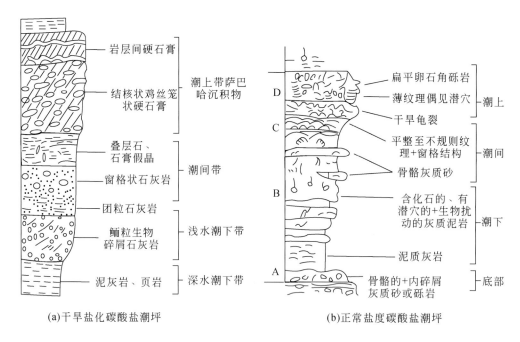

图 7-6　盐化潮坪和正常盐度（James，1979）潮坪碳酸盐岩垂向沉积序列

A～D 为不同的沉积亚相，分别代表潮下带底部、潮下带、潮间带和潮上带底部沉积

潮上带沉积物中还可见风暴沉积，主要由砾屑石灰岩、砂屑石灰岩、鲕粒石灰岩、球粒石灰岩、介壳石灰岩等组成。风暴层的厚度一般为几厘米，少数可达三四十厘米，横向延伸几十米或几百米，平面形态多为席状，剖面形态多为底平顶凸的透镜状。

7.2.1.2　潮间带

潮间带位于平均高潮面和平均低潮面之间，一天淹没一次或两次，处于水上和水下频繁交替的中、低能沉积环境。潮间带沉积物主要为灰泥石灰岩，少见准同生白云岩。灰泥石灰岩一般呈浅灰色、灰色薄层状，常见柱状、波状和层状叠层石，并且从潮间带下部较高能环境到上部较低能环境依次由柱状变为波状、层状，这是潮间带的主要识别特征之一。潮间带常见一些广盐性生物，如腹足类和蠕虫类等，它们形成一些爬迹、虫孔等。可见泥裂、鸟眼和水平纹理，但这些沉积构造远不如潮上带发育，主要是由于潮间带经常被水淹没，生物扰动较强。

有障壁滨岸潮间带不同于潮上带的一个特征是发育潮汐水道。潮道多呈蛇曲状，宽十几米到上百米，深度一般为几十厘米至几米，向潮上带方向变浅。潮道通常充有海水，是潮间带中的高能环境。潮道内主要沉积有砾屑石灰岩、砂屑石灰岩等，厚约几米，常见双向交错层理及大型槽状交错层理，向上粒度变细，其底面为冲刷侵蚀面。潮道岩体呈条带状，剖面形态呈顶平底凸的透镜状。

7.2.1.3 潮下带

潮下带位于平均低潮面之下，很少暴露于水上。有障壁滨岸的潮间带发育的潮道可延伸至潮下带。潮下带沉积物类型多样，主要有灰泥石灰岩、颗粒质灰泥石灰岩、颗粒石灰岩等，颗粒可以是内碎屑、鲕粒、藻粒和生物碎屑等。

低能潮下带沉积的灰泥石灰岩、颗粒质石灰岩、球粒石灰岩等多呈灰色、深灰色，中厚层至块状，生物扰动强烈，水平虫孔常见，层理构造不发育，常含原地堆积的正常海生生物化石，如腕足类、棘皮类、有孔虫等。高能潮下带沉积的各种颗粒石灰岩多呈浅灰色、灰色，中厚层至块状，颗粒分选、磨圆好，填隙物为亮晶胶结或灰泥，常见双向交错层理、槽状层理、波痕等沉积构造，其横向连续性好，多呈席状。

古代碳酸盐岩潮坪沉积，自潮下带、潮间带到潮上带，常形成一系列向上变浅的沉积旋回，即自下而上依次由潮下带沉积变为潮间带和潮上带沉积，如加拿大西部的寒武系和泥盆系、华北地台的奥陶系等。这些旋回厚度多为几米，横向分布稳定，可延伸十几公里甚至上百公里。

7.2.2 浅海碳酸盐台地浅滩沉积体系

现代碳酸盐岩浅海沉积多与陆架有关，主要指正常浪基面以下到与大陆斜坡相接的广阔浅海沉积地区。本书采用里德的模式，将古代碳酸盐岩浅海环境体系分为缓坡和台地两个体系。台地可分为四种类型（图7-4），其中镶边台地又包括台地边缘生物礁、礁前、礁后坪、礁后潟湖、礁后浅滩、开阔台地、局限台地等几种环境单元。

7.2.2.1 开阔台地

开阔台地或称开阔浅海，是指海水循环良好，盐度基本正常的浅海，其水体能量一般较高，在浅水区常常发育生物礁和浅滩。

开阔台地主要为灰泥石灰岩、含颗粒灰泥石灰岩、颗粒质灰泥石灰岩和灰泥颗粒石灰岩，颗粒主要为原地堆积的正常海相生物化石。岩石多呈灰色、深灰色，中厚层至块状，缺乏层理构造，生物扰动强烈。此外还常见风暴岩夹于正常沉积岩中。

现代开阔台地沉积见于巴哈马台地，古代开阔台地沉积分布广泛，如我国南方扬子地台的二叠系（冯增昭等，1997）。

7.2.2.2 局限台地

局限台地又称局限浅海、潟湖，是指海水循环受限制、盐度不正常的浅海，其水体能量较低，局部浅水区有时发育浅滩。局限台地和广海之间通常有滩、礁或岛屿形成障壁。

局限台地沉积以灰泥石灰岩为主，呈灰色、深灰色，中厚层至块状，常常缺乏层理构造。该环境不利于正常海生生物，如三叶虫、腕足类、棘皮类、有孔虫和珊瑚等的生存，可见广盐性生物，如腹足类、瓣鳃类、蠕虫类等发育。生物扰动一般较强，这也是缺乏层理构造的主要原因。如果海水循环严重受限，可造成缺氧环境，不利于任何底栖生物生存。这种情况下，沉积物中通常发育水平层理，并含有黄铁矿，在干旱气候下还会沉积蒸发岩。

现代局限台地见于波斯湾、佛罗里达海岸、伯利兹北部等地区。

7.2.2.3 浅滩

浅滩简称滩，位于正常浪基面之上，是指水体浅、能量高、以沉积异地碳酸盐颗粒为主的环境。颗粒的类型可有多种，如内碎屑、鲕粒、藻粒、生物碎屑等。在地形上，浅滩可以呈丘状、堤状或席状，其规模变化大。浅滩与生物礁的区别在于沉积物是异地搬运而来的还是原地沉积的。依据浅滩的位置和形态，可将其分为裙滩、堤滩、点滩和台缘滩。

（1）裙滩

裙滩又称岸滩，指沿岸发育的滩，其向陆侧不发育潟湖。裙滩通常发育在坡度较大、波浪作用活跃的海岸，宽几公里至十几公里，长几十公里至几百公里，可向海或向陆迁移。其沉积主要为中厚层至块状亮晶颗粒灰岩，颗粒分选、磨圆好，填隙物一般为亮晶方解石，发育交错层理，砂体呈席状。

位于高潮线至风暴线之间的浅滩部分沉积物处于渗流带，胶结物多呈新月形或悬垂形，这里淡水淋滤和土壤化作用也较强烈，常形成钙结壳。位于高潮线和低潮线之间的浅滩沉积物岩层向海方向低角度倾斜，发育平行层理、槽状交错层理、双向交错层理以及前滨环境的特征构造——冲洗交错层理。此外还常见扁平或接近球形的孔洞——拱石孔，这是波浪冲洗带顶部阵发性快速沉积捕捉的气泡形成的。胶结物既有代表渗流带的新月形和垂悬形（尤其是前滨上部），也有代表潜流带的等厚环边形（前滨下部）。等厚环边胶结物晶体可呈针状或柱状。位于近滨带的浅滩部分长期处于水下，沉积的颗粒石灰岩发育板状、槽状交错层理和平行层理及波痕等构造。

浅滩外侧通常为开阔海，内侧为潮坪或陆地环境。海退期，裙滩可形成向上变粗、变浅的沉积序列，海进期则可形成向上变细、变深的沉积序列。

（2）堤滩

堤滩又称障壁滩，呈堤状，其内侧为潟湖，外侧为开阔海，可处于水下也可出露水面。当初露于水上时，堤滩可分出后滨、前滨和近滨带，其沉积和成岩特征与裙滩相似；当处于水下时，其沉积和成岩特征与处于近滨带的浅滩相似。

堤滩沉积呈带状，宽一般几百米至几公里，长一般几公里至十几公里，平行海岸延伸，并可向海或陆地方向迁移。堤滩上发育连通潟湖和开阔海的潮道，潮道深可达十几米，宽可达几百米，可侧向迁移。潮道沉积主要为颗粒石灰岩，显示向上变细的沉积序列。序列下部具有大、中型板状交错层理，上部具有小型板状、槽状交错层理。序列底部为冲刷侵蚀面，其上常有粗粒内碎屑或生物化石滞留沉积。在潮道两端常发育潮汐三角洲，靠近潟湖一端发育涨潮三角洲，与潟湖沉积共生；靠近开阔海一端发育退潮三角洲，与开阔海沉积共生。通常涨潮三角洲容易被保存下来。

（3）点滩

点滩是指散布于台地内部的浅滩，规模大小不等，大者宽可达十几公里，长可达几十公里。点滩的形成往往与台地内部局部水下隆起有关。点滩沉积主要为亮晶鲕粒石灰岩，中厚层至块状，发育交错层理、平行层理以及波痕等构造。颗粒类型可为内碎屑、鲕粒、生物碎屑等。胶结物呈等厚环边形，胶结物晶体可呈针状或柱状。

（4）台缘滩

台缘滩是指位于台地边缘的浅滩。台地边缘水体浅、能量高，是形成台缘滩的有利场所。台缘滩总体上呈带状，平行台地边缘展布，其规模一般较大。在巴哈马台地，台地边缘发育的鲕粒滩宽达二十多公里，长达上百公里，其上还形成许多横切浅滩的潮道。

台缘滩沉积主要为亮晶鲕粒石灰岩，中厚层至块状，发育交错层理、平行层理以及大型波痕等构造。台缘滩颗粒类型可为鲕粒和生物碎屑等。胶结物呈等厚环边形，胶结物晶体可呈针状或柱状。

7.2.2.4　台地边缘

台地边缘是指浅水台地与深水斜坡相邻的部分，其宽度受多种因素的影响，一般为几公里至二十多公里。台地边缘属于台地的前沿，不断受到海浪和洋流的冲击、簸选，因此其水体能量高；台地边缘还是台地内部较温暖、盐度较高的海水与来自深海海域较冷、盐度正常、富含养分的海水混合的地方。由于这些原因，台地边缘是生物礁和浅滩发育的有利场所。在现代巴哈马台地和佛罗里达台地边缘广泛发育鲕粒滩、生物碎屑滩和生物礁。巴哈马滩台地边缘鲕粒滩宽达二十几公里，长上百公里；在安德烈斯岛东侧的台地边缘礁链长达 160km。佛罗里达台地边缘的礁带宽 5～10km，长一百多公里。台地边缘主要发育亮晶颗粒石灰岩和礁石灰岩。

7.2.3 深海碳酸盐沉积

远洋环境体系是指台地或缓坡明显坡折以外的广阔海洋地区，可区分为较深水斜坡和深水盆地两个亚体系。

现代深海海底 1/3 以上的地区都覆盖着钙质软泥。最常见的深海碳酸盐沉积物是浮游有孔虫软泥、颗粒软泥和翼足类软泥。赤道附近养分较多，微体、超微体钙质浮游生物发育，故赤道附近钙质软泥较厚。

深海海底的软泥除了钙质软泥之外，还包括硅质软泥和红色黏土。由于碳酸钙沉积补偿作用，深海钙质软泥与红色黏土和硅质软泥在横向上呈突变关系。所谓碳酸盐补偿深度（carbonate compensation depth，CCD）是指在该深度界面之上，海洋中碳酸盐的沉积速率大于溶解速率；而在该界面之下，碳酸盐的沉积速率小于溶解速率。碳酸盐补偿深度主要取决于水体中二氧化碳的溶解量及水温的变化。在世界各大洋及其不同部位，碳酸盐补偿深度是不同的，一般为 400～7000m。

在深水斜坡及远洋深水碳酸盐沉积物中，还常见钙质重力流沉积。深水钙质重力流沉积物的物源之一是大陆架的浅水碳酸盐沉积物，这类重力流沉积物可能包括滑塌、滑动、碎屑流、颗粒流及浊流沉积物，一般具有再搬运、再沉积作用特征。在沉积结构上，这类重力流沉积物与以陆源碎屑为主的重力流沉积物没有太大差别（详见第 9 章）。深水钙质重力流沉积物的另外一个重要的物源是滨外或海底隆起区沉积物，多以稳定的碳酸盐岩组分为主，缺乏不稳定的碳酸盐组分，其成分与远洋深水碳酸盐沉积物相似，但在粒级、分选和化石特征方面有所差异。由于再搬运作用，这类重力流沉积物中可能混杂陆源碎屑或火山碎屑沉积物。

总之，深水碳酸盐沉积是一个完整的沉积体系，可包括碳酸盐台地边缘沉积、大陆架斜坡沉积以及深海盆地沉积。这一沉积体系中的沉积物类型可能是岩崩堆积、滑动及滑塌沉积、碎屑流、颗粒流、扇内浊流、末梢细颗粒浊流及远洋软泥沉积等。

7.3 礁沉积体系

生物礁无论是在地质历史上还是现代都有广泛分布，同时它也是碳酸盐沉积中一种重要的含油气沉积类型。国内外都发现了许多生物礁油气田，如加拿大泥盆系的礁油气田；美国五大湖区下古生界礁油气田；俄罗斯泥盆系、石炭系、二叠系中的礁油气田；我国二叠系、三叠系和古近系—新近系礁油气田等。同时，礁是生物建造，含有丰富的生态信息，因此是海洋底栖生物生态研究的天然实验室。

7.3.1 礁的概念、基本特征和分类

7.3.1.1 生物礁的概念

生物礁简称礁，主要是由造架或造礁生物，如珊瑚、苔藓虫、海绵、层孔虫等以及一些附礁生物，如腕足类、有孔虫、介形虫、棘皮类、头足类等原地堆积而成的沉积体。礁在地形上呈隆起状态，并具有一定的抗风浪能力。生物礁主要分布在台地边缘，形成长几十至几百公里的礁带，也可出现于台地内部并呈小规模零散状分布。另外，除了一些真正的礁外，人们还常常把海流作用造成的一些异地介壳堆积、鲕粒丘、石灰岩的残山，甚至一些砂页岩与石灰岩的相变沉积体也看作礁。这样一来，就产生了狭义礁和广义礁的不同概念。

狭义礁即生态礁，是由造礁生物经常迎浪原地生长而营建起来的，具有凸起的地貌，具造礁生物骨架或只见造礁生物原地生长的痕迹。其分布范围从海平面到水深200m 以下，视造礁生物种类不同，有的水深可达 400~500m。

广义礁实际上是指由生物或生物作用，包括宏观生物作用及微观生物作用形成的生物礁，具有地貌特征的碳酸盐岩岩体。目前我国较为流行的一个广义生物礁定义，包括了所有生物和生物作用成因的碳酸盐岩岩体（范嘉松和张维，1985）。

7.3.1.2 生物礁的基本特征

生物礁主要由礁核和礁翼组成。在一些礁复合体中，礁间沉积也与礁的发展有密切关系（图7-7）。

礁核是指礁体中能够抵抗波浪作用的部分，是礁的主体（图7-8）。礁核主要由浅蓝色块状含海绵、珊瑚、层孔虫、苔藓虫和蓝细菌等造礁生物堆积而成的堆积岩、黏结岩或障积岩组成的礁格架，骨架间常有附礁生物及礁的破碎物充填。附礁生物种类众多，分异度高，丰度各异，包括单体珊瑚、腕足类、双壳类、介形虫、

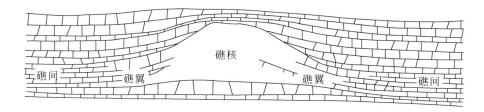

图 7-7 生物礁的一般结构和组成模式（何镜宇和孟祥化，1987）

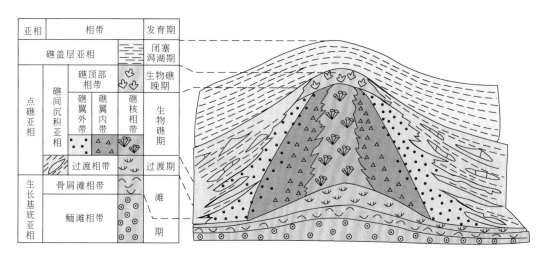

图 7-8 川北晚三叠世点礁相带礁核沉积特征及发育期次（吴熙纯和张亮鉴，1982）

有孔虫、三叶虫等，偶见腹足类、蠕虫、菊石等。礁格架的原生孔洞不是被内部沉积物充填，就是被早期纤状文石和镁方解石胶结。

礁翼通常是指礁相与非礁相之间呈指状过渡的那部分礁体，岩性与礁核相似，泥质含量相对较多。礁体迎风面一侧称为礁前，背风面一侧称为礁后。在一些盆地或潟湖的斑礁和塔礁中，由于未受到方向性风浪作用的影响，礁前和礁后极为相似，所以这种情况下礁翼就分不出礁前或礁后。礁前处于迎风一侧，在风浪作用下，礁碎屑顺着礁前缘的陡坡堆积形成的岩石一般称礁前塌积岩或礁前礁砾岩。礁碎屑大都未被磨圆，分选也差。礁屑与灰泥混积，向盆地方向砂屑增加砾屑减少，与正常海的盆地相泥质沉积物呈指状接触。礁后沉积多由分选较好的砂屑石灰岩组成，胶结物多为亮晶方解石（图 7-8）。与礁前相比，礁后的生物门类和种属大为减少。

礁间沉积存在于某些群礁复合体中。礁与礁之间的沉积物和生物组分与礁的发展关系极其密切。海进期，群礁一般是发展的，在礁间可以出现正常的海相碳酸盐岩沉积；海退时，群礁的发展受到抑制，礁间可出现一些潟湖相的沉积。有时礁间沉积也可以包括在礁组合的复合体中。

7.3.1.3 生物礁的分类

生物礁的类型主要依据其形态和地理位置来划分（图7-9）。

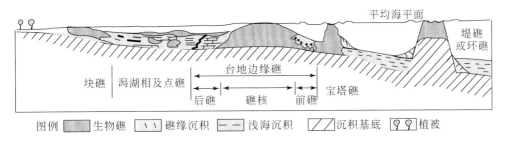

图 7-9 各类生物礁分布（曾鼎乾，1988）

按形态可将生物礁划分为以下类型：

1）点礁，也称斑点礁。礁体近圆形或呈不规则状，是在潟湖或外滨海底较小隆起上形成的孤立小礁体。现代海洋中，点礁主要分布在大陆架海域浪基面之上，并止于海平面。实际工作中常用点礁指示大陆架的位置，如我国江西玉山大山脚奥陶系层孔虫–珊瑚礁由上、下两点礁叠加而成。上、下两点礁间被一厚层黄绿色泥页岩分割，两礁体产状和内部结构基本相似，均可分出礁基底、礁核、礁间和礁盖层等亚相。

2）宝塔礁，又称尖柱礁或孤礁。其形似锥状或陡侧向向上变尖的丘状，由成礁期海底持续下降而成，多出现于深水带。

3）马蹄形礁，也称新月形礁。礁体凸面迎风，向风一侧礁体发育，背风一侧不发育。马蹄形礁多分布于开阔海盆中，如美国二叠系马蹄形礁。

4）环礁多围绕海底较大隆起的边缘生长，连接成环状，中央带下凹成潟湖，多出现于外滨广海。现代太平洋、印度洋及我国南海均有发育，古代环礁如墨西哥白垩系的环礁。

5）丘礁一般孤立分布，近似半球状，由浪基面以下较深水碳酸盐堆积而成。丘礁和宝塔礁均可用来指示大陆架边缘或盆地内的单元岩隆。

6）层状礁又称带状礁或滩礁，分布面积较大，礁体高度不大，多分布于碳酸盐岩台地上，相当于前述的生物层礁。

按分布地理位置可将生物礁划分为以下类型：

1）岸礁，也称边礁、镶边礁或裙礁。这类生物礁靠近海岸生长，顶平、平面上呈曲线状。向海岸一侧斜坡通常较陡，故发育陡峭的海岸峭壁或陡坡。有时在边礁与海岸之间有一小的平地水道相隔，水道逐渐加宽也可发育成堡礁。现代最长的边礁发育在红海沿岸，长2700km以上，向海一侧深入水下36m。

2）堡礁，也称堤礁、堤岛礁或障壁礁。堡礁多发于在平缓的海岸，并离海岸有一定的距离。平面上礁体呈曲线状，平行海岸分布，形成的堤礁与陆地之间有潟湖相隔。有时堤礁不止一排，按生物不同生态或生长深度不同或其他原因，可有多排堡礁出现。现在世界上最大的堡礁为澳大利亚东北海岸的大堡礁，长达 2000km，向岸外延伸达 50～145km。古代最大的堡礁是美国新墨西哥州东南部和得克萨斯州西部二叠纪盆地的船长礁，厚达 360m 以上，长达 644km，现已在埋藏的地下部分找到油气藏。

3）边缘礁远离海岸分布，和堤礁一样与盆地深度的剧烈变化有关。尽管礁后广阔的水域较浅并相对隔绝，但礁后沉积仍为正常海水的碳酸盐岩层。现代边缘礁见于巴哈马群岛、印度洋的恰果斯群岛礁。古代边缘礁有乌拉尔–伏尔加区的上泥盆统多内昔礁、阿尔兰–迪尤尔提尤利礁等。

7.3.2　礁的形成和生物造礁作用

7.3.2.1　礁的形成条件

一切礁和有机建造的形成都与发育繁盛、能分泌石灰质的动植物有关。因此，产生礁和有机建造的最重要条件之一，就是要有能够使礁生物群落中的生物蓬勃发展的、合适的生态条件。

现代热带碳酸盐岩台地常有珊瑚的分布，造礁生物主要是珊瑚和珊瑚藻（红藻）。影响珊瑚生长和珊瑚礁发育的因素是水温、盐度、水深、浊度（或透明度）、溶解的气体、底质以及波浪和水流等。一些海洋生物对生物礁的发育也有较大影响。

大多数珊瑚礁局限在热带和亚热带，大致分布在南北纬30°的范围内（图7-1）。珊瑚在现代海洋中有造礁型和非造礁型两种类型。造礁型珊瑚适宜生长在温度23～27℃的水域。一般来说，冬季水温下降到18℃以下或夏季水温上升至30℃以上的地区，造礁型珊瑚就不能顺利生长。造礁型珊瑚通常比非造礁型珊瑚的钙化速度更快。

适合珊瑚生长的盐度为30‰～40‰。强烈的蒸发作用（如波斯湾）以及大陆径流的注入（如海南岛的一些海湾），均会影响珊瑚种属的分布和礁的发育。

阳光是珊瑚生长的必要条件之一。珊瑚一般生长在深度不大、透明度良好的海域，以小于50m的水深为宜。特别清澈的海水中，珊瑚的生长水深可延伸到70～80m深度。但在一般条件下，50～60m的水深已经是珊瑚生长的极限。海水的透明度主要受陆缘物质供给的影响。

波浪、海流及风对珊瑚礁的影响也较大，它们既可以给珊瑚输送生长所需要的氧气和食料，也会对珊瑚礁造成破坏。

7.3.2.2 生物造礁作用

从生态学特征出发，可以把造礁生物划分为礁骨架建造生物、礁骨架黏结生物、礁骨架居住生物和礁骨架保护生物。这些对礁体来说具有不同功能的各种生物形成了一个对立且统一的总体。

现代生长的礁体一般都有丰富的原生骨架和次生骨架的建造生物，包括珊瑚、钙质红藻、苔藓虫、牡蛎、结壳的有孔虫、陀螺类、腹足类、龙介以及海绵，还有大量各种各样的生物骨骼和软体动物堆积或固着在骨架上。固着在骨架上的生物有钙质绿藻（仙掌藻）、柳珊瑚以及某些双壳类生物。许多生物，如层孔虫、苔藓虫等积极的造礁生物具有双重作用：在礁核区，这些生物形成树枝状群体，即建架生物；在礁缘，这些生物群体习得板状蔓延形态，并可以划入胶结生物中。自由生活在礁中的生物有腹足类、棘皮类、蛇尾类以及有孔虫等。这些生物虽然不能构成坚固的骨架，但它们可以提供礁中的沉积物来源。此外，礁中还有一些钻孔生物，如某些双壳类、海绵、蠕虫以及藻类等。

礁群落中的生物按生活的水深、光线、波能、淤积条件等呈带状分布，同一类生物的不同种属也有不同的分布范围，这种变化在巴巴多斯的更新世和现代礁中是很清楚的。在礁前上部中等水深处（5～15m），生物分异度高。

造礁生物的形态与其生长的环境密切相关，尤其是其外形和礁生长处的波浪、水流作用和能量之间的消长关系，可以作为判断古代礁相的主要依据。根据对岩石记录中生物与周围沉积物之间相互关系的观察，再集合对现代珊瑚和热带礁分布的研究结果，可以得出生物外形与环境关系的某些概括（表7-1），这对礁相的分析很有帮助。

表 7-1　造礁生物的生长形状及其最常出现的环境类型

造礁生物生长形状	生长环境	
	波浪能量	沉积作用
纤细的分枝状	低	高
薄的、脆弱、平板状	低	低
球状、球基圆柱状	中等	高
强壮的树枝状	中等–高	中等
半球状、穹状、不规则状、块状	中等–高	低
结壳状*	强烈	低
薄板状*	中等	低

*两者在岩石记录中难以区别，但它们所代表的沉积环境不同。

资料来源：James，1979

伴随生物礁的生长发育，生物在其中起着决定性作用。生物可以直接为礁体的建造提供骨骼物质，也可以固定胶结其他生物化石；可以改变礁体中生物生活条件，促进礁体生长，又可以促使碳酸盐发生生物化学沉淀，对海洋礁体的生长起到促进作用；同时生物还对正在建造的礁体进行锉刮、钻孔、啃食等，破坏礁体的生长。概括起来，生物有 5 种作用形式：

1）骨架式。造架生物（如珊瑚等）死亡后仍保留其生态条件，作为礁体拓展的基本格架，这种生物在礁体中起着重要作用。

2）障积式。海底的海藻遇到海流时，阻隔海流中的泥晶物质而沉淀成岩。

3）黏结式。层孔虫等能把海底生物碎屑覆盖起来并快速黏结成岩，对生物礁起到加固作用以抵抗风浪作用的强烈破坏。

4）附着式。藻类等可以附着在骨架生物上形成硬壳，对礁体起到加固作用。

5）胶结式。藻类生长的洞穴或孔隙内产生胶结作用，同时起到加固作用，许多碳酸盐颗粒都是被海藻胶结成岩的。

大部分生物礁都是这几种生物作用综合形成的，很少是某种单独的作用造礁成岩。总之，生物在礁体中可以造粒、造灰泥、造岩。

7.3.2.3　生物礁的形成

生物礁是造礁生物和沉积物的镶嵌体，生物起着主导作用，起主导作用的生物必须得有骨架。例如，珊瑚在适宜的环境中生长，会受到大群锉刮动物、钻孔动物的不断破坏，另外一些生长迅速且生命较短的附着钙质底栖生物形成了丰富的沉积物，这是一个自然而精巧的平衡（图 7-10）。

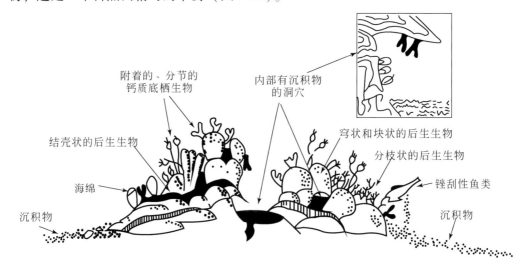

图 7-10　生物礁、生物和沉积物的镶嵌体示意（James，1978）

许多礁体能够识别出不同的生长阶段，如定殖阶段、拓殖阶段、泛殖阶段和统殖阶段4个独立而又相联系的阶段。每个阶段都有其特点，主要表现在石灰岩类型、造礁生物的相对多样性及其生长形态等方面（图7-11）。

生物礁剖面	阶段	石灰岩的类型	物种多样性	造礁生物的形状
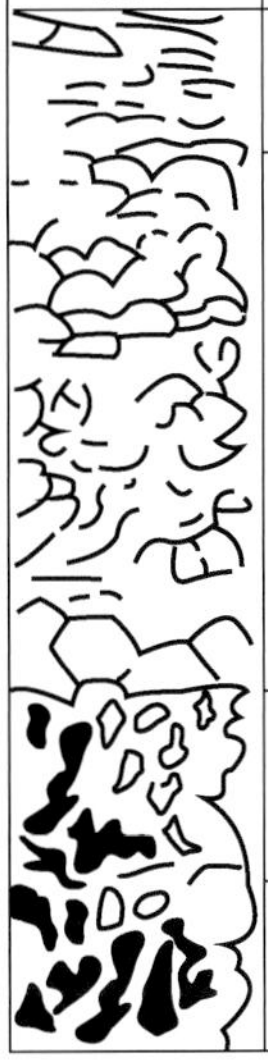	统殖	包黏灰岩到格架灰岩	低到中	层状、结壳状
	泛殖	格架灰岩（包黏灰岩）泥状灰岩到泥状灰岩基质	高	穹状 块状 层状 分枝状 结壳状
	拓殖	具有泥状灰岩到粒泥状灰岩基质的滞积灰岩到泥灰岩（包黏灰岩）	低	分枝状、层状、结壳状
	定殖	粒状灰岩到碎块灰岩（泥粒状灰岩到粒泥状灰岩）	低	骨骼碎屑

图 7-11 生物礁生长的 4 个独立阶段（James，1978）

1）定殖阶段：生物碎屑堆积并开始被其他生物固定形成地貌高地。在古生界和中生界，最常见的是由有柄亚门或棘皮动物碎片组成的一系列浅滩或骨骼灰质砂的堆积体，新生界则是由钙质绿藻的板片组成。这些沉积物的表面繁殖藻类（钙质绿藻）、植物（海草）或者动物（有柄亚门），它们围绕底质联结并固定下来，随后星散的枝状藻类、苔藓虫、珊瑚虫、软的海绵和其他后生生物就开始在定殖的生物之间生长。

2）拓殖阶段：该阶段为造礁后生物的初期泛殖阶段，生物种类很少，岩石的形状呈成丛的枝状。该阶段形成的礁体同整个礁的构造相比，厚度比较薄，常见层状晶洞构造。在新时代的生物礁中，该阶段所有珊瑚的一个共同特点是它们能够摆脱沉积物并洗净珊瑚虫，在沉积作用强烈的地区也能够生长。枝状生长形式造成了许多较小的亚环境，形成了礁生态系统的第一阶段。

3）泛殖阶段：该阶段为礁体的主要建筑时期，也是礁体向上生长最显著的时期，侧部相开始发育。主要造礁生物的种属多，并且可以看到多种多样的生长习性。随着生物形态的增多，以及形成格架的和起黏结作用的种属数目的扩大，栖居空间（即表面洞穴等）也相应增多，导致产生碎屑的生物多样化。

4）统殖阶段：礁体生长至这个阶段，会发生一些种群的演替或者其他突然的变化。最普遍的岩性是石灰岩，并以只具有一种生长习性（一般为结壳状到纹层状）的少数几个种属的生物占优势地位。该阶段大多数礁受拍岸浪的影响，形成碎块灰岩层。

礁对海平面上升可能有三种反应，即并进、追补和放弃。

并进：当底质物被淹没时，礁体开始生长，随后以与海平面上升速度相同的生长速度生长，礁体的这种生长方式称为并进型生长。据推测，在全新世早期和中期，很少有珊瑚礁的形成速度比海平面上升速度更快，大约5000年以来，大多数珊瑚礁的生长速率基本能跟上海平面上升速度。全新世海平面上升期间珊瑚礁净增生率（而不是珊瑚生长率）相对于水深的增加并没有明显的降低。

追补：追补型珊瑚礁在形成过程中一般有长达几千年的滞后，然后随着海平面的上升而迅速生长。礁体的这种生长方式称为追补型生长。有人指出，珊瑚礁的这种追补型生长滞后可能是由早期形成的斑礁无法与更早的礁核恰巧相遇或重合而导致的。

放弃：由于某些原因，珊瑚礁无法正常增生，并因海平面上升而死亡。当礁体遇到这种情况时会放弃生长。

珊瑚也只能在某些环境能量阈值以下生长。对夏威夷考爱岛、瓦胡岛和摩洛凯岛周缘全新世珊瑚礁核的研究表明，全新世早期，群岛北缘的珊瑚礁生长活跃，5000年后于全新世中期高水位期后，珊瑚礁的活跃生长期结束。之前认为这些岛域珊瑚礁终止发育是由于全新世中期海平面下降，但没有独立的证据证明这一点；也有学者认为可能是与北太平洋频繁发生的厄尔尼诺和南方涛动（ENSO）有关，冬季风暴产生的具破坏性的持续性涌浪的破坏导致珊瑚礁终止发育。

7.3.3　碳酸盐岩和礁沉积旋回与海平面变化的关系

碳酸盐岩沉积中沉积的旋回性发育非常常见，如广阔的斜坡型边缘或台地内厚约几米的潮间带碳酸盐岩沉积旋回性的逐层对比十分清楚，它们由碳酸盐沉积物工厂以外的因素所驱动，属于异循环成因，可以肯定是海平面上升变化的产物。海平面变化对海相碳酸盐沉积有明显的影响。

沉积记录中常见的旋回性碳酸盐岩的典型实例是意大利南部上新世碳酸盐岩和灰泥岩互层沉积。富含硅质碎屑黏土的碳酸盐岩和灰泥岩形成几分米到米级的较薄的互层韵律，与米兰科维奇（Milutin Milankovitch）气候旋回性（20 000a）一致。越来越多的证据表明，碳酸盐沉积记录与地球轨道的米兰科维奇旋回应力效应有着密切的对应关系。地质时期中构造的、火山的、地表形态的因素有可能使许多这种对应记录缺失，从而导致受米兰科维奇旋回应力控制的沉积有两种可能结果（图7-12），即沉积记录可能表现为韵律性，也有可能没有沉积记录，即记录缺失。米兰科维奇旋回应力的最直接影响结果是海平面发生变化。海平面变化旋回信息记录的最佳沉积环境是浅水潟湖、滩顶潮坪。因此，碳酸盐岩台地、蒸发岩以及湖泊是进行米兰科维奇旋回应力研究的最佳场所。

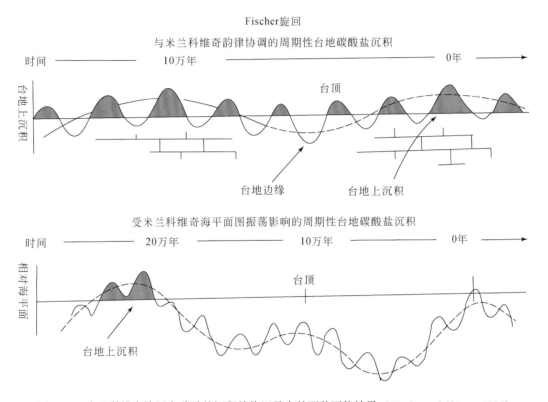

图7-12 米兰科维奇旋回在碳酸盐沉积韵律记录中的两种可能结果（Hardie and Shinn，1986）

控制碳酸盐岩沉积旋回性的因素不外乎盆内条件和盆外背景两种。通常，在沉积背景相对稳定的情况下，盆内环境因素变化引起的沉积旋回作用称自旋回作用，即前述"碳酸盐工厂"的沉积作用；而沉积背景（如物源供给、盆地基底构造活动、海平面）变化条件下产生的沉积旋回作用称为异旋回（或他旋回）作用。与米兰科维奇旋回有关的碳酸盐沉积韵律是一种特殊的异旋回沉积作用表现。

除了海水变浅或加深引起的一般情况下的沉积特征变化外，海平面降低对海相碳酸盐沉积还有如下影响：

1）文石/高镁方解石生物碎屑的溶解和它们再沉淀成为低镁方解石，因此，当它们暴露在干燥和淡水渗漏环境中时，易发生普遍的收缩和胶结作用，进而形成帐篷构造。

2）碳酸盐高水位体系域形成时，大气淡水/潜水地下水位持续下降过程中发生或大或小规模的岩溶作用。岩溶作用、溶蚀孔洞和洞穴形成的下限位于淡水透镜体的底部。

3）独特的潮上带土壤和红色石灰土等结壳层是在潮湿的碳酸盐环境中形成的。植物根系的生长、原地溶解和风尘沉积等作用共同导致了潮上带土壤及红色石灰土等结壳层形成。

4）风作用于暴露的碳酸盐沉积浅滩，形成了大量受风力改造的碳酸盐——风成岩。大气胶结作用和土壤的发育使风成岩具有很高的保存潜力。

5）干旱气候下的海退和低海平面期，独特的潮上带萨巴哈和盐沼蒸发岩沉积逐渐向海方向迁移。同时，盐水和淡水边界的"盐质线"也向海方向迁移。

6）海平面降低时，沉积在碳酸盐岩之上的硅质碎屑沉积也有向海迁移的特征，因为老的碳酸盐岩沉积有被河流和三角洲河道切割的证据。

7）位于海水–淡水界面的台地边缘会产生一系列溶蚀沟槽。

8）位于台地陡峭边缘的半固结或已经发生溶蚀作用的碳酸盐岩，在波浪作用下开裂、破碎形成块体，在台地坡脚形成独特的岩屑锥。

碳酸盐岩所有这些及其他由于暴露而产生的特征，无论是在岩芯样品、地震剖面还是在露头中，都可以用来追踪古海平面的重大变化过程。低水位沉积及其相关特征通常会被海侵和高水位沉积物覆盖。海进和高水位期碳酸盐工厂的"开启"及盛行风向的改变是该时期细粒碳酸盐沉积对低水位沉积的快速超覆和披盖的主要原因。

7.4 碳酸盐岩和礁沉积模式

7.4.1 碳酸盐陆表海沉积模式

Shaw 1964 年首先把碳酸盐的主要沉积场所——浅海划分为两个不同的类型，即陆表海和陆缘海。陆表海又称为内陆海或大陆海，是位于大陆内部或陆架内部、低坡度（海底坡度一般小于 1ft/mile，1ft = 0.3048m，1mile = 1609.344m）、范围广阔的（延伸可达几百到几千公里）、很浅的（水深一般只有几十米）浅海。陆缘海又称为大陆边缘海，是位于陆架边缘或大洋边缘、坡度较大（海底坡度 2~10ft/mile）、沉积范围较小（宽度一般为 100~300miles）、深度较大的（水深可达 200~350m）的浅海。陆表海和陆缘海是性质大不相同的两种浅海。地质历史上，沉积碳酸盐岩的海大都是陆表海，如华北地台在寒武纪和奥陶纪属陆表海沉积环境（当时为全球高海平面期，华北地台几乎全部被海水淹没，因而形成华北陆表海）。与寒武纪和奥陶纪相比，现代为非常低的低海平面地质历史时期，现代的浅海都不是陆表海，而是陆缘海。前面所列举的各种现代碳酸盐沉积环境也都不是陆表海，而是与大陆毗邻的或者孤立于大洋中的碳酸盐台地。这也是在碳酸盐沉积体系研究中，采用"现实主义原则"方法必须面对的困难。

Shaw 第一次论述了陆表海的水体能量特征，将陆表海水体沉积动力划分成 3 个带，由此奠定了陆表海碳酸盐沉积环境分析的理论基础（图 7-13）。

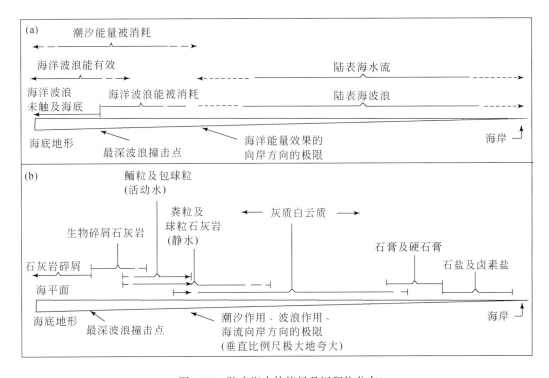

图 7-13　陆表海水体能量及沉积物分布

（a）陆表海的水体能量分布；（b）陆表海的沉积相分布

Irwin 于 1965 年在 Shaw 的陆表海能量分布模式的基础上，提出了陆表海清水沉积作用的一般原理。所谓清水沉积作用，是指没有或很少有陆源物质流入陆表海环境中的碳酸盐沉积作用。也就是说，缺少泥沙陆源物质、水体清澈是陆表海碳酸盐沉积作用必不可少的环境因素之一。

Irwin 主要根据潮汐和波浪作用的能量，在陆表海中划分出了 3 个能量带，即远离海岸的 X 带、稍近海岸的 Y 带和靠近海岸的 Z 带（图 7-14）。X 带为低能带，位于浪基面之下，分布范围广，沉积水动力较弱。主要沉积泥晶碳酸盐沉积物，常是油气生成的良好场所。Y 带为高能带，位于波浪和潮汐作用强烈的地带，分布范围相对较小，沉积水动力强，细粒沉积物被淘洗，沉积了较粗的碳酸盐颗粒或生物

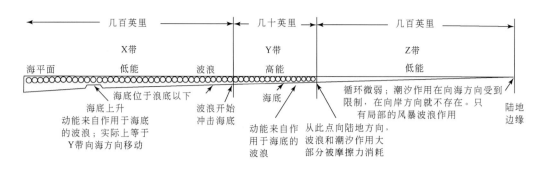

图 7-14　陆表海的能量分布

礁，可形成油气储集体。Z 带为低能带，该带的波浪和潮汐能量基本耗尽，沉积范围大、沉积水动力弱，易形成构成油气藏盖层的泥晶碳酸盐沉积或气候干旱时的膏盐沉积。受风暴影响，Z 带可发育较粗粒的风暴沉积物。

　　后来，拉波特于 1969 年研究了美国纽约州早泥盆世碳酸盐岩沉积，基于 Shaw 和 Irwin 的观点，提出了反映潮间带–潮下带复杂环境变化的沉积模式（图 7-15）。该模式包括潮上带、潮间带、无陆源碎屑沉积的潮下带和有陆源碎屑沉积的潮下带，指出潮下带可存在碳酸盐和陆源碎屑沉积的分带性。

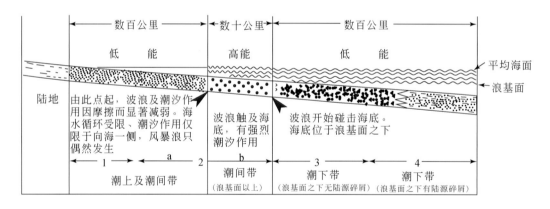

图 7-15　美国纽约州早泥盆世碳酸盐岩沉积模式

7.4.2　混积型碳酸盐沉积相模式

　　阿姆斯特朗曾长期对北美阿拉斯加北极地区的石炭系进行研究。他发现碳酸盐岩可自生沉积，也可与碎屑共同发生沉积。依据该地区石炭系两种不同的沉积组合，概括了两种沉积模式，即碎屑岩–碳酸盐岩混合型沉积相模式（图 7-16）和碳酸盐岩沉积相模式（图 7-17）。

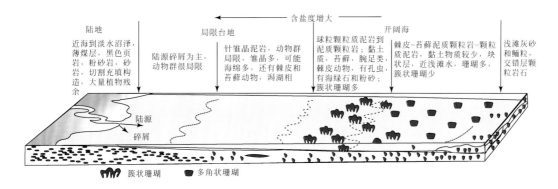

图 7-16　碎屑岩–碳酸盐岩混合型沉积相模式

7.4.2.1　陆相

陆相主要为滨海咸水至淡水沼泽沉积，沉积岩性主要包括黑色碳质页岩、粉砂岩及砂岩，夹煤层，含大量植物化石，具有冲刷及充填构造。

7.4.2.2　局限台地相

局限台地相分为两个亚带，即近岸相带和远岸相带。近岸相带以陆源碎屑为主，岩石主要为暗灰色页岩、粉砂岩、细砂岩和泥岩，少见化石；远岸相带以含海绵骨针的泥岩为主，含黏土质，还常含有棘皮及苔藓类碎屑。

7.4.2.3　开阔台地相

开阔台地相也分为两个亚带，即向岸相带和向海相带。向岸相带主要为含粪粒、球粒的颗粒质泥岩及泥质颗粒岩，含一些黏土及粉砂，苔藓类、腕足类、有孔虫及丛状珊瑚发育。向海相带主要为棘皮类及苔藓类碎屑的泥质颗粒岩和颗粒泥质岩，含黏土很少，近岸浅滩处有大量多角状珊瑚，丛状珊瑚较少。另外，浅滩相主要为鲕粒与生物碎屑的颗粒岩，具有交错层理。

这一模式对于陆源碎屑岩与碳酸盐岩组成的韵律沉积地层进行沉积相分析时颇有参考价值。

阿拉斯加石炭系碎屑岩–碳酸盐岩沉积模式代表一个海进组合（图 7-17）。阿拉斯加碳酸盐岩沉积相模式是一个综合性的、反映沉积能量观点的碳酸盐岩台地模式。该模式将碳酸盐岩沉积盆地划分为 9 个相带：①停滞缺氧盆地；②潮汐陆棚；③斜坡脚；④前斜坡；⑤开阔海陆架；⑥碳酸盐沙滩；⑦开阔台地或陆架潟湖；⑧局限台地；⑨潮间带–潮上带。显然可将这 9 个相带组合成与 Irwin 能量相带类比的 3 个沉积相区。

碳酸盐岩台地（无大量的陆源碎屑注入）

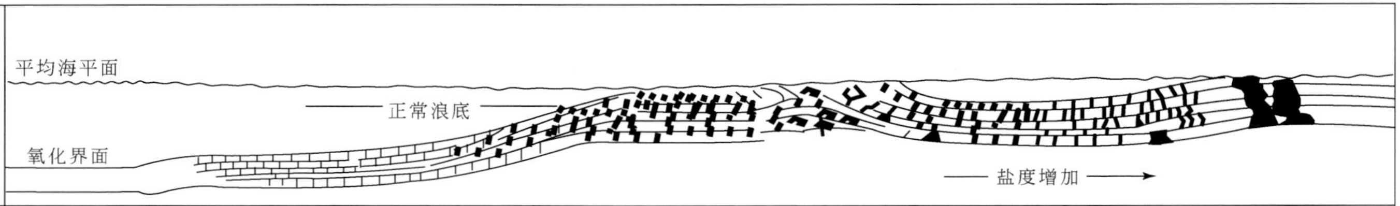
平均海平面
正常浪底
氧化界面
盐度增加

相	1.缺氧盆地	2.潮汐陆架	3.斜坡脚	4.前斜坡	5.开阔海陆架（海百合–苔藓园地）	6.浅滩水（碳酸盐沙滩）	开阔台地 7A 7B	局部台地 8A 8B	9.潮间带–潮上带
岩性	页岩，放射虫燧石粉砂岩	(灰)泥岩，白云岩，燧石，薄–中层互层	石灰岩与暗灰色页岩互层	根据水的能量岩性有变化，包括沉积角岩，(砾灰)砂岩，(灰)泥岩	层状的海百合–苔藓颗粒质泥岩,泥质颗粒岩，颗粒岩	海百合–苔藓到鲕粒泥质颗粒岩和颗粒岩	易变的碳酸盐岩，苔藓–海百合泥质颗粒岩–颗粒质泥岩，燧石常见	细到粗晶白云岩；白云质海百合–苔藓颗粒质泥岩和泥质颗粒岩，白云质球粒(灰)泥岩	不规则纹理白云岩和白云质(灰)泥岩；硬石膏和硬石膏藻席的方解石假象，亦可过渡到碎屑红层
颜色	暗褐–黑	灰褐	灰–暗灰	灰–浅灰	浅灰	浅灰	浅灰	浅灰–灰	灰、黄、褐、红
层理及沉积构造	纹理(毫米厚的)，韵律层波纹交错层理层面上有潜穴生物和蠕虫爬痕	波状到结核状岩层，薄到中层，完全为潜穴生物穿孔，层面具小间断	纹理可能较少，许多块状层，有递变沉积物的透镜体，有岩屑和外来的岩块	软沉积物及前积层中有滑动，外来的岩块	块状到厚层，有交错层理	中到大型的交错层理	潜穴多	在潮间带或潮间带附件有鸟眼构造，藻席；在很浅的水中有叠层石；在潮汐沟中有递变层理，白云岩，交错层砂	硬石膏菱面体，层状硬石膏，泥裂，来自藻席的碎片
陆源碎屑岩（混杂的或互层）	石英粉砂岩和页岩，细粒粉砂岩，含燧石	石英粉砂岩，页岩	页岩，粉砂岩，细粉砂岩	页岩，粉砂岩，细粒薄层粉砂岩	碎屑物质少见	仅有一定含量的石英砂	碎屑岩和碳酸盐岩分别成层	碎屑岩和碳酸盐岩分别成层	风成的，陆源的混入物，碎屑物质可以是重要的单位

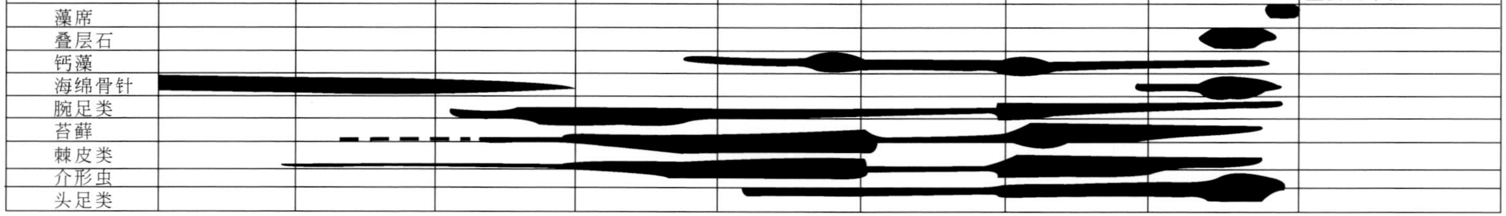
藻席
叠层石
钙藻
海绵骨针
腕足类
苔藓
棘皮类
介形虫
头足类

图7-17　碳酸盐岩沉积相模式

7.4.3 威尔逊碳酸盐综合沉积相模式

威尔逊提出了一个理想化的碳酸盐岩综合相模式,与阿姆斯特朗的模式十分相似,目前国内外流传也比较广。该模式归纳了陆架上碳酸盐岩台地和边缘温暖浅水环境中碳酸盐岩沉积类型的地理分布规律,把碳酸盐岩划分为三大沉积区、9个相带、24个标准微相。从海至陆,9个相带依次为:①盆地;②开阔陆架(广海陆架);③碳酸盐岩台地斜坡脚(或盆地斜坡、盆地边缘);④碳酸盐岩台地前斜坡(或台地前缘斜坡);⑤台地边缘的生物礁;⑥簸选的台地边缘砂(或碳酸盐岩台地边缘浅滩);⑦开阔台地(或陆架潟湖);⑧局限台地(半封闭-封闭的台地);⑨台地蒸发岩(或蒸发岩台地)(图7-18)。各相带沉积环境特征如下。

7.4.3.1 盆地相

盆地相位于浪底或浪基面及氧化面以下,水深超过几十至几百米,为静水还原环境。因水体深而光线暗淡,不适于底栖生物生长。沉积物主要来自从外部注入的细粒泥质物质和硅质物质,以及悬浮生物死亡后降落的生物雨。停滞缺氧和过咸化条件均可出现。按沉积相特征,将盆地相细分为下列类型。

(1)石灰岩浊积岩相

沉积物主要来自陆架或陆架斜坡带的碳酸盐角砾、微角砾及砂屑等内碎屑(异化颗粒),其中也常含外来岩块或漂砾,夹有深海结核和泥质岩层,厚度巨大但常有变化。由于盆地强烈拗陷及沉积物的不稳定性,易产生一个连续的、巨厚的深海沉积物(岩),并具有复理石沉积所特有的结构和构造特征。沉积这类浊积岩的海槽狭窄、相变明显。

(2)深海相

主要为深海沉积物,没有大量的异地石灰岩堆积。当黏土注入量很少其水深超过碳酸盐补偿深度时,常聚集硅质沉积,这些沉积物与克拉通盆地内的沉积物很相似。常见的岩石类型有放射虫、红色泥晶灰岩及红色结核石灰岩、浅色远洋泥晶石灰岩、暗色深水泥晶灰岩、骨针石灰岩,以及含有菊石、放射虫、管状有孔虫、远洋瓣鳃类和棘皮类的微球粒泥晶灰岩等。红色沉积是由细粒物质沉积缓慢,且缺乏有机质,高价铁未能还原所致。

(3)克拉通盆地(欠补偿和停滞缺氧的)碳酸盐岩相

这是一个位于氧化界面以下的静水沉积环境,水深至少为30m,一般为几百米。由于水太深、太暗,缺少底栖生物生长。从周围陆架来的底流可能为超盐度的,其

	宽相带		窄相带				宽相带		
图示	风暴浪底　正常浪底　氧化界面　正常浪底　盐度增大→								
相号	1	2	3	4	5	6	7	8	9
相	盆地（停滞缺氧的或蒸发的）a.细的碎屑岩；b.碳酸盐岩；c.蒸发岩	开阔陆棚 开阔浅海 a.碳酸盐岩；b.页岩	碳酸盐岩斜坡脚	前斜坡 a.层状细粒沉积岩，有滑塌现象；b.前积层碎屑岩及灰泥砂黏岩；c.灰泥岩块体	生物（生态礁）a.黏结岩块体b.生物碎屑上的壳和灰泥黏结岩；c.障积礁	台地边缘砂 a.浅滩灰砂b.具砂丘的岛屿	开阔台地（正常海洋，有限的动物群）	局限台地 a.生物碎屑颗粒质泥岩及—潟湖海湾；b.潮汐水道中的碎屑颗粒砂；c.灰泥潮汐坪	台地蒸发岩 a.结坪上的结核状、硬石膏和白云岩；b.湖沼中的纹理状蒸发岩
岩性	暗色页岩和粉砂岩（次深色薄层石灰岩互层，分异良好的岩层）蒸发盆地：补偿盆地发育盐含盐	富含化石的石灰岩与碳酸盐岩互层，分异良好的岩层	细粒石灰岩，在某些情况下有角砾石	多变化，取决于上斜坡的水能量；浊积和角砾和灰泥砂岩	块状石灰岩—白云岩	砂层石灰岩，鲕粒灰岩或白云岩	各种碳酸盐岩和碎屑岩	一般为白云岩及白云质灰岩	不规则的纹理构造白云岩和硬石膏，可过渡为红岩
颜色	暗褐、黑、红	灰、绿、红、褐	暗到浅	暗到浅	浅	浅	暗到浅	浅	红、黄、褐
颗粒类型及沉积构造	泥岩；细粒碎屑层石灰岩韵律层	生物碎屑和泥质石灰岩颗粒岩，一些粒灰岩	大多数是泥岩也有一些粉石灰岩	灰粉砂和生物碎屑颗粒岩—泥质颗粒岩，泥和岩屑大小不同	黏结岩和颗粒岩的囊状体—质颗粒岩	颗粒岩，分选良好，圆度也好	结构变化大，颗粒岩到泥岩	凝块的、球粒岩和颗粒岩—泥粒岩水道中的粗岩屑颗粒质泥岩	石膏、硬石膏；结核状、玫瑰花状、刃状；不规则纹理，碳酸盐岩钙结结壳
层理及沉积构造	极平坦的毫米级纹理层理，波状交错纹理	完全被虫穿孔；薄到中层状；波状的结核状岩层面呈现间间断	纹理少见；块状岩层；沉积物的透镜体岩层及外来岩块；韵律	软沉积物中的滑塌、前积层理，具斜坡岩层及正、外来岩块	块状生物构造或开阔格架，盖顶洞穴；与重力相反的纹理	中到大型的交错层	虫孔痕迹很多	鸟眼、叠层岩—毫米级纹理，逆变层理，泥岩、叠层石壳；水道中的交错层	
陆源碎屑混入物或互层	石英粉砂和页岩；细颗粒砂岩和粒砂岩；硅结石	石英粉砂岩和页岩，分异良好的岩层	一些页岩，粉砂岩	一些页岩和细粒砂岩	无	只有一些石英砂混入物	分异良好的岩层中的碎屑岩和碳酸盐岩	分异良好的岩层的碎屑岩和碳酸盐岩	风刮来的、来自陆地的混入物，碎屑可以占重要的
生物群	只有浮游—远洋动物在层面上局部富集	极其多样的贝壳动物群	生物碎屑及生物，主要来自上斜坡	完整化及生物碎屑	主要为造架生物，在囊块体或呈葜状；在某些隐葜处有介壳地生物群落	破环的个介壳及磨蚀的生物生活于当地的生物群落	缺云开阔海动物群（如腕足类）头足和腕足类，软体动物，海绵，有孔虫，海类丰富的斑礁	很有限的动物群，主要为腹足类、某些形介虫和介形虫	几乎无原地动物，叠层藻除外

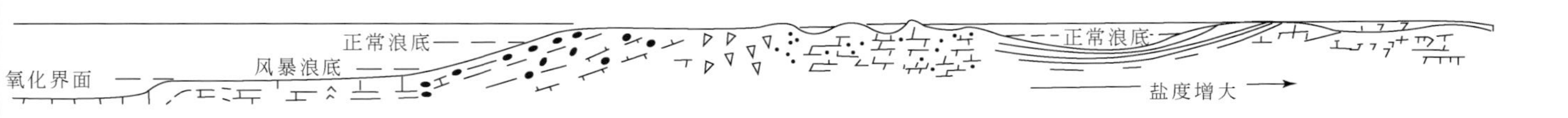

图7-18 碳酸盐岩沉积相综合模式

密度较大、不易上流，这更使其底部水体停滞缺氧。主要岩石类型为薄层暗色石灰岩、暗色页岩或粉砂岩，以及一些薄层石膏，颜色多样、纹层发育、可见波状交错层理。陆缘碎屑呈薄层，石英粉砂岩、页岩与石灰岩互层出现，燧石也较常见。生物群主要为自游及浮游生物；大型生物化石有笔石、浮游瓣鳃类、菊石、海绵骨针等；微体生物化石有钟纤虫、钙球、硅质放射虫、硅藻等。

7.4.3.2　开阔陆架相（或广海陆架相）

开阔陆架相沉积环境水深几十米至 100m，盐度正常，水体循环良好。海底一般在浪基面以下，大的风暴也可以影响底部沉积物。这种陆架较开阔，沉积作用相当均匀。该相带是典型的、较深的浅海沉积环境。主要岩石类型为富含化石的石灰岩与泥灰岩。视氧化或还原条件而异，沉积物呈灰、绿、红及棕色等，普遍见生物扰动构造。层理厚度薄到中等，呈波状或呈结核状。在泥灰岩中常见球状或流动状构造，还可见泥丘及尖塔礁。陆缘碎屑物质有石英粉砂岩、页岩等，与石灰岩互层，成层性好。生物群有代表正常盐度的介壳化石，狭盐性动物群的腕足类、珊瑚、头足类及棘皮类等相当发育。开阔陆架带与开阔台地相带很相似，因此较难以区分。

7.4.3.3　碳酸盐岩台地斜坡脚相（或盆地斜坡、盆地边缘相）

碳酸盐岩台地斜坡脚相位于碳酸盐岩台地的斜坡末端，其沉积物由远洋浮游生物及来自相邻碳酸盐岩台地的细碎屑组成，水体深度与开阔陆架相似，一般位于浪基面以下，但高于氧化界面。由薄层、层理完好的碳酸盐岩组成，夹少量黏土质及硅质夹层。此岩石类型与盆地相沉积物相似，但含泥质较少，厚度较大。某些韵律性或类似复理石层理的薄层石灰岩可达数百米，有滑塌现象。

7.4.3.4　碳酸盐岩台地前斜坡相（或台地前缘斜坡相）

碳酸盐岩台地前斜坡相相带为深水陆架或浅水碳酸盐岩台地的过渡沉积，从浪基面之上一直延续到浪基面以下，但一般位于含氧海水下限之上。斜坡的角度可达30°，斜坡沉积主要由各种碎屑组成，堆积在向海的斜坡上。沉积物不稳定，其大小和形状变化很大，可能呈层状，有细粒层，也有巨大的滑塌构造层共同形成前积层及楔形体，主要由灰砂或细粒碳酸盐岩组成，富含广海生物。

7.4.3.5　台地边缘的生物礁相

台地边缘生物礁相的生态特征取决于水体的能量、斜坡陡峭程度、生物繁殖能力、黏结作用、捕集作用、出露水面的频率及成岩期的胶结作用。该相带的生物建造可分为 3 种类型：①灰泥丘或生物碎屑丘；②圆丘礁台或斜坡；③格架建筑的环礁。岩性主要为块状石灰岩和白云岩，几乎全部由生物组成，也有许多生物碎屑。

7.4.3.6 簸选的台地边缘砂相（或碳酸盐岩台地边缘浅滩相）

簸选的台地边缘砂相主要呈沙洲、海滩、扇形或带状的滨外坝或潮汐坝，或呈风成沙丘岛。一般位于海平面之上 5～10m 水深的范围内。台地边缘砂的组成颗粒已受波浪、潮汐或沿岸海流的簸选，因而比较纯净。该相带海水盐度正常，循环良好，氧气充足。但由于底质经常变动，不适合生物繁衍。

7.4.3.7 开阔台地相（或陆架潟湖相）

从地理位置来看，开阔台地相带位于台地边缘之后的海峡、潟湖及海湾中，因此也可以用陆架潟湖或台地潟湖来命名。该环境水体浅，水深一般数米到数十米，海水盐度正常或略微偏高，水流能量中等。这种条件适合各种生物生长，但缺乏开阔海动物群，如棘皮类和腕足类。沉积物的结构变化大，含有相当数量的灰泥和较多的虫孔痕迹，其主要成分为颗粒质泥岩。

7.4.3.8 局限台地相（或半封闭-封闭的台地相）

局限台地相是一个真正的潟湖，海水循环受到很大限制，盐度显著提高。从地理位置来看，这些潟湖可分为堤礁（堡礁）之间或堤礁（堡礁）之后的潟湖、沿岸沙嘴之后的潟湖以及环礁内潟湖。该相带还包括潮间带环境，主要沉积物为生物碎屑质灰泥。这些灰泥堆积于天然堤、潮坪和潟湖内。粗粒沉积物常见于潮沟及局部海滩。海水盐度变化较大，淡水、盐水、超盐水均有。有的区域可暴露于水面之上，形成鸟眼构造，氧化和还原环境也均可见到。所见植物有海水沼泽植物，也有淡水沼泽植物。

7.4.3.9 台地蒸发岩相（或蒸发岩台地相）

台地蒸发岩相带即潮上带，干旱地区的潮上盐沼地或萨巴哈沉积均为该相带的典型代表。该相带位于海平面之上，仅在特大高潮或特大风暴时才被水淹没。主要岩石类型为不规则纹层状的白云岩和石膏或硬石膏，它们很可能是交代成因的。这些沉积还常与红层共生，几乎无原地动物。

在威尔逊的 9 个相带碳酸盐岩沉积模式中，（1）、（2）、（3）相带相当于陆架沉积区，基本对应于 Irwin 的碳酸盐岩模式中的低能 X 带；（4）、（5）、（6）相带相当于障壁岛、礁滩沉积区，基本对应于 Irwin 的碳酸盐岩模式中的高能 Y 带；（7）、

（8）、（9）相带相当于潮坪、潟湖沉积区，基本对应于 Irwin 的碳酸盐岩模式中的低能 Z 带。

7.4.4 塔克碳酸盐综合沉积相模式

塔克根据陆表海沉积特征和威尔逊的碳酸盐岩综合沉积相模式，将碳酸盐岩沉积划分为两个相区，即碳酸盐岩台地和陆表海相区及盆地较深水斜坡相区。碳酸盐岩台地和陆表海相区包括潮坪、滩后潟湖、局限海湾、潮间带-潮下浅滩、开阔陆架及台地和陆架边缘礁等 5 个沉积相；盆地较深水斜坡相区包括前缘斜坡和盆地（图 7-19）。与威尔逊的碳酸盐岩综合沉积相模式相比，塔克将威尔逊的一些沉积相带合并，但更强调陆表海沉积作用，该模式有助于我国华北地台古生代和扬子地台古生代及中生代的碳酸盐岩研究。

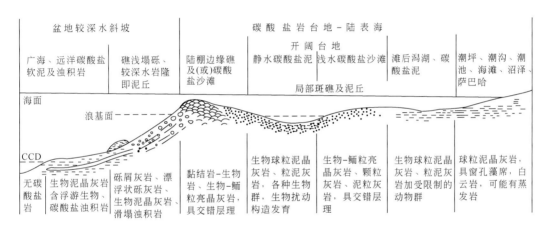

图 7-19　碳酸盐岩沉积环境及其沉积体系构成

近岸潮间带和潮上带以碳酸盐泥坪沉积为特征，发育球粒泥晶灰岩。在干旱气候区向萨巴哈沉积转变，形成白云岩和蒸发岩（图 7-19）。

潟湖及局限海湾的沉积水深可浅可深、水动力能量弱，主要沉积生物球粒泥晶灰岩。

潮间和潮下浅滩水动力较强，沉积具有交错层理的颗粒碳酸盐岩，在沟通潟湖的潮汐入口处可有潮汐三角洲的发育。

开阔陆架及台地常处于浪基面之下，水动力较弱，除了发育一些斑礁外，主要沉积较多生物扰动球粒泥晶灰岩。

陆架边缘礁滩是水动力最强的沉积区，养料供给充分，发育生态礁和具交错层理的亮晶颗粒碳酸盐岩。

前缘斜坡主要处于浪基面之下，水动力较弱，主要沉积泥晶灰岩，但陆架边缘礁滩的砂砾级塌积物可在前缘斜坡处沉积,形成砾屑灰岩。

盆地沉积环境处于风暴浪基面之下,在风暴浪基面和碳酸盐补偿深度之间,沉积水动力较弱的远洋碳酸盐软泥或含有生物碎屑的泥晶灰岩。在碳酸盐补偿深度之下,缺少碳酸盐沉积,主要发育广海泥页岩及浊流成因的碳酸盐岩(图 7-19)。

　　　　　　大陆边缘过程和半深海、
　　　　　　　　　　　　　　　　深海沉积类型

　　半深海和深海沉积区总体上是海洋系统中水动力作用最弱、水体最为安静的地区，主要沉积作用是由河流等营力将细粒沉积物搬运到半深海、深海的悬浮沉积物的沉积过程，但也存在较强水动力作用方式的内波、等深流和重力流等。近 30 年来，随着技术的进步，通过大洋钻探、深潜器、声呐和地震数据等对深海沉积过程和深海沉积物进行了大量的观测与分析。这些实验、观测和理论分析数据的积累提升了我们对深海水动力和沉积机制的认识。

　　本章首先介绍沉积物从陆地经浅海最后搬运到深海的动力过程，然后介绍远洋沉积物（软泥、白垩和燧石）和有机物软泥（黑色页岩、有机质大于 2% 的腐质泥）的来源与特征，最后重点介绍大洋沉积记录与全球变化研究。

8.1　大陆边缘过程和半深海、深海沉积物搬运

8.1.1　大陆边缘过程

　　离开陆架的泥沙主要通过高水位期河流羽流、浊流或沿陆架斜坡上部密度界面搬运，最终沉积到海底，形成半深海、深海沉积（图 8-1），其沉积速率为 0.1 ~ 0.6mm/a（Nelson and Stanley，1984），亦即主要有三种动力过程可将颗粒沉积物从大陆架搬运并沉积到大陆边缘：①沉积物重力流（sediment gravity flow，SGF）（如浊流、液化流及碎屑流）；②在大洋深部循环形成的温盐密度流；③将悬浮沉积物带出大陆架的表层风流或河流羽流。存在于两个不同密度水体界面处的潮汐流、表面波和内波在陆架上斜坡和某些海底峡谷头部起到搬运作用。内波、内潮汐、等深流为深水牵引流；浊流、液化流及碎屑流为深水重力流。半深海、深海环境中，沉积物重力流是重要的粗碎屑物质搬运动力。

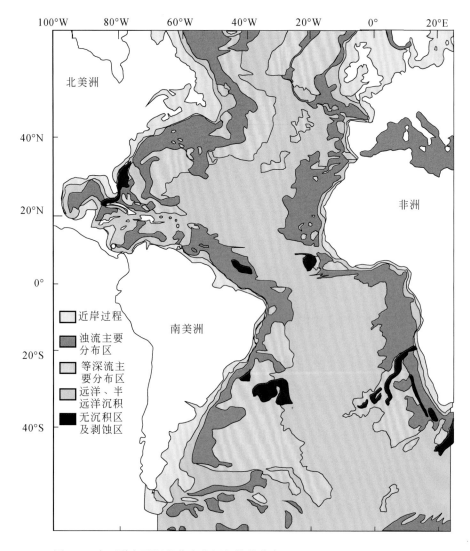

图 8-1　大西洋主要沉积营力和沉积物的分布（Emery and Uchupi，1984）
与大陆相邻的半深海主要为由重力流、等深流等搬运的陆源泥沙沉积；
在大西洋洋盆中部主要为远洋生物软泥和生物泥沉积

　　深水重力流和深水牵引流沉积是目前已发现的深水异地沉积类型。所谓深水异地沉积是指海洋深水区经横向搬运而形成的沉积，它通常比原地垂直降落沉积的粒度要粗（郭成贤，2000）。重力流在半深海、深海区均可发育，而深水牵引流则主要发育在海洋深水区。20 世纪 50 年代，浊流沉积的发现及浊流理论的建立，开辟了沉积学的新领域。至 70 年代，研究对象从浊流沉积扩展到碎屑流、颗粒流、液化流等多种类型的重力流沉积。随着深海钻探计划（Deep Sea Drilling Project，DSDP）、大洋钻探计划（Ocean Drilling Program，ODP）和综合大洋钻探计划（Integrated Ocean Drilling Program，IODP）项目的不断开展，深水沉积研究从重力流沉积扩展到深水牵引流沉积。

大陆边缘除了碎屑岩沉积，也发育碳酸盐沉积，常见有钙质重力流沉积。深海斜坡钙质沉积物的主要物源是大陆架的浅水碳酸盐沉积物。这种重力流沉积物可能包括滑塌、滑动、碎屑流、颗粒流及浊流沉积物，一般具有再搬运、再沉积特征等。钙质重力流沉积物的结构与以陆缘碎屑为主的重力流沉积物没有太大差别。深海斜坡钙质沉积物另一个物源是滨外或海底隆起区沉积物，其成分与远洋深水碳酸盐沉积物相似，但在粒级、分选性、化石等方面特征有所差异。由于再搬运作用，这类重力流沉积物中可能混杂有陆源碎屑或火山碎屑沉积物。

8.1.2　半深海、深海沉积物搬运

深海沉积物长距离横向搬运的主要营力主要包括：①浊流；②高密度流；③黏性流；④与水深等值线平行的等深流；⑤来自陆架水团细粒物质的稀释及分级沉淀；⑥以滑动为主的块体运动。不同类型的沉积物具有各自的特征沉积相，由于多个水流动力过程的相互叠加，或由于沉积后的生物扰动，往往很难对深海沉积进行沉积相的准确识别。

一个典型沉积事件或沉积过程沿陆架边缘向深海盆地的沉积物搬运过程可分为 4 个阶段：①流动开始阶段；②早期搬运阶段，即搬运沉积物的流体流速从初始快速变化至准稳定平衡状态这一阶段；③物质被长距离搬运到大陆斜坡坡脚或深海的阶段；④最终沉积阶段。一般情况下，被搬运颗粒的浓度沿搬运路径发生系统性变化。颗粒浓度是一个重要的变量，因为泥沙和水的混合物只有在颗粒浓度较低的情况下才能全部处于湍流状态。如果没有湍流，碎屑颗粒很难悬浮并长距离搬运，也无法形成波纹状交错层理等牵引沉积构造。图 8-2 说明了半深海、深海沉积的 4 个搬运阶段中被搬运颗粒密度的变化规律，并阐明了大陆边缘搬运营力的作用过程。

黏性沉积物重力流沉积物分选较差，通常缺乏分层，碎屑组构不发育，形成具有不规则锥形边缘的丘状沉积。高密度重力流沉积物表现为颗粒间相互作用明显，从而形成反粒序层理，孔隙流体逸出构造发育，如碟状或柱状构造。当前虽然对这些流体的沉积特征有一定的了解，但对其长距离搬运机制尚缺乏深入研究。沉积物块体滑动可以是各种规模和尺寸的块体的滑动沉积，多发生于沉积速率高、沉积物固结较差、富含水的细颗粒沉积。即使在非常缓的斜坡上，沉积物块体滑动的可能性也会因地震引发的振动而急剧增加。

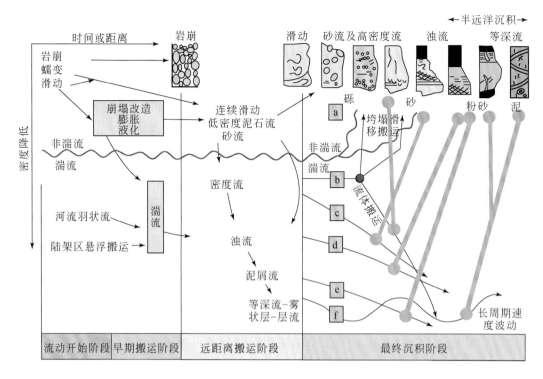

图 8-2　半深海、深海沉积物重力流和牵引流等搬运过程及颗粒浓度对流体性质的影响

（Kevin and Richard，2015）

a. 高密度黏性流体，这类沉积物重力流一般不会出现湍流沉积。b. 对应于高密度流，在其沉积阶段出现强烈分层，下部为非湍流沉积层，形成块状沉积；上部为较厚的湍流沉积层，通过悬浮沉淀。c ~ e. 对应于不同密度的沉积物重力流中的湍流，这些不同类型的沉积物重力流的颗粒通过选择性沉积逐渐释放荷载，形成具有牵引结构的粒序层理。最终，所有的泥沙沉积卸载，流体中的颗粒浓度接近于 0。灰色的细长"哑铃"将每一种营力与其对应的沉积物联系起来。f. 为一种低密度、长周期流速波动（几千年）、具有牵引流特征的温盐等深流

　　图 8-2 中未显示远洋生物软泥和生物泥的沉积动力与沉积过程，因为远洋生物软泥和生物泥沉积并非由深海重力流或深海牵引流等离散流事件导致。生物软泥和生物泥属远洋沉积，易在生物生产力高的地方聚集，多沉积在生产力高的上升流区。上升流区底层水一般缺氧，因为氧化有机物消耗溶解氧的速度比洋流供氧速度要快；同时，上升流区的高沉积速率也会阻滞堆积在海底有机物的氧化。生物死亡后其硬质部分的溶解和氧化会因较浅的沉积深度（碳酸盐）或较高的聚集速率（二氧化硅）而减缓或降低，从而得以保存。

8.2　远洋沉积物的类型与分布

　　在远离陆源碎屑的深海，主要有 4 种远洋物质主导着世界大洋的远洋沉积类型：

①赤道附近（放射虫）和南北纬60°附近的生物硅（硅藻）高产能带；②在碳酸盐补偿深度之上的生物碳酸盐（有孔虫、微体化石、翼足类）分布区；③沿漂流冰川路径搬运的冰筏颗粒；④红黏土。松散的生物源远洋沉积物称为软泥。经历埋藏和成岩变化后，硅质软泥变成硅藻土或放射性硅藻土，最终变成燧石。而钙质软泥变成白垩，最终变成隐晶灰岩（图8-3）。

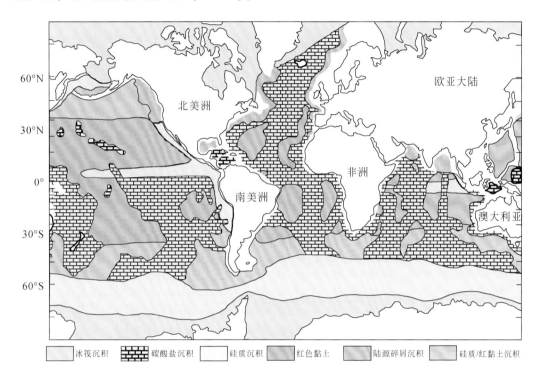

图8-3 全球海洋主要沉积物类型的分布（Jenkyns，1986）

生物碳酸盐软泥分布广泛，现代深海海底1/3以上的地区都覆盖着含有30%以上的钙质软泥。常见的深海碳酸盐沉积物包括浮游有孔虫软泥、颗粒软泥和翼足类软泥。由于赤道附近养分较多，微体、超微体钙质浮游生物发育，故赤道附近钙质软泥相对较厚。在特殊情况下，远洋沉积物可能在大陆附近堆积，但仅限于陆源输入相对较低的地方，如加利福尼亚湾。由于碳酸盐沉积补偿作用，深海钙质软泥与红色黏土和硅质软泥在横向上常呈突变关系（图8-4）。

对"远洋沉积"和"半远洋沉积"两个术语进行区分是有必要的。"远洋沉积"包括最初越过陆架坡折进入深海水圈的颗粒和在开阔深海区域发育的生物，这些颗粒物质随后沉降在海底。因此，远洋颗粒物质包括生物成因的硅质骨骼（硅藻、放射虫）、钙质骨骼（有孔虫、超微化石）、风尘沉积、降落在大洋的海底火山喷发物，以及冰山融化释放出的冰筏颗粒碎片。"半远洋沉积"包含有远

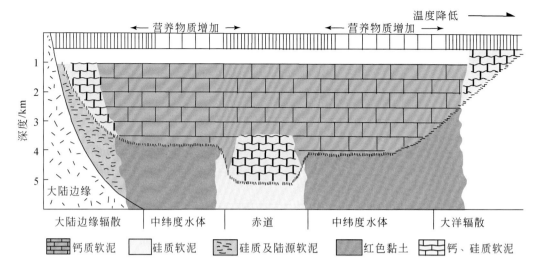

图 8-4   太平洋与 CCD 和有机物生产力相关的沉积物类型及分布（Kevin and Richard，2015）

洋成分，远洋颗粒物质成分一般占 5%～50%，局部可达 75%，其余由最初从海岸带进入半深海的陆源细颗粒物质组成。这些陆源泥或通过海岸侵蚀或通过河流系统（三角洲、河口等）搬运至陆架，再由陆架被风暴和洋流搬运到半深海、深海区。

死亡浮游生物的介壳比等粒径碎屑颗粒的沉降速率要慢得多。由于洋流的水平搬运作用，富含生物介壳物质缓慢的沉降速率可能会导致海洋生物高生产力区和海底沉积区之间的不匹配。但事实上，现代海洋沉积中并没有观察到上述明显的不匹配现象，主要原因在于：①搬运沉降生物介壳的表面洋流与远洋沉积相带平行；②深部洋流通常会使沉降生物介壳返回其最初沉降位置附近区域；③许多介壳形成粪球粒后再发生沉降，这样比单个生物介壳的沉降速率要快得多。

碳酸钙的沉积作用补偿深度是变化的，一般为 400～7000m。深海生物碳酸盐颗粒的最大沉积深度取决于碳酸盐补偿深度，由文石组成的翼足类的文石补偿深度则较浅。碳酸盐补偿深度是海洋环流、纬度、海水化学性质和地质时间的函数（图 8-5）。在碳酸盐补偿深度之下，不会发生碳酸盐的沉积作用。

海平面升高与气温上升、生物多样性增加、中层水中氧浓度降低、大洋碳酸盐补偿深度变浅、远洋"凝缩段"沉积的扩展、深海碎屑沉积中泥质相的增厚等有关（图 8-5）。目前处在全新世高海平面期，世界大部分深海碎屑沉积体系基本上处于休眠状态，其上被远洋或半远洋细粒沉积物覆盖。许多现代海底扇，如亚马孙扇和密西西比扇表面被 11 000a 以来沉积的、厚约 1m 的浅棕色远洋有孔虫软泥或泥灰岩覆盖。

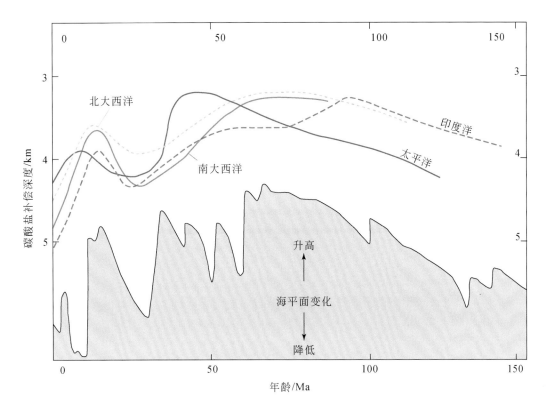

图8-5　大西洋、太平洋和印度洋150Ma以来CCD的波动与全球海平面变化（Kennett，1982）

有机质在大洋得以大量保存的两个必要条件是：高沉积速率和缺氧海底沉积环境。沿大陆边缘或在开阔大洋区运动且富含营养物质的上升流区是潜在的有机质高沉积速率区。具有分层特征且底层水氧含量极低的全部或部分封闭的水体有利于富含有机质沉积物的积聚和保存，如地中海（Emeis and Weissert，2009）和日本海（Stax and Stein，1994）的新近纪和第四纪腐泥沉积（腐泥是指总有机质含量大于2%的泥）、大洋中广泛分布的下白垩统阿尔布阶黑色页岩（Jenkyns，1980）等均在大洋底层水缺氧期和缺氧环境形成。沉积物中有机质分解消耗氧气导致孔隙水缺氧。如果底水也缺氧，则食碎屑生物和滤食生物均不能存活。沉积物也不受掘穴动物的扰动，形成的黑色页岩因此具有典型的细层状构造。

远洋沉积速率一般为0.001~0.06mm/a（图8-6），但在外陆架和上斜坡上升流区，沉积速率可达0.1mm/a。洋流控制着冷暖水团的混合、生物生产力、上升流的位置以及各种化学成因沉积物，如磷钙土的分布。海洋环流与水深、盆地地形、低氧或缺氧区以及生物生产力相互作用，控制着开阔海洋生物成因沉积物的分布。

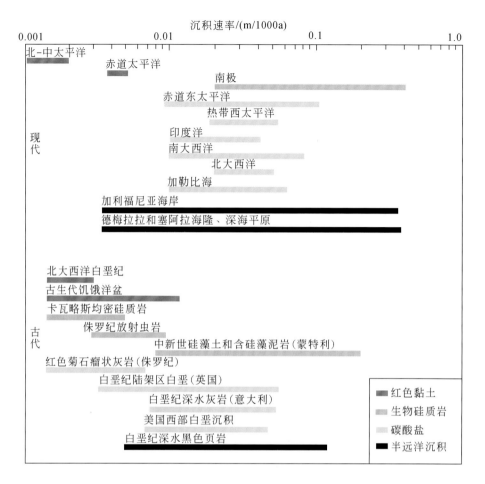

图 8-6　现代和古代远洋、半远洋沉积物的沉积速率（Schole and Ekdale, 1983）

8.3　大洋沉积记录与全球变化

　　不论是识别和分析不同时间尺度、不同气候因素以及不同地理区域的海洋和气候变化，抑或是深入了解地球表层复杂的海洋气候系统运行的规律，都必须依托于对大洋沉积物的研究。存储在大洋沉积物中的全球变化信息的自然"档案"是重建过去海洋和全球变化的主要物质载体。大洋沉积记录就是一本记载海洋环境和全球变化的史书，科学家通过各种手段解读其中记录的海洋和全球变化的信息，最后"重建"岩芯记录时间段内的环境和全球变化历史。例如，两极冰盖的形成改变了地球气候对轨道周期的响应，对新生代两极冰盖出现和增长的认识得益于大洋钻探取得的深海沉积记录。气候和季风演变也是大洋钻探计划的关键学术目标之一，全球季风通过夏季风降水和化学风化等过程影响从陆地到海洋的物质输送，从而影响海洋的生产力和碳循环，气候演变的"低纬过程"和"高低纬度联动"是气候与海洋变化研究的重要内容。大洋沉积物化石组合（如沟鞭藻、底栖有孔虫、介形虫）中各物种数量比例和介壳形态变化（如浮游有孔虫）等可以提供大洋海水盐度和温度等环境信息。利用包括有孔虫转换函数、有孔虫 Mg/Ca 值、烯酮不饱和度 UK37v 古菌脂类环化指数 TEX_{86} 等可以重建古海水温度变化。利用有孔虫壳体的硼同位素（$\delta^{11}B$）和硼钙比值（B/Ca），以及单体烯酮的碳同位素（$\delta^{13}C_{37:2}$）方法和颗石藻碳同位素差值重建古大气 CO_2 浓度等。

8.3.1 古水深、全球海平面变化及大洋环流模式

美国西部加利福尼亚海域新近纪地层中微体古生物化石研究开创了利用底栖有孔虫组合确定古水深的方法（Ingle，1975），Ingle（1980）详细解释了该方法的步骤和使用条件。因为底栖有孔虫古近纪以来的种属与现代近亲有相似的行为，所以利用底栖有孔虫估计新生代沉积地层的古水深是可靠的，前提是一定要明确底栖有孔虫种属生活的上限水深值，因为死亡的有孔虫向下搬运会污染上斜坡的有孔虫样本。该方法也成功地应用于晚白垩世沉积地层古水深的估算（England and Hiscott，1992）。

大洋中脊扩张速率较高造成洋盆体积缩小，以前曾认为晚白垩世全球平均海平面远高于当今水平（Hays and Pitman Ⅲ，1973）。假设当今海平面平均高度为 0，根据洋壳扩张速率计算得出的晚白垩世平均海平面可达 250～320m（Pitman Ⅲ and Golovchenko，1983）。但根据 ODP 在美国新泽西州海岸的 ODP 150、150X、174A、174AX 等钻孔取芯沉积记录进行的计算，认为此数值可能大大高估了晚白垩世的平均海平面高度。晚白垩世（100～95Ma）平均海平面高度高于当今海平面的 50～70m，之后逐渐降低；90～83Ma 海平面高度高于当今高度 0～25m；约 83Ma 时海平面快速上升至 50～70m，80Ma 之后全球海平面再次下降，至白垩纪结束均在 0～50m（Miller et al.，2005）。

较高的海平面、特殊的洋–陆格局以及远高于新生代的海水温度，使得晚白垩世的全球大洋环流模式与现代迥异（Roth，1986）。白垩世古太平洋在 60°N 与赤道之间也存在类似于现代副热带环流体系的全球性海流，在北半球沿顺时针、南半球沿逆时针运动；在赤道两侧形成从东向西的海流，类似于今天的北赤道流和南赤道流。这两个洋流和特提斯洋从东向西的贯穿性洋流共同构成环赤道洋流体系（Hotinski and Toggweiler，2003）。同时在古南极大陆周围存在一个方向相反的从西向东的表层洋流，类似于当今的环南极洋流。在尚未完全张开的古南、北大西洋各存在一个涡旋状环流。北大西洋涡旋状环流位于古美国东海岸、西非及欧洲西南部

之间，顺时针运行；南大西洋涡旋状环流位于古非洲南部和南美洲南部之间，逆时针运行［图8-7（a）］。

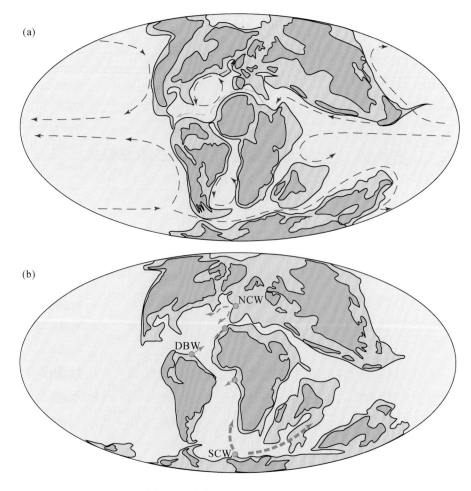

图 8-7　晚白垩世全球大洋环流模式

（a）晚白垩世（100Ma）全球表层环流示意（Roth，1986）；（b）晚白垩世（70Ma）大洋深层水形成位置及可能的传播路径（Voigt et al.，2013）。NCW 表示北部成分水；SCW 表示南部成分水；DBW 表示德梅拉拉底层水

根据全球海区大洋钻孔 Nd 同位素变化，Voigt 等（2013）重建了晚白垩世 73～68Ma 的大洋深层水环流模式［图8-7（b）］。彼时主要深层水流形成地点有三个：北大西洋古伊比利亚半岛北端形成的水团称为北部成分水（northern component water，NCW），形成后沿北大西洋向南流动；南极附近大西洋海域形成的水团称为南部成分水（southern component water，SCW），形成后分别向南大西洋、印度洋及太平洋流动；南美大陆北部德梅拉拉附近海区形成的水团称为德梅拉拉底层水（Demerara bottom water，DBW），形成后向东北方向流动。

南部成分水可能是晚白垩世全球大洋最重要的深层水形成地，北部成分水和德梅拉拉底层水则主要影响北大西洋。通过 DSDP 511 及 ODP 766 钻孔对南大西洋沉积物 Nd 同位素分析表明，南部成分水可能仅存在于白垩纪较冷时期阿尔布期及白垩纪最晚的坎潘-马斯特里赫特期（Huber et al.，2002；Robinson et al.，2010），白垩纪极热期南部成分水的形成非常缓慢。

尽管现代大洋环流模式已经非常清晰，除了 DSDP 和 ODP 钻井提供的约束条件外，大洋环流对细粒沉积物和生物相分布的影响尚知之甚少。

8.3.2　海水的氧溶解度和大洋缺氧事件

底栖有孔虫也可以用来量化底水溶解氧浓度。Kaiho（1991）定义了底栖有孔虫氧指数（benthic foraminiferal oxygen index，BFOI），认为当 BFOI 值<3ml/L 时，其值与底层水的含氧量呈线性相关（Kaiho 1994）。BFOI 使用底栖有孔虫三种类群的相对比例估算底水的溶解氧含量："贫氧型"种属呈扁平状、锥状、拉长状外形，总体具有薄壁、多孔和缺乏壳饰等特征；"含氧型"物种具有各种各样的介壳形态，包括球形、平凸透镜状、双凸形和螺旋形，总体上具有体型大、壳饰发育、厚壁等特征；"中间型"或"次氧型"个体通常比"贫氧型"大，发育一定的壳饰，外形常呈锥形、圆柱形、平面螺旋形及小而薄的螺旋形等。Kaminski 等（2002）使用 BFOI 对土耳其马尔马拉海盐度分层水体的溶解氧含量进行了评估，认为该海域在过去 10 000a 中一直为贫氧环境。

随着大洋钻探的逐步开展和对大洋缺氧事件研究的深入，发现在晚白垩世曾多次发生大洋缺氧事件，其中在全球各大洋广泛发生的缺氧事件有 3 次，分别为：①阿普特期 OAE1a 事件，又称 Selli 事件，发生在 ~120Ma；②早阿尔布期 OAE1b 事件，又称 Paquier 事件，发生在 ~111Ma；③OAE2 事件，又称塞诺曼—土伦交界事件、Bonarelli 事件，发生在 ~93Ma。另外，OAE1d 事件，又称 Breistroffer 事件，最早主要在特提斯域的海相沉积中发现，被认为是仅限于特提斯洋的区域性洋盆缺氧事件（Arthur et al.，1990）。然而其后在大西洋（Wilson and Norris，2001）和加利福尼亚弗朗西斯科增生杂岩的远洋灰岩（Robinson S A et al.，2008）中也有发现，显示该事件可能同样具有全球意义。此外白垩纪还发生过一些区域性的大洋缺氧事件，如主要发生在特提斯洋的 OAE1c 事件和主要发生在大西洋的 OAE3 事件（Arthur et al.，1990）。

极高的有机质含量（TOC）是大洋缺氧时期沉积物的最主要特征，表现在沉积物中的特征就是沉积物多呈黑色或黑绿色，且由于多为远洋沉积，沉积物颗粒较细，其成岩产物一般为黑色页岩。全球不同海区大洋缺氧事件沉积物中的 TOC 与其分布海域有直接关系：大西洋、加勒比海和地中海沉积物具有最高的 TOC（>

30wt%）；印度洋埃克斯茅斯深海高原沉积物的 TOC 也高达 25wt% 以上；太平洋多数海区沉积物的 TOC 则在 8wt% ~ 10wt%（Jenkyns，2010）。海洋沉积物 TOC 含量增加的原因主要包括海洋生产力上升及底层水缺氧。有大量证据指向底层水缺氧甚至完全厌氧事件的发生，如指示氧化还原环境的生标化合物在几次大洋缺氧事件中均有发现（Pancost et al.，2004）。一些对氧化还原环境敏感的无机元素，如 Zn、Cd、Co、Cr、Cu、Mo、Ni、V 和 U 等的含量在缺氧事件沉积物中也有显著上升，指示底层水的缺氧环境（Brumsack，2006）。

大洋沉积物高有机质含量并不一定由底层水缺氧导致，如 Kuypers 等（2002）对赤道大西洋 DSDP 144 和 DSDP 367 钻孔沉积物的分析显示，两站位沉积物在 OAE2 事件（塞诺曼—土伦交界事件或 Bonarelli 事件，~93Ma）发生期间 Ba/Al 值大幅升高，指示生产力上升；而 Mo/Al、V/Al、Zn/Al 等对氧化还原条件敏感的指标并没有上升，因此认为赤道大西洋这两个站位 OAE2 事件期间 TOC 上升的主要原因是生产力上升而非底层水缺氧，因此 OAE2 事件指示的是生产力上升事件而非大洋缺氧事件。大洋沉积物中的 Sr 和 Os 同位素数据显示，大洋缺氧事件发生的同时，陆地的风化作用增强。陆地上风化作用增强将导致从陆地搬运输入到大洋的营养物质增加，从而导致大洋生产力上升，这也可能是大洋缺氧事件时期沉积物 TOC 上升的重要原因。大洋缺氧事件会造成大量富含 ^{12}C 的有机质被快速埋藏，因此将造成富含有机质沉积物的 $\delta^{13}C$ 发生负偏移，海洋和大气的 $\delta^{13}C$ 发生正偏移。这一推测在 OAE2 事件中得到了较好的印证。

白垩纪缺氧事件伴随着全球洋–陆格局的重大变化及大洋环境和大洋生物的变化，如底层水缺氧、碳同位素负偏、海洋微体古生物灭绝及大洋环流模式重组、潘基亚大陆的解体等。这些变化与大洋缺氧事件发生的前后顺序和因果关系复杂，对理解大洋缺氧事件发生的主要机制有重要意义（赵玉龙和刘志飞，2018）。

8.3.3 古海洋温度和白垩纪极热期

晚白垩世暖室期全球大洋整体温度处于较高水平。全球不同海区底栖有孔虫壳体氧同位素重建的古海水温度记录显示，晚白垩世暖室期底层海水平均温度在 8 ~ 28℃，塞诺曼—土伦期最温暖时期（也就是白垩纪极热期），北大西洋底层海水温度甚至达到 20 ~ 28℃，远高于现代水平（图 8-8）（Friedrich et al.，2012）。

从全球海洋温度变化整体趋势看，自 115Ma 以来底层水逐渐升温，至 97 ~ 91Ma 达到最高，气候开始缓慢降温，至 78Ma 左右达到 8 ~ 12℃，其后直至白垩纪结束则基本保持稳定。对全球不同海区不同纬度的多个大洋钻探钻孔所获现代底栖有孔虫氧同位素记录进行对比发现，虽然所处地理位置和水深有很大不同，但各站

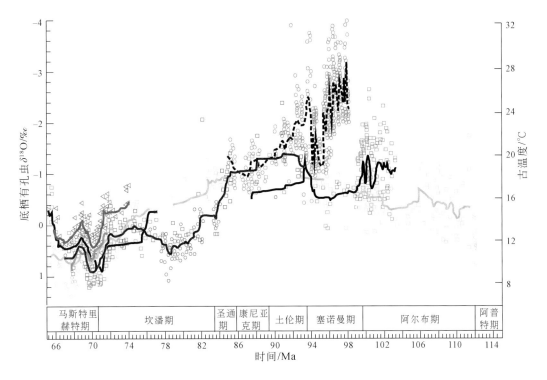

图 8-8　底栖有孔虫氧同位素重建的底层海水古温度（Friedrich et al., 2012）

黑色点为北大西洋记录，灰色点为南半球高纬度记录，红色点为太平洋记录，

蓝色点为赤道南大西洋记录，绿色点为印度洋记录，各色线条为滑动平均

位底层海水温度变化不大（Huber et al., 2002）。

　　海洋钙质微体化石氧同位素数据显示，多数大洋缺氧事件均发生在大洋温度最高时期前后，但大洋温度最高时期并不一定伴随有大洋缺氧事件，相反在某些大洋缺氧事件发生期间还会发生短暂的降温事件。例如，赤道大西洋 DSDP 367 和 ODP 1260 站位有孔虫氧同位素和生物标志化合物 TEX_{86} 所指示的古温度变化显示，该海区在 OAE2 事件开始时大洋表层海水温度先快速从 33℃上升至 35 ~ 36℃，然后降温 4℃，之后再次升温，直到该事件结束（Forster et al., 2007）；赤道大西洋 ODP 1049 站位有孔虫氧同位素数据显示，该海区在 OAE1b 事件开始时大洋表层海水温度快速上升约 8℃，然后下降 4℃，之后再次升温（Erbacher et al., 2001）；赤道太平洋 DSDP 463 站位有孔虫氧同位素数据显示，该海区在 OAE1a 事件开始时大洋表层海水温度快速上升约 8℃，然后开始缓慢降温（Ando et al., 2008）；赤道太平洋 ODP 1027 站位生物标志化合物 TEX_{86} 数据显示，类似的大洋表层海水温度呈先快速升温，然后开始降温的趋势（Dumitrescu et al., 2006）。

　　现代全球大洋表层海水温度很少能超过 28 ~ 29℃，但赤道大西洋 DSDP 144 站位浮游有孔虫氧同位素显示，白垩纪极热期赤道大西洋表层海水温度可达 33 ~ 34℃

（Wilson et al., 2002），甚至超过 35℃ （Bornemann et al., 2008）。位于北大西洋 30°N 的 ODP 1052 站位阿尔布—塞诺曼期表层海水温度也达到 30～31℃。该期大洋表层海水温度纬向变化远低于现代每纬度 0.4℃ 的变化，但即使以中晚白垩世最低的每纬度 0.1℃ 计算（Huber et al., 2002），推测赤道大西洋表层海水温度在中晚白垩世也达到或接近 33～34℃ 的最高水平，这些数据都支持中晚白垩世极热期的存在。

8.3.4 冰盖演变与冰期旋回

20 世纪 70 年代大洋钻探最重大的科学发现之一就是证实了以第四纪冰期旋回为代表的米兰科维奇理论，这一发现标志着古海洋学的形成。大洋钻探随后发现的千年尺度事件（Dansgaard- Oeschger 事件）是冰期旋回中的普遍事件（Raymo, 1997）。地球并非自诞生之日起就有永久性冰盖，实际上，地球大部分时期都属于极地无大冰盖的"暖室期"。以新生代（65Ma 以来）为例，地球在经历了长久的两极无冰时代之后，于 34Ma 形成环南极洋流，15Ma 东南极冰盖进一步扩张，地球进入"单极有冰"时期。直到 ~3Ma 地球气候系统才以南、北两极均有永久性大陆冰盖的形式运行，正式进入"冰室期"（Kennett and Shackleton, 1975）。两极冰盖的形成改变了地球气候对于轨道周期的响应，最具代表性的就是第四纪冰期旋回。

冰盖演变与冰期旋回作为地球表层水循环的一部分，实际上就是地球表层水分和热量的变化，通过水分的分配和相变以及热量的传输，并作用于气候的过程。地球表层水 98% 呈液态，固态水只占 2%。正是这 2% 的固态水，成为影响全球气候变化的关键因素。固态水包括大陆冰盖和冰川、冰架、海冰、湖冰、河冰、冻土和雪，主要分布在大陆。除地下水外，地球表层 90% 的淡水以冰的形式存在，主要集中在南、北两极（汪品先等，2018）。虽然古气候研究的起点在阿尔卑斯的古冰川，但由于全球山地冰川不及两极冰川的 1%，极地冰川才是研究全球水循环的重点。由于冰盖的出现、增长、消融和旋回变化具有重大的气候环境效应，古海洋和古气候研究一直以来都聚焦在新生代两极冰盖的出现、演变和冰期旋回方面。

8.3.4.1 暖室期和冰室期

新生代早期的地球温度远高于现在，不发育冰盖。始新世晚期海底出现冰筏沉积物，但此时地球表层尚无永久性陆地冰盖。大洋岩芯记录表明，55～48Ma 前的早始新世是新生代以来最温暖的时期，比现在平均高 10～12℃，且不同纬度间的温差也小得多（Bijl et al., 2009）。30 年前在南极威德尔海的大洋钻探发现，古新世末期（56Ma）底层海水突然变暖，导致 1/3～1/2 的底栖有孔虫种类灭绝，但对浮游有孔虫影响不大（Kennett and Stott，1991），后来该事件在其他大洋也陆续被发现。在短短 17 万年时间里，全大洋沉积中氧、碳同位素发生急剧的负偏移，同时海底碳酸盐发生强烈溶解（Zachos et al.，2008），大量碳从海底进入海洋和大气，造成"超级温室效应"，使全球升温 5～8℃（McInermey and Wing，2011）。该事件被称为古新世—始新世高温事件（Paleocene-Eocene Thermal Maximum，PETM）[图 8-9（b）]。PETM 事件使得深海碳酸盐补偿面上升 2000m，原来的红藻和珊瑚等造礁生物群被有孔虫群落取代。海底也发生生物大灭绝事件，大陆坡中下部的底栖有孔虫种类减少 30%～50%，存活的种类其钙质壳变薄变小（McInerney and Wing，2011）。从同位素的记录看，PETM 事件是一次来得快、去得慢的不对称过程。古新世末高温事件的驱动机制尚在探索之中，但学术界普遍认为是由一次大规模的海底甲烷溢漏事件引起的。证据有二：①全球大洋底栖有孔虫壳体的稳定同位素 $\delta^{13}C$ 值出现了幅度达到 3% 的负漂移；②大洋深海碳酸盐的强烈溶解，两事件的诱因共同指向海底甲烷溢出事件。

经历了漫长"暖室期"后，大洋岩芯底栖有孔虫氧同位素记录开始呈现逐渐变重的趋势（Zachos et al.，2001），地球也从古新世—始新世的暖室期逐渐降温过渡到冷室期 [图 8-9（b）]。有孔虫硼同位素和有机质生物标记物等显示大气 CO_2 浓度从新生代早期的 >3000ppm[①] 逐渐降低，在中晚中新世时期其浓度保持相对稳定在 <350ppm，与工业革命前较为接近。至上新世暖期（5.5～3Ma）大气 CO_2 浓度再度明显上升至 350～450ppm（Martinez-Boti et al.，2015），随后逐渐降低到晚第四纪的 200～300ppm [图 8-9（a）]。随着新生代全球变冷及永久冰盖开始出现，海平面也开始下降（Kominz et al.，2008），全球气候从中生代到新生代早期的"暖室期"进入新生代晚期的"冰室期"。

南极冰盖真正意义上的形成是在始新世—渐新世之交的 34Ma，塔斯马尼亚海 DSDP 29 航次的岩芯分析表明，33.5Ma 底层海水温度剧烈降低 5～6℃ 便是证明。这一时期底栖有孔虫氧同位素加重 1.5‰，深海碳酸钙补偿深度加深 1000m，这一事件被称作 Oi-1 事件 [图 8-9（b）]。Oi-1 事件导致气候环境的转型，冰盖、洋流和碳循环也发生重大变化（Coxall et al.，2005）。其后南极气候虽经历多次反复，但总趋势依然表现为温度下降，冰盖增大。关于南极冰盖的形成原因目前尚存争议。早期认为，构造运动导致德雷克和塔斯马尼亚海道的开启是驱动南极冰盖形成的主要原因。澳大利亚和南美洲板块向北漂移，南大洋德雷克和塔斯曼尼亚海道开启导致

---

① 1ppm = 1×10^{-6}。

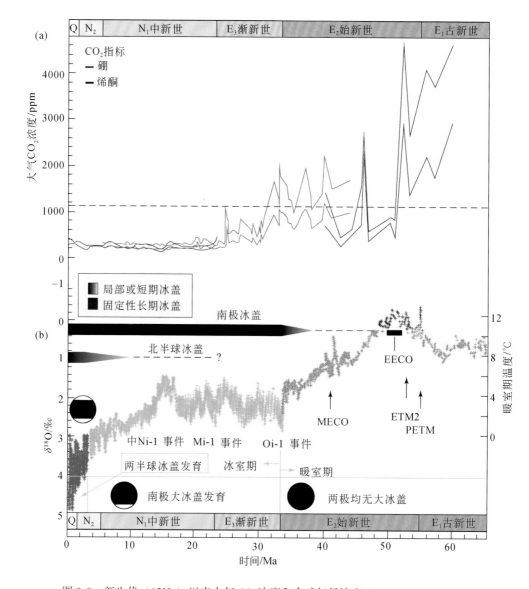

图 8-9　新生代（65Ma）以来大气 CO_2 浓度和全球气候演变（Zachos et al., 2001）

（a）65Ma 以来大气 CO_2 浓度变化；（b）65Ma 以来深海 $\delta^{18}O$ 变化。黑柱表示冰盖，其断续线表示冰盖不连续

环南极流的形成。环南极流的形成阻隔了低纬度地区热量的输入，造成"热孤立"，最终促成南极冰盖的形成。南极冰盖形成的另一假说是温室气体 CO_2 浓度的变化[图 8-9（a）]。始新世大气 CO_2 浓度约为 1000ppm，31～34Ma 期间显著下降。模拟结果也表明，当大气 CO_2 浓度在 ~800ppm 时，东南极冰盖体积变化对太阳辐射量、构造活动和植被等的变化都极为敏感（DeConto and Pollard, 2003）。南极冰盖形成过程是阶段性的，当大气 CO_2 浓度大于 600ppm 时，冰盖较小；当降到 600ppm 以下时，冰盖迅速扩大。这也是 Oi-1 事件在 34Ma 年已经开始，而稳定的大冰盖在

32.8Ma 才最终形成的主要原因（Galeotti et al.，2016）。

南极冰盖的形成使地球进入冰室期，之后的气候转型事件（Mi-1 事件以及 Ni-1 事件）都与冰盖的演变有关。南极冰盖大量坐落于海洋之上，对气候受化最为敏感。当海洋储热和大气 CO_2 浓度上升时，南极冰盖有可能消之，造成海平面的剧烈上升。南极冰盖的扩张与缩减成为气候变化的主要动力，甚至影响着北半球大型冰盖的形成。

与南极冰盖在渐新世开始显著出现不同，北半球冰盖的演变则经历了更为持续、渐变的历程。北冰洋大洋钻探成果显示，早在 45Ma 北冰洋就存在冰筏沉积，而在中中新世气候环境转型期，北冰洋钻孔中的冰源沉积物也有显著增加，可见南、北半球极地冰盖的形成过程其实是遥相呼应的。北半球高纬地区在中中新世才开始出现短暂的冰盖，北太平洋的冰筏碎屑物在更新世（2.7Ma）以来才开始大量出现，标志着北半球永久性冰盖的开始（Prueher and Rea，2001）；深海氧同位素的记录在 2.6Ma 显著正偏，支持北半球冰盖体积的扩大（Zachos et al.，2001）。地球自此开启了两极有冰，并具有显著的冰期–间冰期旋回为特征的气候模式。在此期间 1～3Ma，底栖有孔虫 $\delta^{18}O$ 在偏心率 100 000a 和岁差 23 000a 周期上较弱，而斜率 41 000a 周期较强，约 0.9Ma 之后冰期–间冰期旋回的幅度进一步增强、冰期旋回周期从 41 000a 转变为 100 000a，反映北半球冰盖体积及其变率进一步加大。这一转变被称为中更新世转型或者中更新世革命。中更新世过渡的转型强化了赤道太平洋的沃克环流，使得东西太平洋的温度梯度达到现代的规模（McClymont and Rosell-Mele，2005），并造成 76 种深海底栖有孔虫的灭绝，是地质历史上最晚的一次全球性深海生物大灭绝事件。

8.3.4.2 冰期旋回与轨道周期

20 世纪早期发现欧洲阿尔卑斯山的冰山漂砾和羊背石擦痕，由此识别出第四纪的玉木、里斯、民德和贡兹四次冰期（图 8-10）。之后在美洲发现与欧洲四次冰期对应的威斯康星、伊利诺伊、堪萨斯、内布拉斯加冰期。为解释冰期的旋回式出现，人们想到了地球轨道运动的周期性。20 世纪初，南斯拉夫机械工程师米兰科维奇计算了地球轨道的偏心率、斜率和岁差变化，科学论证了北半球夏季辐射量周期性变化与地球气候的冰期–间冰期旋回的联系。地球轨道变动参数包括公转椭圆轨迹的偏心率、地轴倾斜的斜率和地球在公转轨道上的进动（亦称岁差）。偏心率决定了地球近日点和远日点相对太阳的距离，其长期变化周期为 10 万年和 40 万年；斜率调整地球不同纬度相对朝向太阳的角度，从而决定了辐射量的纬度分布，变化周期稳定在 4 万年；岁差会造成不同季节时地球在轨道上的位置变化，如夏季在近日点或远日点的差别，从而导致太阳辐射量季节分布的变化，变化周期为 2 万年。20 世纪中叶，埃米利亚尼（Emiliani）将稳定同位素方法应用到海洋沉积记录的分析，发现过去 30 万年来底栖有孔虫氧同位素组成变化与米兰科维奇周期高度一致，其结果有力地验证了米兰科维奇假说。随后的冰芯、黄土、石笋等记录都证实了这一假说，使得米兰科维奇学说成为地球科学理论上的重大突破。

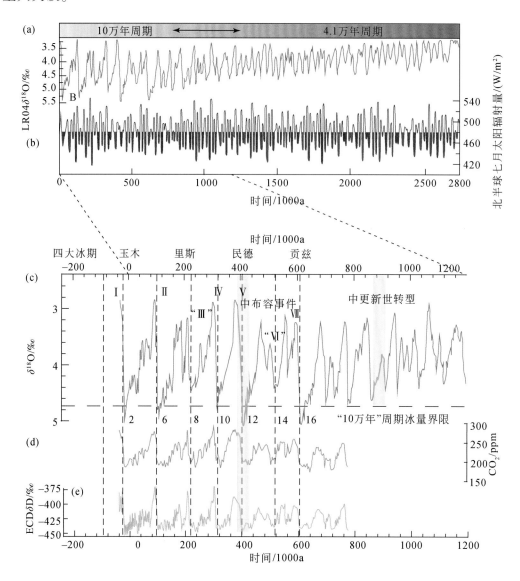

图 8-10　不同地质记录中的冰期旋回与太阳辐射变化（Raymo，1997；Tzedakis et al.，2009）

（a）深海 δ^{18}O 记录；（b）北半球 7 月太阳辐射量；（c）南极冰芯气泡中的大气 CO_2 浓度；（d）南极冰芯的氢同位素 δD；（e）深海沉积底栖氧同位素

　　根据米兰科维奇理论，轨道周期理应对地球气候演变都有影响，但是冰盖的变化却不能完全用轨道参数的变化来解释。例如，最近 1Ma 以来的冰期旋回以近 10

万年的周期为特征，同时兼具 4 万年的斜率周期和 2 万年的岁差周期（图 8-10），而中更新世（1Ma）之前则以 4 万年斜率周期主导。什么因素造成了这些不同的周期？又是什么因素导致周期的转型？古气候记录表明，晚第四纪冰期旋回中，冰量增进和消融的速率完全不同，冰消期往往发生在一万年之内，而冰进期则会持续几万年。冰进和冰消的"不对称性难题"也需要考虑冰盖本身的演化动力。另外，地球轨道参数变化导致的辐射量变动在 10 万年周期上的幅度几乎可以忽略不计，而在 4 万年和 2 万年周期上更为显著，这就构成了冰期旋回的另一个难题，即"十万年难题"。从地球轨道变化的原理上讲，偏心率变动导致的辐射量变化微乎其微，很难直接驱动大洋碳循环的变化。热带才是地球表面太阳辐射量最集中的地区，热带海–气过程也是现代地球气候最主要的动力引擎，因此只考虑冰盖涨缩是否能够完全解释过去气候长期变化的动力尚存疑问。21 世纪之后，以石笋氧同位素为代表的一系列热带陆地和海洋古气候记录显示出以岁差周期为主导、10 万年周期相对不显著或次要的演变特征（Dang et al.，2015），显示了热带过程在古气候演变中的重要作用。

从整个地球系统来看，气候的长期演变必然涉及高低纬度区和不同时间尺度的气候过程，因此需要认真分析海洋–大气–陆地等不同圈层协同参与的水循环和碳循环等多种物质能量循环过程。这样的理念使得古气候演变的研究越来越强调除冰盖以外的其他驱动机制的分析。以热带海洋大气的 ENSO 现象（厄尔尼诺和南方涛动）、季风体系等为基础，中国科学家基于在南海实施的大洋钻探 ODP 184 航次研究结果提出了气候演变的热带驱动假说，太阳辐射量的岁差周期变化直接作用于热带气候过程，进而对中低纬度的海–气耦合过程、季风降水，以及碳循环等产生效应，从而调控地球气候的演变（翦知湣和金海燕，2008）。碳循环和水热循环是地球气候系统最核心的两个"运行"系统，因此研究碳的偏心率长周期是解码地球气候系统的关键。米兰科维奇理论可以帮助我们找到过去地球气候系统演变的规律，但还不足以清楚地预测未来气候如何发展。未来关于"冰盖演变与冰期旋回"的研究不仅要着眼于高纬度地区，更要联动低纬度气候过程。

南海大洋钻探 ODP 184 航次研究首次发现碳循环的偏心率长周期，提出了气候演变的冰盖驱动和热带驱动的"双重驱动"假说（Wang et al.，2010），并将气候演变热带驱动落实在"全球季风"演变的新概念上，使得低纬全球季风演变的研究与冰盖消长一样，已成为国际全球变化的新命题。当前，全球气候的"热带驱动"论尚有争议，也未被学术界广为认识并接纳。将来"热带驱动"将主要从全球季风与水文循环、海洋碳储库的长周期变化、高低纬相互作用三个方面入手进行深入研究。

8.3.5 季风演变

现代观测记录清楚揭示了低纬水循环和季风在地球气候系统中的重要角色。全球水循环在中低纬区最为活跃，全球降水量有 2/3 发生在 30°N ~ 30°S 的低纬度区域，全大洋蒸发量有约 75% 来自 40°N ~ 40°S。低纬水循环包括季风活动、热带辐合带迁移、厄尔尼诺-南方涛动等多种形式，其中季风活动是年降水最大的变量，其他两种形式的水循环也与季风活动耦合在一个体系中。因此，季风活动的研究是探索低纬水循环的恰当切入点（黄恩清和田军，2018）。除了南极洲外，各个大陆上都发育有规模不同的区域季风系统，包括北非季风、南非季风、东亚季风、印度季风、澳大利亚季风、南美季风和北美季风等。近年来，随着遥感观测资料和高分辨率季风地质记录（特别是具有绝对定年的石笋记录）的涌现，发现各个区域季风在轨道到季节时间尺度上的变化规律具有一致性，由此提出了"全球季风"的概念。

海洋沉积物中反映季风演化的替代性指标有两类（Wang et al.，2014）。一类与季风风力强度相关。例如，风场变化可以引起海洋上升流强度、表层温度、温跃层结构、海洋生产力、海底氧化还原环境、陆源风尘沉积通量等指标的变化。另一类与季风降水强度相关。例如，降水量变化可以引起河流入海通量、陆地植被类型、降水同位素、营养盐输入、化学风化强度、表层海水盐度等变化。需要指出的是，各个区域季风系统中的"风"和"雨"是两个相关但不一定完全耦合的变量。另外，各个季风替代性指标还受到陆地和海洋中非季风气候过程及其沉积作用的影响。

下面对印度、东亚季风系统的重要成果进行简要介绍。

8.3.5.1 印度季风

由于欧亚大陆和热带印度-太平洋之间季节性热力学差异的驱动，再加上青藏高原的热效应，亚洲季风成为全球最活跃的区域季风系统。以 105°E 为界，亚洲季风可以划分为印度季风和东亚季风。亚洲古季风研究的首要问题是现代季风系统何时开始建立？据 ODP 117 航次在阿曼岸外钻取的记录，发现指示印度夏季风风力和海洋上升流强度的浮游有孔虫 *G. bulloides* 的百分含量在 ~8Ma 前后出现突然升高，这很可能指示现代印度季风系统的确立（Kroon et al.，1991）。这一推断随后得到气候数值模拟结果的支持，即当青藏高原至少隆升到现代高度的一半时，太阳辐射量才可能驱动形成相当于现代规模的印度季风降水。也正是在 ~8Ma 前后，中国黄土的大规模堆积及巴基斯坦地区 C4 植被的大面积扩张，证实了晚中新世青藏高原高度已经达到相当规模，向北输送的水汽被阻隔在青藏高原以南，导致亚洲内陆出现干旱化环境而南亚地区出现显著的季风气候。

现代印度洋由于海陆分布的原因，中深层海水通风程度很弱，发育有体积庞大的缺氧水体。在夏季风驱动的上升流作用下，上层水体生产力提高，输出有机质的矿化作用会进一步提高中层水的缺氧程度和反硝化作用。因此追踪缺氧水体的形成和演化有可能还原季风的历史。通过岩芯分析发现，阿拉伯海的中层水在 10.2～3.1Ma 期间并不缺氧，缺氧信号在 3.2～2.8Ma 才出现，并在 ~1Ma 时得到进一步增强，且没有之前 ODP 117 航次发现的 ~8Ma 时季风风力加强的信号。而马尔代夫地区，在 25～13Ma 期间水体只有微弱的缺氧信号，缺氧水体的扩张是在 13～12.9Ma 之后出现的。这些不一致的季风重建结果可能由以下几个原因引起：①印度季风区包括了很大的区域范围，每个区域（孟加拉湾、阿拉伯海和马尔代夫）的季风演化历史并不一致；②印度季风系统中"风"和"雨"可以有不同的演化历史；③利用深层海水缺氧程度来还原季风历史存在方法上的不确定性。印度洋水体缺氧程度除了受到表层输出生产力的影响，还会受到海陆分布、南大洋表层水潜沉速率、深层海水更新速率等因素的影响，并且季风之外的影响原因更加重要。

ODP 117 航次最早利用时间序列分析方法探索轨道尺度上印度季风的驱动机制。如图 8-11 所示，基于阿拉伯海一系列与风力变化相关的指标，合成了 35 万年以来印度季风的综合记录。发现印度夏季风强度存在显著的岁差周期，但在岁差相位关系上，印度夏季风滞后于北半球 6 月太阳辐射量 5800a，同时也滞后于大气温室气体含量和全球冰盖最小值变化，但领先于 12 月太阳辐射量变化。由此得到一个结论，印度夏季风不但受控于北半球夏季辐射量引起的亚洲−印度洋海陆温差，同时也受到冰期旋回和南半球冬季太阳辐射量引起的海洋潜热释放的影响，但是这一结论受到新的季风记录的挑战。例如，孟加拉湾代表陆地侵蚀风化强度的季风记录和陆地上的石笋记录，都表明印度季风降水变化的主控因素只是北半球夏季太阳辐射量，并且在岁差周期上，6 月太阳辐射量和孟加拉湾的相位差仅仅约为 2000a。两类记录的差异曾引发学界的激烈争论，有学者质疑阿拉伯海的季风指标可能并非真实的季风记录，而是受到别的气候过程的影响（Ruddiman，2006）。以"降水"为基础的替代性指标可能更真实地刻画了印度季风的变化。

8.3.5.2 东亚季风

与其他季风系统相比，东亚季风的经度跨越范围最大。东亚夏季季风气流向内陆推进过程中，影响范围可以远至 45°N。根据陆地上零星分布的化石和岩石记录，推测东亚大陆古近纪主要受到行星风系的影响，新近纪转变为受季风风系控制，现今中国大部分国土在副热带高压的影响下显现干旱的气候特征，东部大部分地区为

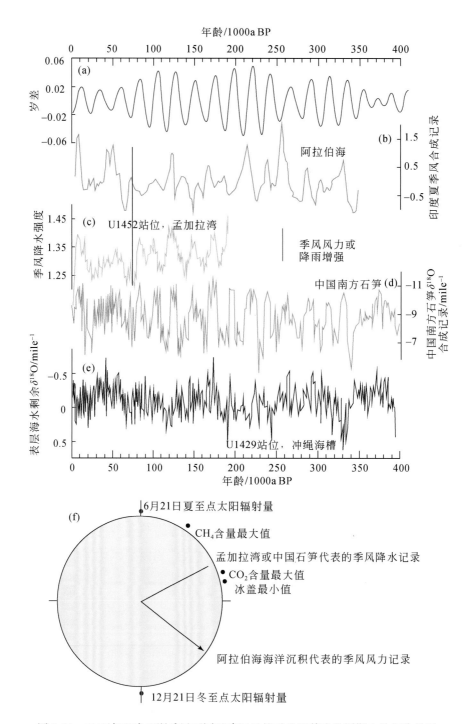

图 8-11　35 万年以来亚洲季风不同重建记录的对比及其岁差周期上的相位差异

（a）岁差；（b）基于阿拉伯海"风力"指标的印度季风合成记录（Clemens and Prell，2003）；（c）孟加拉湾
U1452 站位代表陆地季风降水强度的重建记录；（d）中国南方石笋氧同位素合成记录（Cheng et al.，2016）；
（e）冲绳海槽 U1429 站位表层海水同位素重建记录（Clemens et al.，2018）；（f）相轮显示在岁差周期上，各个季
风指标与夏至日、冬至日太阳辐射量以及冰盖体积、温室气体含量相位关系

湿润环境。最古老的黄土记录证实现代东亚季风系统至少在～22Ma之后就一直存在。更连续和完整的季风记录来自南海北部ODP 184航次数个站位的取芯资料（图8-12）。1148站位岩芯黑炭碳同位素的波动在30～23Ma期间较为稳定，而在～23Ma之后出现较大幅度的振荡，可能代表渐新世—中新世转折期现代东亚季风系统的出现和建立。结合1148和1146站位的化学风化指标，推测在18～10Ma，与全球温暖气候条件相伴随的是较为强盛的东亚夏季风降水。8～7Ma之后，东亚夏季风强度和影响范围有所收缩，亚洲内陆干旱化程度加深。

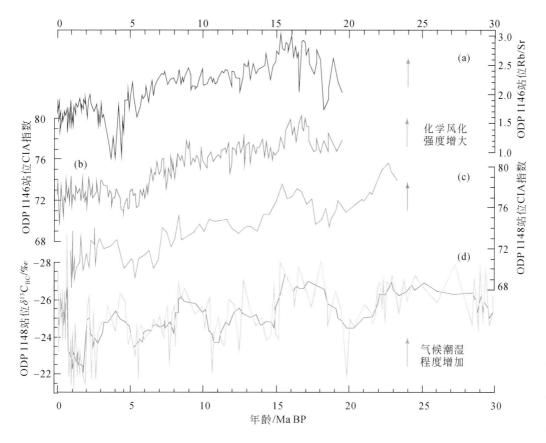

图8-12 南海ODP第184航次渐新世以来的古气候记录

（a）～（c）ODP 146和1148站位化学风化指标和Rb/Sr记录；（d）ODP 148站位黑炭碳同位素
反映的陆地C3/C4植被比例和季风降水气候变化

东亚季风和印度季风系统在构造尺度上是否呈现相同的演化历史？南海和孟加拉湾最新钻探结果表明，两个季风系统似乎都在渐新世—中新世过渡期时形成，并在早中新世达到鼎盛状态。青藏高原的隆升（～8Ma）很可能对两个季风体系造成不同程度的影响，可能在增强了印度季风强度的同时，削弱了东亚季风的强度。

与印度季风的研究类似，晚第四纪轨道尺度上的东亚季风演变规律也存在巨大争论，黄土记录表明，东亚夏季风变化追随冰期旋回的节律，表现出明显的10万年周期。中国长江流域和西南的石笋氧同位素记录则表明，东亚夏季风受岁差周期控制（图8-11）。IODP 346航次在冲绳海槽获取的高沉积速率岩芯记录中没有岁差周期，只有明显的10万年偏心率周期和4万年斜率周期（Clemens et al.，2018）（图8-11）。黄土和冲绳海槽钻探记录很可能表明，东亚地区季风降水对冰期旋回和温室气体含量变化的响应更加敏感。南海ODP 184航次则揭示了东亚季风和海洋碳储库的另一个重要规律，即40万年的长偏心率周期（图8-13）。几乎在整个新生代，尤其是在渐新世，全球大洋表层和深层海水无机碳同位素都存在40万年波动周期，偏心率振幅的低值期对应于无机碳同位素的正偏移。这种周期也体现在碳酸盐溶解指标和季风记录中（图8-13）。当受偏心率调控的太阳辐射量出现低值时，低纬季风强度减弱，陆地风化作用和入海营养盐通量减小，导致海洋生产力减弱和惰性溶解有机碳储库的扩大，最终引起无机碳库碳同位素值偏重（Wang et al.，2014）。新生代全球大洋无机碳库的40万年周期，很可能是全球季风规模强烈波动的体现。

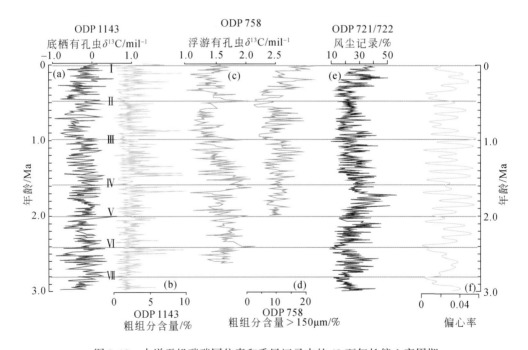

图8-13　大洋无机碳碳同位素和季风记录中的40万年长偏心率周期

（a）和（b）南海ODP 1143站位底栖有孔虫碳同位素和粗组分含量记录；（c）和（d）孟加拉湾ODP 758站位
浮游有孔虫碳同位素和粗组分含量记录；（e）阿拉伯海ODP 721/722站位风尘记录；

（f）偏心率（Wang et al.，2010）。1mil=1ml

第 9 章 重力流沉积体系

沉积物从陆地经由陆架搬运到半深海、深海的机械搬运过程主要有三种：①泥沙重力流，如浊流和碎屑流；②在洋底形成的温盐密度流；③将悬浮沉积物带出大陆架的表层风驱流或河流羽流。海洋中密度界面处的表面波、内波、内潮汐作为陆架斜坡上部和某些海底峡谷顶部物质的搬运介质在局部是比较重要的，而要深入了解深海中普遍存在的砂体沉积过程和成因机制，还须了解沉积物重力流的动力学特征和搬运机理。浊流是重力流中的一种沉积类型。

瑞士学者 Forel 1887 年对流入日内瓦湖的罗纳河观察发现，冰川融化挟带大量泥沙进入日内瓦湖后就不见了。他认为是因泥沙相对密度大，滑下去后形成密度底流（浊流）进入了湖底。Daly 于 1936 年用悬浮沉积物产生密度底流的观点来解释海底峡谷的成因，探讨了海底侵蚀作用，首次强调了浊流是一种侵蚀作用很强的水下流。Kuenen 认同这一观点，在一系列水槽实验的基础上，证明密度流存在的可能性和一些共同的特性，发表了《浊流是递变层理形成的原因》一文，掀起了浊流研究的新篇章。1929 年加拿大南部格兰德滩发生 7.2 级地震后，因地震激发起浊流的阵发性活动切断了附近海底铺设的电缆。在坡度为 0.6% 的陆坡上，浊流平均流速达 20m/s。鲍马对复理石沉积进行了研究，概括出了反映浊流沉积特征的鲍马序列，以此作为鉴定古代浊流沉积的重要证据。浊流理论的提出是沉积学研究中的一个重要里程碑。浊流理论把递变层理解释为浊流成因，从而认识到在深海泥岩中沉积的粗碎屑物质是由高密度浊流搬运和堆积的，浊流也是将浅海沉积的碎屑物质搬运到深水环境非常重要的驱动力。

20 世纪 70 年代，沉积地质学家将研究对象从浊流沉积进一步扩展到碎屑流、颗粒流、液化流等多种类型的重力流沉积。这一阶段可用于浊流研究的数据有限，仅包括陆地上古代沉积露头、海洋地震剖面和现代扇的浅活塞取芯，这导致对重力流沉积的理解严重依赖于古代序列。现今，石油勘探专家发布的三维地震属性图和层位图、高分辨率多波束测深和侧扫声呐图、DSDP、ODP 和 IODP 提供的现代海底扇的长岩芯使浊流的研究更为系统、深入。

全球切割陆架及斜坡的海底斜谷及与其关联的盆底扇的位置和分布如图 9-1 所示（Fisher et al.，2021）。在被动大陆边缘盆地（Sayers et al.，2017）、海沟

（Underwood et al.，2003）、弧前盆地（Clift et al.，1998）、弧后盆地（Tokuhashi，1996）、前陆盆地（Sharman et al.，2018）及深湖中均常见盆底扇浊流沉积（丘东洲，1984；冯有良等，1990；朱筱敏等，1991；李文厚等，1997）。

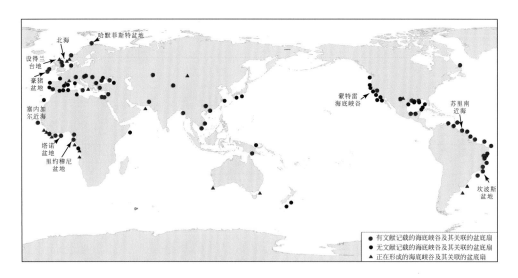

图 9-1　全球切割陆架、斜坡的海底峡谷及与其关联的盆底扇的位置和分布（Fisher et al.，2021）

9.1　沉积物重力流概念、颗粒悬浮机理和类型

9.1.1　沉积物重力流的概念

　　沉积物重力流是一种包裹泥、砂和砾石等混杂颗粒，呈悬浮状态搬运、靠重力驱动的高密度底流，是一种特殊类型的颗粒重力流（McCaffrey et al.，2001）。在颗粒重力流大类中，颗粒可以是雪和冰，流体相可以是火山气体。在工程实践中，这种流动的固体和流体的混合物被称为颗粒流、浆液流或粉末流，具体取决于颗粒的大小、流体是液体还是气体以及内聚力是否显著等。本书使用与地质学上更为相关的"沉积物重力流"这一术语。

　　沉积物重力流运动过程中，其挟带的颗粒大部分时间处于悬浮状态，而不与海底接触。浓度较小的沉积物重力流的悬浮颗粒无论是否经历牵引流搬运阶段，最终按由粗到细的顺序沉降到海底形成递变层理。该过程称为选择性沉积（Lucchi，1995），因为颗粒是依据其大小、形状、密度或其他一些固有属性而逐步沉积的。浓度大的沉积物重力流或黏性泥石流的颗粒不能自由独立运动，因而呈整体块状沉积（Ricci，1995），形成分选差、层理不发育、塑性变形明显、逃逸构造发育的连贯滑动变形沉积。选择性沉积和与整体块状沉积还是有很大区别的。

  重力流沉积物的成因多种多样，重力流物质可以来自海底峡谷的搬运，也可以由进积三角洲前缘沉积物向前垮塌而成（图9-2）。重力流沉积物的平面形态可为扇形或长条状，形成的重力流沉积可由砾岩组成，也可以泥岩为主。重力流沉积物与岩性油气藏勘探关系极为密切，是近期关注的重要深水油气储集类型。特别是在勘探程度较高的沉积盆地中，将重力流沉积置于层序地层格架内，可有效预测评价岩性圈闭。

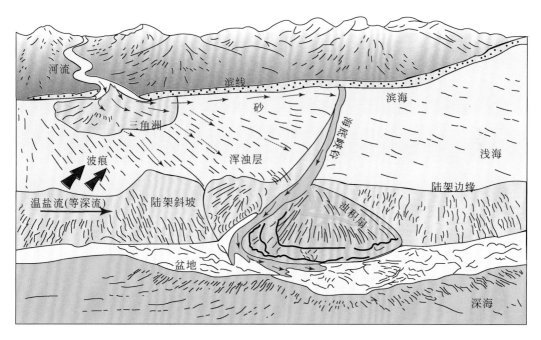

图9-2 重力流的物质来源、搬运路径和沉积位置示意

加利福尼亚波尔德·兰德盆地沙（实线箭头）和泥（虚线箭头）的来源、路径、搬运模式

9.1.2 沉积物重力流的颗粒悬浮机理和形成条件

  沉积物重力流是短暂的阵发性快速运动的高密度流体，含大量悬浮物质。悬浮颗粒依赖于杂基支撑，呈整体块状运动并对斜坡或峡谷产生侵蚀作用，一般发育在大陆斜坡及坡脚。沉积物重力流的形成一般需要具备维持沉积物重力流颗粒呈悬浮状态的作用力、构造背景、物源供给、沉积水深和地形坡度等条件。

9.1.2.1 沉积物重力流的颗粒支撑机理

  当密度较大的流体或塑性物质受重力作用在密度较小的介质下方移动时，就会产生密度流。水、空气等均可作为高密度流体的介质。一旦受到重力剪切应力作用，重力流就会不断发生形变，直到达到临界剪切应力。重力流与环境流体的密度差异可由成分差异、温度差异、悬浮物质的存在或盐度差异引起。

沉积物重力流流动搬运过程中，其挟带的颗粒大部分时间处于悬浮状态，而不与海底接触。浊流可以有效地挟带砂级碎屑穿越陆架和大陆斜坡沉积在深海斜坡边缘，具有"路过不留"的特征，甚至对流经路径产生净侵蚀。例如，进入大西洋东北部马德拉深海平原的富泥浊流穿过陆架流经大陆斜坡"路过不留"，而在深海平原形成大型富泥浊流沉积。泥质在陆架或斜坡处"路过不留"需要细颗粒物质维持悬浮状态。Bagnold 称这种悬浮状态的维持现象为"自悬浮"（autosuspension）；Southard 和 Mackintosh 称之为"自我维持力"（self-maintenance）。除了挟带细颗粒的重力流在陡坡处因悬浮颗粒的过剩密度及重力加速度的向下分量联合诱发作用形成浊流，真正的"自悬浮"在自然界中可能并不常见（图9-3）。高密度流流动所产生的紊流使颗粒保持悬浮状态，而颗粒的悬浮状态又促使其与上覆海水始终形成密度差，从而保持紊流的持续作用并使颗粒长期处于悬浮状态（Pickering and Hiscott，2016）。

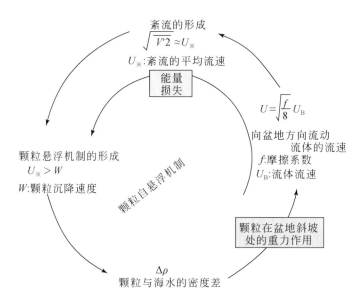

图9-3　重力流自悬浮机制解释模型（Pickering and Hiscott，2016）

如果重力能量输入=能量损失，则流场处于"自维持"状态，沉降速度为 W 的
颗粒由于平均强度的垂直速度波动而保持悬浮状态

沉积物重力流正是由于悬浮物质的存在，导致其密度大于环境流体——海水的密度。最初，重力只作用于重力流混合物中的固体颗粒，海水在这一过程中被动跟随。换句话说，重力带动颗粒，颗粒带动水向下运动。在运动中如果有足够的势能

转化为动能，那么重力流可能变成湍流，湍流中的涡流则成为维持颗粒呈悬浮状态的基础。如果满足以下条件，重力流将持续运动：①重力流的重力剪切应力大于流动的摩擦阻力；②多种支撑机制支撑颗粒呈悬浮状态阻止颗粒沉降。以下机制是保持重力流中的颗粒在海底斜坡呈悬浮状态的主要原因（图9-4）。

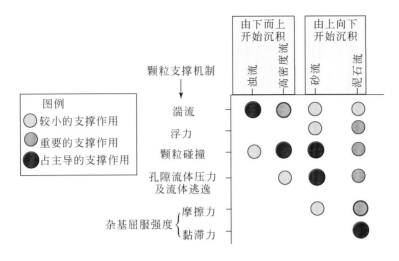

图9-4　沉积物重力流中颗粒悬浮机制示意（Pickering and Hiscott，2016）

1）湍流支撑。涡流与流体随机速度叠加产生的湍流促使颗粒悬浮。

2）浮力支撑。浮力是颗粒周围高密度流体相提供给颗粒物质的支撑力。如果颗粒周围的流体与颗粒具有相同的密度，那么颗粒没有浸没重量，就会呈悬浮状态漂浮在流体中。如果流体密度更大，则浮力更大，颗粒就会浮在流体表面。如果流体的密度小于颗粒而大于水的密度，那么颗粒所受的重力作用就会减小，相当于净水中小得多的物体所受的重力。因此，浮力不但可使相对高密度的流体混合物，如泥石流在低速下也能裹挟大量的碎屑，还能维持碎屑颗粒物质的悬浮状态。

3）颗粒碰撞与颗粒间相互作用形成的支撑力。移动较快的颗粒与下方移动较慢的颗粒发生碰撞会引起颗粒弹跳，所以颗粒碰撞和近碰撞（也称为颗粒相互作用）会将一部分向下的动量转换成向上的分散压力，从而维持颗粒呈悬浮状态。

4）超孔隙压力和孔隙水逃逸形成的支撑力。当颗粒快速沉降时，孔隙间流体逸出，产生超孔隙压力和孔隙流体逃逸现象。超孔隙压力则又促使颗粒保持分离状态，这样颗粒间摩擦减少并会继续保持悬浮和相对运动状态。在局部地区，承压孔隙流体可以沿优选的通道快速逸出，形成多孔流体逸出构造、泄水构造、火焰状和重荷模构造等。

5）屈服强度支撑。屈服强度是细颗粒或分选差的沉积物与水的混合物独有的特性，也是沉积物重力流的独有特性。较小的剪切力不会导致沉积物重力流的流动，因为内部变形会受到相邻颗粒之间的摩擦力和黏土与细颗粒之间的黏滞力（静电引力），即屈服强度的阻碍。这与牛顿流体的行为明显不同。无论施加给牛顿流体的剪切力有多小，牛顿流体都会变形并发生流动。对于具有屈服强度的沉积物重力流来说，如果重力剪切力小于其抗剪强度，就不会发生运动。而当沉积物重力流开始运动时，其屈服强度在减少大颗粒碎屑沉降趋势方面会起到显著作用。

9.1.2.2　沉积物重力流形成的基本条件

（1）较大的水深

较大的水深是水下重力流沉积形成后不再被冲刷破坏的必要条件。重力流可形成于不同的水深环境，但一般认为重力流沉积水深为1500～1800m，最小水深100m，最深处是美国加利福尼亚岸外蒙特里深海扇，深达8000m。英国学者克林认为最小水深80m即可形成重力流。Galloway认为，重力流沉积主要位于大陆边缘陆架坡折带的下倾方向深水区。由此看来，足够的水深条件是相对的，海洋与湖泊在形成重力流沉积的水深条件上就有较大差异。湖泊中形成重力流沉积的水深相对较浅。无论何种情况、水深大小如何，重力流沉积深度必须在风暴浪基面之下。

另外，相对海平面升高通常会导致向海底扇供应的陆源沉积物的减少，这是由于陆源物质在近岸和相对宽阔的陆架上的近源优先沉积，而海平面下降过程则相反。海平面下降过程中，尤其是当海平面下降速度快并导致河流在陆架边缘切割形成沟谷时，低水位期产生的沉积物通常比高海平面期的沉积层要厚、粒度也更粗（Normark et al.，2006）。相对海平面的下降导致浅海陆架区变窄，并迫使河流和近岸动力系统向陆架坡折带迁移，再加上低海平面条件下浅海易受强烈的风暴波冲击，加剧陆架斜坡的破坏，从而进一步增加向深海环境输送沉积物的速率。

（2）足够的坡度角和足够的密度差

沉积物浓度、盐度和温度差异都可产生密度流。具有大量悬浮物质的重力流是一种密度流，有效的密度差与斜坡、重力作用相结合可驱使重力流沉积物不断向前流动。在较为平缓的大陆斜坡，极少发育海底峡谷，相应也不发育海底扇。

足够的坡度角是造成沉积物不稳定和易受触发而做块体运动的必要条件。一般情况下，形成重力流沉积的最小坡度角大约为3°，但也有例外，如密西西比河三角洲海底滑塌坡度仅有0.5°。重力流的密度对坡度有明显的补偿作用，即只要重力流与海水之间有足够的密度差，就具备了形成重力流的充分条件。

（3）充沛的物源

充沛的物源也是形成沉积物重力流的物质基础和必要条件。经由大量洪水注入的陆源碎屑物质或火山喷发/喷溢物质以及浅水碳酸盐物质等，在重力作用下向深水地区运动，为沉积物重力流提供了丰富的物质来源。

以陆源碎屑作为物源的重力流沉积包括海底扇和槽状沟道搬运充填两种基本类型。为海底扇提供沉积物的海底峡谷通常横切大陆坡，紧接在峡谷末端的沉积物堆便是海底扇。海底扇在深海区很常见，如图 9-1 所示。碎屑槽状沟道搬运沉积发育于长形海槽盆地中，沉积物进入盆地后沿盆地轴向搬运和沉积，形成非扇状模式的重力流沉积堆积体，如美国文图拉盆地上新统—更新统沟道浊积岩。

以碳酸盐岩作为物源的重力流沉积和与其相邻的物源区浅水碳酸盐岩台地密切相关，尤其是台地边缘的坡度等特征在很大程度上控制了深水重力流沉积的类型及发育程度。现代小巴哈马滩北侧的深水盆地发育中等坡度沟道碳酸盐岩重力流沉积，其物源为浅水碳酸盐台地相沉积；黔南—桂北中三叠统江洞沟组浊积岩系也属沟道型碳酸盐岩重力流沉积类型；湘西下寒武统清虚洞组则为缓坡滑塌型重力流沉积类型。

物源的成分也决定着重力流沉积物的类型。随着物源成分的变化，重力流沉积物类型也呈现出有规律的变化，如陕西洛南上张湾罗圈组重力流沉积由下部的碎屑流和颗粒流演化为上部的浊流，相应的碳酸盐物质成分减少，陆源碎屑物质成分增加，这是一个渐变的演化过程。

（4）一定的触发机制

重力流沉积物的形成属于事件沉积作用，起因于一定的触发机制。例如，在地震、海啸巨浪、洪水、风暴潮和火山喷发等阵发性因素的直接或间接诱发下，块体流和高密度流形成。除洪水密度流直接入海外，大多数斜坡带沉积物必须达到一定的厚度和重量，再经过一定的滑动、滑塌等触发，当重力的剪切力大于沉积物抗剪强度时，沉积物顺坡向下滑动，形成一定规模的沉积物重力流（图 9-5）。三角洲前缘沉积物滑塌形成的浊流沉积就是在三角洲前缘沉积坡度不断加大且在重力作用诱导下形成的。

大陆斜坡处的沉积物常常是不稳定的，在地震、海啸、风暴以及滑动、滑塌作用下，会造成大规模的水下滑坡，形成泥、砂、砾混杂的高密度重力流。

9.1.3　沉积物重力流的类型

依据不同的标准，可从不同的角度对重力流沉积进行分类。按组成成分，可划分为陆源碎屑重力流沉积、碳酸盐重力流沉积和火山碎屑重力流沉积；按形成环境，可划分为海洋重力流沉积、湖泊重力流沉积等。按密度、构造背景，可划分为泥石流、颗粒流、液化沉积物流和浊流。浊流只是重力流的类型之一，是狭义浊流含义。广义浊积岩泛指由各种重力流成因的沉积物所形成的沉积岩。无论是海洋还

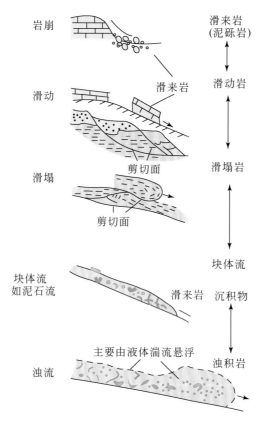

图 9-5　重力块体的搬运类型

是湖泊环境，浊流都是沿水下斜坡或峡谷流动，含大量砂、泥并呈悬浮搬运的高密度底流，是一种非牛顿流体。本书主要讨论海相沉积物重力流。

米德尔顿等（Middlenton and Hampton，1973）依据颗粒支撑方式将重力流划分为泥石流（或碎屑流）、颗粒流、液化流和浊流。

无论陆源碎屑型或内碎屑碳酸盐型沉积物重力流，从岩崩、滑坡、块体流到流体流，在力学性质上均可构成弹性、塑性、黏性块体运动过程的连续统一体（表9-1）。

表 9-1　依据力学性质对块体搬运类型的划分

块体搬运作用		力学性质	岩石类型	沉积物搬运和支撑机理	沉积构造
岩崩		弹性	孤立岩块	沿较陡斜坡以单个碎屑体自由崩落为主，滚动次之	颗粒支撑的砾石、无组构、杂基含量不等
滑坡	滑动	弹性	滑动砾岩	沿不连续剪切面崩塌，内部很少发生形变或转动	层理连续、基本无形变，底部见塑性变形
	滑塌	塑性界限	滑塌角砾岩	沿不连续剪切面崩塌，伴有转动，很少发生内部变形	具流动构造，如褶皱、张断层、擦痕、沟模、旋转岩块

块体搬运作用			力学性质	岩石类型	沉积物搬运和支撑机理	沉积构造
沉积物重力流	块体流	岩屑流	塑性	岩屑流沉积岩	剪切作用分布在整个沉积物块体中，屈服（杂基支撑）强度主要来自黏附力、非黏性沉积物由分散压力支撑，块体流高密度时呈惯性、低密度时呈黏性。一般发育在较陡的坡度	杂基支撑，杂基含量不等，粒度变化大。可有反向递变粒度、流动和撕裂构造等
		颗粒流	塑性	颗粒流沉积岩		块状，颗粒长轴平行流向并有叠瓦状构造，近底部具有反向递变层理
	流体流	液化流	流体界限	液化流沉积岩	松散的构造格架被破坏，变为紧密格架，流体向上运动，支撑非黏性沉积物，坡度>3°	泄水构造、砂岩脉、火焰状构造、重荷模构造、包卷层理等
		流化流	黏性	高密度浊积岩	孔隙流体逸出，支撑非黏性颗粒，厚度薄（<10cm），持续时间短	
		浊流		低密度浊积岩	湍流支撑	鲍马序列等

根据流变力学性质，沉积物重力流可划分为具有重力流变学性质的流体流（含浊流、流体化流、过渡的液体化流）和具塑性流变学性质的岩屑流（含过渡的液化流、颗粒流、黏滞流）。他还提出高密度流（密度大于 1.5g/cm^3，砂砾级，间歇性）和低密度流（密度小于 1.5g/cm^3，粉砂和黏土级，缓慢性）的概念，从而把岩屑流和流体流这两种类型沉积物重力流的演化归为连续的统一体（图 9-6）。

综合上述划分方案，依据颗粒悬浮机制将沉积物重力流划分为泥石流（碎屑流）、颗粒流、液化沉积物流和浊流 4 种类型。它们是在统一机制下的连续统一体，是沉积物重力流不同演化阶段的产物（图 9-7），但各自具有不同的沉积特征。

9.1.3.1 泥石流沉积

泥石流是高密度沉积物分散体的非牛顿流体，具有高屈服强度和高黏性，是水和黏土杂基支撑碎屑物质的块体流，可发育在坡度大于 1°的山麓，也可分布在深海区。如果流体中粗碎屑含量较少，黏土和水含量很高，黏土支撑较粗的砂粒，杂基的相对密度可达 2.5，砂粒漂浮在杂基中，则为泥流（狭义的泥石流）（图 9-8）。碎屑流是含水的砾石级碎屑碰撞和杂基联合支撑的块体流，含量较低的泥质和水除了提供浮力和屈服强度外，还起到润滑作用。

泥石流（碎屑流）多呈厚层块状，单个泥石流沉积厚度为几米至几十米，粒级范围变化大，杂基含量高，颗粒分选磨圆差，砾石直立和悬浮在杂基之中，结构混杂，可见反向粒度递变层理。

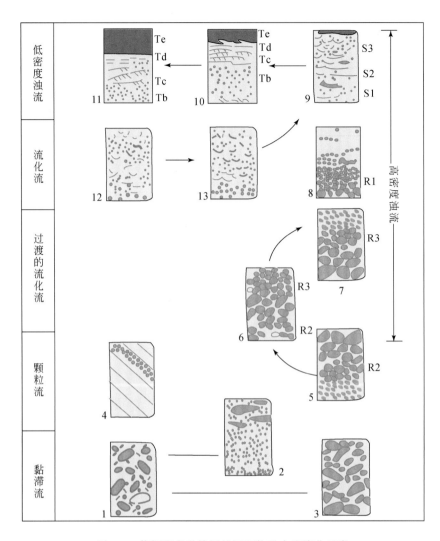

图 9-6　依据流变学特征的沉积物重力流演化示意

1. 泥石流；2、3. 相当于碎屑流；4. 颗粒流；5. 变密度颗粒流；6、7、8. 高密度浊流；9、10、11. 低密度浊流；12、13. 液化流和流化流；R 指泥石流；S 指砂级碎屑；R1，S1 指牵引构造（由牵引构造形成）；R2，S2 指牵引流形成的反向粒序；R3，S3 指悬浮作用形成的正向粒序；Tb、Tc、Td、Te 指低密度浊流形成的正向粒序

9.1.3.2　颗粒流沉积

颗粒流中使颗粒处于悬浮状态的支撑作用来自颗粒间相互作用和颗粒碰撞过程中形成的分散压力。这种分散压力可以支撑颗粒呈悬浮状态，并使非黏性的沉积物块体发生流动。显然，颗粒流是含水的砂级颗粒碰撞支撑的块体流，维持颗粒流流动需要的坡度角较大（18°）。这也意味着深水区颗粒流作用是局限的，但在沙丘、沙垄的背流面存在高密度颗粒流。

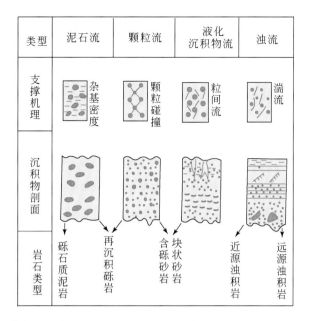

图 9-7　依据颗粒支撑机理的重力流分类及其沉积特征（Middleton，1976）

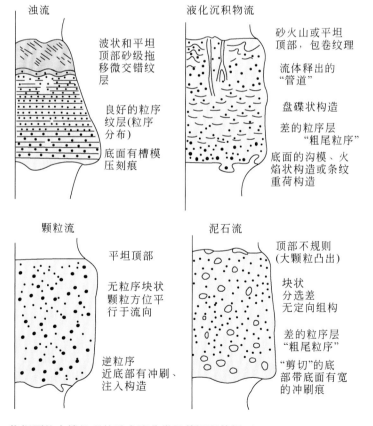

图 9-8　依据颗粒支撑机理的重力流分类及其沉积特征（Middleton and Hampton，1973）

第 9 章　重力流沉积体系

189

颗粒流沉积物主要由砂级成分组成，发育块状层理、底模，并具有突变的顶底界面，可见反向递变层理，缺少牵引流沉积构造。反向递变层理可能是动力熵效应产生的，即流动时小颗粒在大颗粒中下沉，颗粒相互作用或碰撞形成的分散压力使大颗粒上升，从而形成反粒序。

9.1.3.3　液化沉积物流沉积

液化沉积物流是由超孔隙压力引起的、向上逃逸的、颗粒间水流产生的牵引力支撑砂级颗粒的流体流，一般顺着2°或3°的平缓斜坡向下流动。液化沉积物流的颗粒呈悬浮状态，屈服强度减小至零。保持颗粒悬浮的超孔隙压力流体的压力可能被迅速消耗（几分钟到几小时），颗粒支撑的砂级沉积物发生沉积，形成具有块状构造、流体逃逸构造、底模构造、砂火山和包卷层理的沉积，顶底界限分明，递变规律差，无牵引流沉积构造（图9-8）。如果液化流流动加速而导致紊动，可向颗粒流或浊流转化。

9.1.3.4　浊流沉积

浊流是水、泥、砂等近均匀混合，并有湍流支撑的水体底部的浑浊流。在浊流沉积物中支撑颗粒呈悬浮状态的主要因素有水流的紊动、水与细颗粒沉积物混合产生的浮力、粒间绕流、颗粒间相互作用产生的分散力等。浊流沉积具有典型的沉积构造和沉积序列，即由5个层段组成的反映水流特点和岩性、构造变化的鲍马序列（图9-8）。

根据浊流沉积物的密度和浓度，可将浊流划分为低密度浊流和高密度浊流。

低密度浊流的密度小于$1.5g/cm^3$，主要由粉细砂级和黏土沉积物组成，或称为经典浊积岩，其流动较为缓慢，流动时间长，主要发育在一次浊流活动的尾部。低密度浊流可由陆架区风暴浪的搅动、小型河流进入海洋、高密度浊流稀释的尾部等因素作用而形成。在现代或古代深水沉积物中，均存在大量的由粉砂和泥土构成的、具有典型的鲍马序列的浊积岩。

高密度浊流的密度大于$1.5g/cm^3$，主要由砂级沉积物组成，可见砾石级沉积物与深水泥岩互层。高密度浊流是间歇性、突发性的，主要发育在一次浊流活动的头部。高密度浊流的侵蚀能力强，沉积物粒度粗，形成明显的底模构造、递变层理、平行层理，有时可见交错层理。

9.1.4　不同类型沉积物重力流之间的转换

有学者提出，重力流流动过程中可能出现的分层导致上、下层之间的浓度不连续（图9-9），或者当重力流顺斜坡向下方移动时，其特性可能会发生显著的变化。现已识别出四种不同的流动转换形式：

1）流态转换，指湍流和层流之间的流态转化，或在整体连贯滑动和泥石流之间的转化。

2）重力转换，指受重力影响，重力流分离为底层高浓度层流部分和上层低浓度湍流两部分。

3）表面转换，当高密度流体前部或顶部被上覆流体下方的剪切力侵蚀时，会发生表面转换，从而产生低密度的湍流（Strachan，2008）。

4）液化转换，这种转换形式主要发生在高浓度的火山碎屑流上层，细颗粒物质被火山喷气稀释形成次生的、不太集中的湍流。

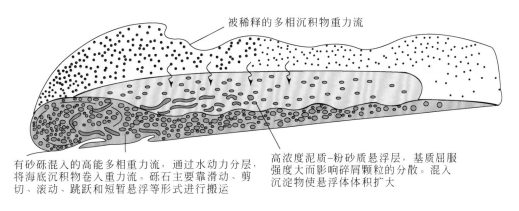

被稀释的多相沉积物重力流

有砂砾混入的高能多相重力流，通过水动力分层，将海底沉积物卷入重力流。砾石主要靠滑动、剪切、滚动、跳跃和短暂悬浮等形式进行搬运

高浓度泥质-粉砂质悬浮层，基质屈服强度大而影响碎屑颗粒的分散。混入沉淀物使悬浮体体积扩大

图 9-9　多相混合沉积物重力流因密度不同而分层，该密度流分层模式用于解释比利牛斯南部 Ainsa 盆地重力流沉积的杂乱层理成因（Pickering and Corregidor，2005）

由液化转换、重力转换和表面转换产生的水流具有分层特征，沉积后形成具有突变粒度或突变结构的复合底形（图9-10）；抑或分层水流的上下两部分流经不同的路径或搬运不同的距离，从而在不同的空间位置形成相应的独立沉积。在沉积岩中，有时很难确定一套复合层序是由流态转换形成的还是由两个或更多独立水流形成的沉积叠加。

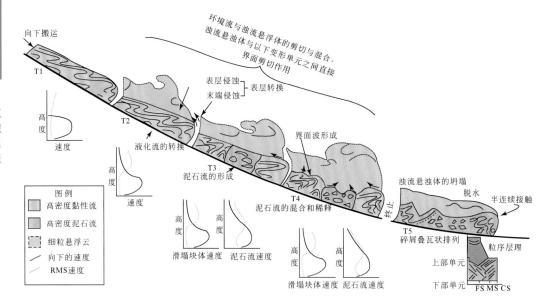

图 9-10　重力流类型转换模型示意（Strachan，2008）

图中给出了 T1 ~ T4 阶段的垂直速度剖面。如果有两个速度剖面出现，则表明块体滑塌和泥石流垂直速度剖面之间的差异。T5 阶段表示滑塌停止后的沉积及其垂直剖面的测井曲线。在 T2 和 T3 阶段发生表面转换和流态转换

（FS 为细砂；MS 为中砂；CS 为粗砂）

9.2　重力流沉积物（岩）的基本特征

9.2.1　重力流沉积岩的岩石学特征

广义的浊积岩指形成于深水沉积环境的各种类型重力流沉积物及其所形成的沉积岩的总和。因此，按成因和组构特征又将重力流沉积物划分为若干岩类，每一种岩类又有其各自的成分、结构、构造特征。目前较为通用的分类方案是沃克（Walker，1978）提出的经典浊积岩和非经典浊积岩两类沉积。

9.2.1.1　经典浊积岩

经典浊积岩是指沉积物粒度较细（常为细砂）、具有不同段数的鲍马层序或序列的浊积岩（Bouma，1962）。一个完整的鲍马序列是一次浊流事件的记录，由 5 段组成（图 9-11），自下而上的顺序如下。

A 段——底部递变层段：主要由砂岩组成，近底部可含砾石。粒度下粗上细，递变层理清楚，一般发育正递变层理，反映浊流能量逐渐减弱的沉积过程。砂岩底

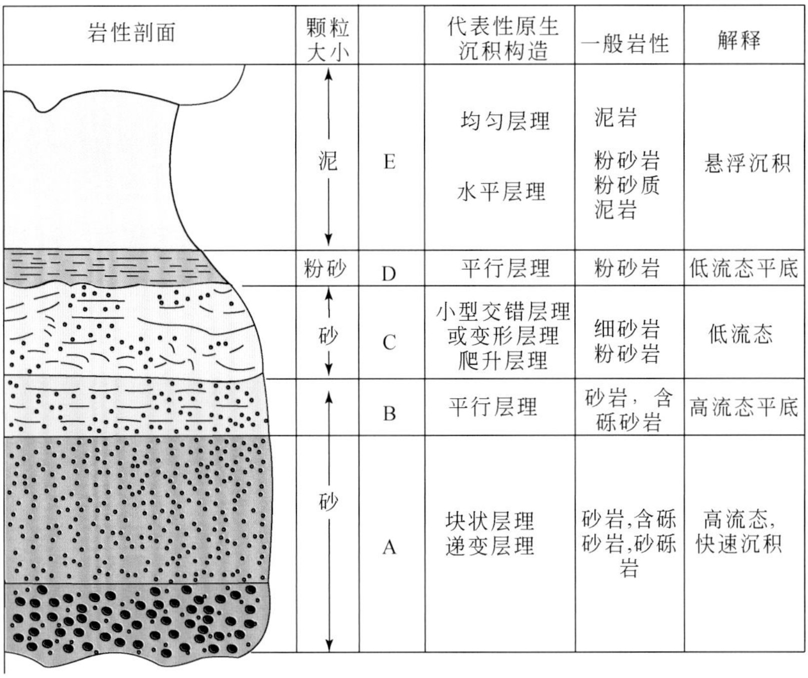

岩性剖面	颗粒大小		代表性原生沉积构造	一般岩性	解释
	泥	E	均匀层理 水平层理	泥岩 粉砂岩 粉砂质泥岩	悬浮沉积
	粉砂	D	平行层理	粉砂岩	低流态平底
	砂	C	小型交错层理或变形层理爬升层理	细砂岩粉砂岩	低流态
	砂	B	平行层理	砂岩,含砾砂岩	高流态平底
	砂	A	块状层理递变层理	砂岩,含砾砂岩,砂砾岩	高流态,快速沉积

图 9-11　经典浊流沉积的鲍马序列（Bouma，1962）

面上常有冲刷–充填构造和印模构造，如槽模、沟模等。A 段沉积厚度多为几厘米到几十厘米，较鲍马层序其他段厚度大，代表高流态递变悬浮沉积的产物。

B 段——下平行纹层段：该段沉积厚度多为几厘米到几十厘米，与 A 段呈渐变接触关系，比 A 段沉积物粒度细，多为细砂和中砂，含泥质，具平行层理，粒度递变层理不太明显。平行层理除由粒度变化显现外，更多的是由片状炭屑和长条形碎屑定向分布所致，沿层面揭开时可见剥离层理。B 段若叠加在 A 段之上，则两者之间呈连续过渡；若 B 段作为浊流沉积的底，则与下伏沉积单元呈突变接触，其间发育冲刷面，这时 B 段底层面可见多种印模构造，反映了高流态沉积水动力条件。

C 段——流水波纹层段：以粉砂为主，可见细砂和泥质，呈小型流水型波纹层理和爬升波状层理，常出现包卷层理、泥岩撕裂屑和滑塌变形层理。这表明流水改造和重力滑塌的复合作用。C 段与 B 段、D 段两者之间呈连续过渡沉积；C 段若与下伏沉积单元呈突变接触，则其间可有冲刷面，并有多种小型底面印模构造。关于本段各类层理的成因，有人认为是在 A 段和 B 段沉积后，浊流由高密度流转变为低密度流，出现了牵引流水机制所致。C 段沉积时，水流已由高流态向低流态转化。

D 段——上平行纹层段：该段由泥质粉砂和粉砂质泥组成，沉积厚度不大，多为几厘米，具断续水平层理。D 段若叠于 C 段之上，两者呈连续过渡沉积；D 段若单独出现，则与下伏泥质沉积单元之间为清楚的岩性界面。

E 段——深水泥岩段：为远洋深水沉积的页岩或泥灰岩、生物灰岩层，含深水浮游化石或其他有机质，具微细水平层理或块状层理，与上覆层呈渐变接触，其沉积厚度受浊流发生的频率和强度的制约（图 9-11）。

鲍马序列是根据许多剖面归纳综合形成的浊流理想沉积模式。实际上，完整的鲍马序列是不常见的。一次浊流形成的鲍马沉积序列厚度变化较大，可从数厘米到数米不等。由于受到浊流的频率和强度的影响以及再一次浊流的冲刷侵蚀，浊积岩的鲍马序列的完整性就受到破坏，形成缺失某些层段的多种层序，如 ABCDE、BCDE、CDE、DE 以及 AB、BC、CD 等各种层序。鲍马认为有完整鲍马序列的浊积岩仅占 10% ~ 20%。浊积岩的各个层段在平面上呈舌状展布，较细的沉积层段比其下较粗沉积层段有更大的展布面积。这是因为在沿浊流流动方向上流速和粒径都是逐渐减小的。

9.2.1.2 非经典浊积岩

沃克提出 6 种粗粒浊流沉积类型，用来补充难以用鲍马序列描述的非经典浊积岩。

（1）块状砂岩

块状砂岩是指沉积层内结构均一的砂岩或含砾砂岩，沉积厚度大，其内部有时隐约显示叠覆递变层理。当块状砂岩中出现泄水管或碟状构造时，指示存在液化流沉积作用。块状砂岩常指示重力流水道沉积环境。

（2）叠复冲刷粗砂岩

叠复冲刷粗砂岩常表现为似鲍马序列的"复 AA"序，此处沉积层段 A 指一个递变层或一次重力流事件。有时演变为似鲍马层序"BABAB"序，每一个递变层之上均连续沉积有厚薄不等的平行层理砂岩。这种沉积序列表明了频繁的、较强流水的多次重力流作用。

（3）卵石质砂岩

卵石质砂岩实际上是一种厚度较大，显叠复底边的砾质砂岩层，每个递变层的下部砾石多，向上逐渐减少。砾石是再沉积组分，故有一定的磨圆度。砾石有时显优选方位，多杂乱分布。在以砂为主的序列上部，有时可见交错层理和泄水构造，故这类砾石指示高密度重力流向牵引流和液化流转化的特征。卵石质砂岩也指示重力流水道沉积环境。

（4）颗粒支撑砾岩

颗粒支撑砾岩以再沉积砾石为主，砂级细粒物质充填砾石之间，并构成颗粒支撑结构。随砂级细粒沉积物质增加可过渡为卵石质砂岩相。按组构特征可划分为紊乱砾岩层、反递变–正递变砾岩层、正递变砾岩层、递变–显层理砾岩层4类颗粒支撑砾岩类型（图9-12）。这4类再沉积砾岩沉积厚度大，且厚度变化也较大，底面清晰，主要分布在内扇主道沟或非扇重力流水道环境中。向水流下游方向，这4种颗粒支撑砾岩类型呈有规律的变化。

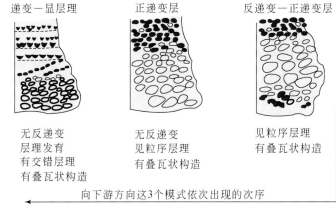

图9-12　颗粒支撑砾岩层及再沉积砾岩的4种模式

（5）杂基支撑的砂砾岩

杂基支撑砂砾岩的支撑物质为粉砂和黏土，杂基含量一般约为25%。根据被支撑颗粒的大小和含量，可将杂基支撑的砂砾岩细分为杂基支撑砾岩、杂基支撑砂砾岩和杂基支撑砂岩3种类型。杂基支撑的沉积物有时显递变层理，是由泥石流沉积作用所致，常反映内扇重力流水道环境。

（6）滑塌岩

滑塌岩是指泥砂混杂并具有明显同生变形构造的滑塌沉积岩层，不同于鲍马序列C段特征。随着砂级沉积物的减少，可过渡为具变形层理的泥页岩。滑塌岩为未完全固结的软沉积物进一步经历重力滑动、滑塌作用形成，广泛见于重力流沉积体系，如斜坡根部补给水道末端及主沟道。

9.2.2　重力流沉积岩的结构和构造特征

不同密度的沉积物重力流具有选择性沉积、整体块状沉积甚至牵引流沉积等不同的沉积机制，形成或者具有递变层理、分选程度中等的浊积岩；或者分选差、不发育层理、塑性变形明显、逃逸构造发育的连贯滑动变形沉积；抑或在浊流末端形成具有爬升波纹和流水波纹层理等牵引流沉积。总的来说，重力流有其独特的沉积结构和构造特征。

9.2.2.1 结构特征

重力流沉积物从泥石流（碎屑流）演化到浊流阶段，其主要的搬运方式是悬浮和递变悬浮载荷搬运。重力流沉积的结构特征在各项参数，如平均粒径、标准偏差、偏度和峰度等，以及由粒度参数制作生成的粒度概率图、C-M 图、粒度参数判别函数等方面均有良好反映。

来自单一物源且粒度范围一致的浊流沉积表现出粒度和层厚度之间明确的相关关系（Sadler，1982）。浊流沉积近端相对较薄的层段具有中等粒；浊流中部相对较厚的层段粒度较粗；浊流远端逐渐减薄的层段其粒度也随之变小。

重力流沉积的粒级范围宽，颗粒与杂基含量比值低，分选性和磨圆度变化大，可以从很差到较好。粒度概率图多为一条倾斜不大的、较平的直线或微向上凸的弧线。说明沉积物递变悬浮搬运特点，另外也说明粒度范围分布广、分选差等结构特征。

9.2.2.2 构造特征

重力流沉积物（岩）的多样性导致其构造特征的复杂性。无论哪类重力流沉积物，其都是以递变层理或叠复递变层理为最主要的特征，其次还有平行层理、波状层理、漩涡层理、滑塌变形层理等。有时可伴有少量反映牵引流水流机制的小型交错层理和斜波状层理。

除层理类型外，沟模、槽模、重荷模以及撕裂屑、漩涡层、变形砾、直立砾、漂浮砾、液化管、碟状构造、水下岩脉和水下收缩缝等特殊构造类型，分布虽然并不普遍，但一旦出现就具有良好的指向性（表9-2）。

表9-2 浊积岩常见的构造类型及成因

成因	沉积作用	沉积构造
重力流流动	流体的侵蚀冲刷、挟带物体的刻蚀、拖曳、跳跃和滚动、不均匀负载	沟模、槽模、跳模、刷模、锥模、滚痕模、重荷模、火焰构造
重力作用	触发变形、滑动–滑塌	岩枕构造、滑塌褶曲、滑塌礁砾岩
牵引流与重力流	牵引流与重力流	包卷层理
生物作用	动物觅食和栖居	生物扰动构造

资料来源：朱筱敏，2008

除指示深水环境的实体化石，如有孔虫、放射虫、钙质超微化石外，深水遗迹化石，如平行层面的爬痕、网状迹和平行潜穴也有良好的指向性。

在显微镜下，可见颗粒粒度大小的规律性变化，再沉积组分诸如破碎鲕粒、化石碎屑、晶体碎屑和植物屑以及泥晶包壳等，在一定程度上也反映了重力流沉积作用。

9.2.3　重力流沉积的时间尺度

重力流沉积的时间尺度可以从三个方面来度量：①浊流在海底某一位置沉积卸载所需的时间；②浊流从其形成地到下坡处失去浊流特征所需的总时间；③浊流沉积就位至重现的时间间隔，即浊流发生的频率。

浊积岩在海底某个位置沉积所需的时间与浊流通过特定横截面所需的时间相同或者略短于该时间。在极端情况下，特别是在较为封闭的深海平原，当大型浊流过境后，细粒悬浮云可能需要数周时间才能消散（Pickering and Hiscott，1985）。如果浊流的头部和前端是非沉积性或者具有侵蚀性，则浊流沉积可能很快就会形成。例如，浊流过境大西洋陆架到索姆深海平原沉积时，需 2~3h 通过特定的峡谷横截面（Piper and Normark，1988）。Jobe 等（2012）计算了三个深海油区的 44 个爬升波纹交错层段的沉积速率和累积时间，平均厚度分别为 26cm 和 37cm 的 C 段和 BC 段的沉积速率分别为 9mm/min 和 15.6mm/min，平均沉积时间分别为 27min 和 35min。

浊流从其起始位置运动到斜坡外深海平原结束沉积所需的总时间大约等于其流经的总路径长度除以平均水流速度。普通大型浊流从其起始位置到其在斜坡外深海平原沉积结束所需的时间一般是几天（Dade and Huppert，1995）。1929 年大西洋大浅滩浊流大约用了一天时间到达 34°N 的索姆深海平原，并割断了海底电缆（Piper and Normark，1988）。起源于亚马孙河并流入大西洋形成亚马孙河海底扇的浊流大约需要 9 天才能完成旅程（Pirmez，1994）。一个缓慢移动的泥负荷浊流穿过加利福尼亚州边界地区形成半深海扇持续大约 6 天（Bowen et al.，1984）。无论是河流洪峰期间形成的异重流，还是行业数周至数月的长时间排放，形成的一些浊流被认为是半连续事件（Hay，1987）。

在没有大规模海底侵蚀的情况下，用地层年龄除以该套地层所包含的浊积岩数量，可以估算出浊流的频率。据报道，重力流沉积重现期的时间范围较大，具体取决于泥沙供应速率和关键触发因素。例如，更新世形成的亚马孙河海底扇中的条带状薄层泥质浊积岩，以高达 0.025m/a 的速率发生沉积，其频率可能接近每年一次（Hiscott et al.，1997）。Piper 和 Normark（1983）估计半深海扇浊流的重现期为 1~1000a。Simm 等（1991）认为在过去 127 000a 内到达大西洋东北部马德拉深海平原的大颗粒浊流频率约为 25 000a。通过对西太平洋渐新世弧前盆地序列中 1~3000cm 的 7 个浊流沉积序列的分析，Hiscott 等（1993）认为浊流重现期为3~1000a。

9.3 浊流沉积体系

浊积岩相可含浅水化石、植物屑等陆源碎屑沉积，与深水页岩组成韵律层，无浅水沉积构造，如大型交错层理、浪成波痕、泥裂等。垂向层序中，鲍马序列不一定完整，递变层理是最主要的特征，具有悬浮和递变悬浮搬运特点。有滑动-滑塌及沉积物液化的证据，如包卷层理、滑塌构造和重荷模等沉积。有高密度流动的侵蚀痕，如沟槽和槽模等底面印模构造。砂岩沉积单层厚度薄，甚至仅有几厘米，但可大面积稳定分布；泥岩颜色深，反映深水缺氧沉积环境。

Richards 等（1998）根据浊流沉积体系的粒度及沉积位置建立了多种沉积模式，如富砾、富砂和富泥浊积扇，点物源（河流）和线物源（海岸带沿岸流）供源浊积扇，近岸和深水盆地浊积扇等。目前，人们主要依据浊流沉积体系的形成环境和形态来描述不同浊流沉积体系，主要包括海底扇浊流沉积体系和浊积沟道沉积体系。

9.3.1 海底扇浊流沉积体系

海底扇是在海底斜坡底部形成沉积锥，主要由从相邻陆架区域通过海底峡谷进入深水的浊流沉积物组成。古海底扇是由于沉积后抬升和盆地反转而暴露在陆地上的深海沉积扇；现代海底扇体是在陆架斜坡处与海底峡谷相连的扇体，一般由更新世和全新世沉积物重力流沉积堆积而成。海底峡谷具有复杂的侵蚀和沉积历史，海底峡谷的侵蚀使大陆架边缘发生凹陷。在活动大陆边缘的狭窄陆架区，海底峡谷的侵蚀作用几乎可以延伸到海岸线附近。发育在高纬度地区、由冰川侵蚀、跨越陆架的沟槽碎屑扇（Vorren and Laberg，1997；Armishaw et al.，2000）与海底峡谷搬运在深海平原形成的海底扇具有不同的沉积特征，但二者均属浊流沉积。

构造环境直接影响盆地的大小、形状、陆坡坡度、沉积物供给类型和速率，以及单个扇体的寿命。成熟被动大陆边缘的构造过程以缓慢热沉降为主，地表坡度缓，物源相对持续供应，易形成大型的、拉长的、以泥质为主的扇体，其沉积物来自大陆另一侧的造山带，如源于南美西部安第斯山脉的亚马孙河扇和源于北美西部科迪勒拉的密西西比扇。活动大陆边缘包括汇聚边缘和走滑边缘，沉积盆地规模一般较小且形状不规则，扇体的发育也受到盆地几何形状的限制，一般呈扇形，寿命相对短暂，因为地壳沿断层的垂直和水平活动可能随时切断沉积物供应。

被动大陆边缘开放大洋海底扇主要分布在洋壳上或裂谷中，沉积物以细颗粒泥质为主，由河流供源，顺水道流向呈拉长状，内扇以曲流水道和天然堤沉积序列为主，中扇区具有特色的升高的水道床底，总体沉积效率高，外扇沉积与深海

198

沉积呈薄互层（图9-13）；活动大陆边缘海底扇主要分布在走滑盆地、前陆盆地中，沉积物以砂质为主，由滨岸带沿岸流供源，呈撒开的扇形。内扇以水道前缘朵状体的发育为特色，中扇区主要由水道和水道前缘朵状体组成，总体沉积效率较低（图9-13）。外扇和深海沉积均呈薄层片状，在古沉积中难以区分。在自然环境中，因受到不规则的盆地边缘、水深高度及构造活动性的影响，海底扇的形状很少如此简单。

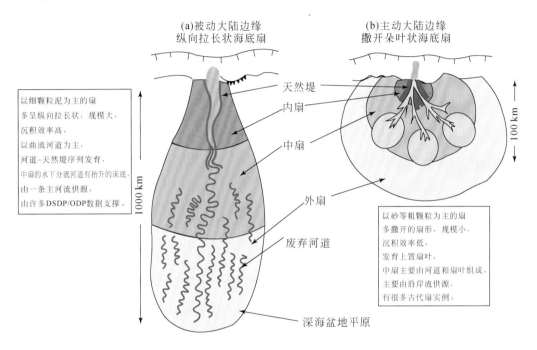

图9-13　被动大陆边缘和活动大陆边缘海底扇沉积特征模式（Shanmugam and Moiola，1988）

　　海底扇和浊积沟道沉积包含富砂砾、混合砂泥和富泥等不同类型（Richards et al.，1998）（表9-3）。富砂砾和混合砂泥海底扇在古代序列中广泛可见，如在北海油田、加利福尼亚新生代盆地以及其他克拉通内裂谷盆地内均可见到。加利福尼亚大陆边缘发育富砂现代海底扇。这种类型的粗粒海底扇规模较小，呈放射状，由相对较小的河流或者沿岸流供源。由沿岸流供源的海底扇，因源头处泥质相对贫乏，沉积物重力流缺少一个比海水密度大得多的连续流体相的搬运，随着砂质的沉积卸载，其流速快速衰减。因此，与含有更多悬浮泥的沉积物重力流相比，富砂沉积物重力流的搬运沉积效率更低。因此，富砂海底扇又称为低效海底扇（Multi and Johns，1979）。相比之下，富泥海底扇规模大，外形呈细长的沉积物舌，延伸到大陆边缘以外的洋壳上，由高负载大型河流（尤其是气候潮湿或大陆冰川活跃的地区）供源（Wetzel，1993）。孟加拉扇、印度河扇、密西西比河扇、亚马孙扇、扎伊尔扇、劳伦斯河扇和罗纳河扇等均为富泥的现代海底扇，这些富泥海底扇又称为高效海底扇。实验结果也表明，泥质负荷较大的浊流挟沙能力显著增强（Salaheldin et al.，2000），这也是其高效能沉积的另一重要原因。

表 9-3　浊积岩几个典型的现代海底扇的规模、构造背景及粒度特征

名称	分布区	边缘类型	长/km	宽/km	面积/km²	最大厚度/m	体积/km³	形状	粒度	
									最大	平均
孟加拉扇	印度洋	P/A	2800	1100	3×10⁶	>5000	4×10⁶	拉长形	中砂	泥
印度河扇	印度洋	P/A	1500	960	1.1×10⁶	>3000	10⁶	扇形	砂级	泥
劳伦斯河扇	加拿大东	P	1500	400	4×10⁵	2000	10⁵	拉长形	砾岩	细砂
亚马孙扇	巴西	P	700	250~700	3.3×10⁵	4200	>7×10⁵	扇形	细砾	泥
密西西比河扇	墨西哥湾	P	540	570	>3×10⁵	4000	3×10⁵	锥形	砾级	粉砂质泥
尼罗河扇	地中海	P	280	500	7×10⁵	>3000	1.4×10⁵	扇形	砂	粉砂质泥
罗纳河扇	地中海	T	440	210	7×10⁴	1500	1.2×10⁴	—	细砂	泥质粉砂
埃布罗河扇	西班牙东部	P	100	50	5x10³	370	1.7×10³	卵石形	中砂	细砂
拉荷亚扇	加利福尼亚	T	40	50	1200	1600	1175	珍珠形	砾石	细砂
Navy 扇	加利福尼亚	T	25	25	560	900	75	三角形	砾石	砂质粉砂
Crati 扇	意大利南部	A	16	5	60	30	0.9	拉长形	中砂	泥

注：P 为被动大陆边缘；A 为活动大陆边缘；T 为转换大陆边缘。

资料来源：Pickering 和 Hiscott，2016

9.3.1.1　海底峡谷

海底峡谷是大陆边缘的常见地貌特征。海底峡谷可切割结晶岩（斯里兰卡周围和下加利福尼亚州尖端）、固结和欠固结沉积物（美国东部大陆边缘），甚至切割蒸发岩（刚果峡谷）。从大陆边缘到海底，峡谷的深度为几十米到几百米，宽几十米到十几公里，长几公里到几百公里，横截面形状也具有非常大的可变性。

海底峡谷包括但不局限于以下类型：①先前的陆上河谷被上升的海平面淹没；②低于现代海平面的冰川峡谷；③被浊流侵蚀下切形成的海底峡谷；④大陆边缘地下水循环引起的溶蚀沟谷；⑤海啸掠过侵蚀海底形成的洼地式峡谷；⑥结构、构造脆弱的区域，如断层带遭受侵蚀形成的峡谷等。每类海底峡谷都有复杂、独特的成因（Mountjoy et al.，2009），世界上多数大型海底峡谷的形成主要与河流有关。例如，扎伊尔峡谷在陆架坡折处宽达 15km，切割大陆架和斜坡，形成大于 1.2km 的地形起伏（Babonneau et al.，2002）。挟沙量巨大的扎伊尔河的流入切割形成了扎伊尔峡谷。孟加拉扇海底峡谷宽度为 8km，深为 862m，横截面积约为 1120 万 m²（Curray et al.，2003），由恒河–布拉马普特拉河供源切割形成。

海底峡谷最主要的过程是遭受重力流的侵蚀并接受沉积，该过程受相对海平面升降的调节。沉积物重力流的幕式发育为海底峡谷顶部的侵蚀和排空提供了机会。

钻孔生物对峡谷壁的侵蚀和破坏也会对一些峡谷的发育产生显著影响。峡谷内砂的蠕变也是峡谷加深的主要因素之一。

大陆边缘峡谷的分布与坡度有关。例如,哈得孙峡谷和巴尔的摩峡谷之间的大陆坡具有如下特点:①当坡度小于3°时,峡谷不发育;②坡度在3°~5°时,峡谷的间距为2~10km;③当坡度大于6°时,峡谷发育更为密集,峡谷间距缩短至约1.5km。

近年来的研究着重于沉积物通过峡谷到达深海的方式及对引发大型浊流和高密度流事件的成因分析。示踪研究结果表明,泥质等细粒沉积物沿海底峡谷向深海输送过程中,其浓度与陆架区泥质浓度相比基本没有变化(Puig et al.,2003)。对于较粗的砂级沉积物,通过沉积物捕获实验和流速测试,其搬运过程中在床底停留的时间也极短;而在床底之上150m的水体中,其浓度很高、流速很大(>120cm/s),表明浊流对砂级沉积物同样具有高效搬运能力(Khripounoff et al.,2003)。

沿成熟被动大陆边缘的海底峡谷往往具有相对稳定的纵向和横向剖面,与大陆斜坡等高线垂直发育。活动陆缘、汇聚边缘或走滑大陆边缘的海底峡谷形貌多变(Underwood and Bachman,1982)。一旦陆架斜坡局部受构造或侵蚀等因素影响,峡谷的初始发育条件和形成环境发生改变,就会导致峡谷内泥沙输移的频率增加、峡谷侵蚀加速(Farre et al.,1983)。

9.3.1.2 海底扇

海底扇沉积体系中,补给水道或海底峡谷的主要作用是将泥、砂、砾等组成的重力流沉积物输送到深水环境中去,是浊流沉积物的输送搬运通道。高密度浊流输送搬运沉积物的过程中,还具有侵蚀下切作用。高密度浊流的侵蚀下切作用会使补给水道扩大加深,不断向海底延伸。一个理想的浊积扇可划分为内扇、中扇和外扇3个次级沉积单元,同时还伴生有相关的沉积单元(图9-14)。

(1)内扇亚相

内扇亚相位于大陆斜坡根部的峡谷出口处,主要由切割陆坡的唯一补给水道——海底峡谷(一级水道)提供物源。深水道的天然堤发育,是浊积扇沉积物搬运及沉积的主要通道。内扇亚相可进一步细分为主水道(二级水道)和天然堤阶地微相。在斜坡脚地带,发育滑塌层和紊乱层的泥石流、碎屑流沉积物,在水道向下延伸方向上,依次出现泥石流、碎屑流沉积,包括紊乱砾石层、反粒序至正粒序砾岩、正粒序砾岩、有层理的递变砾岩等。在水道天然堤或阶地外缘,由于漫溢作用形成可用鲍马序列描述的、C段发育的不同组合序次的典型浊积岩。

浊流沉积物分布受地形的控制,特别是砾岩更严格地受水道的限制。内扇水道(二级水道)宽度和深度因地而异,其深度可达100~150m,宽度可达2~3km。水

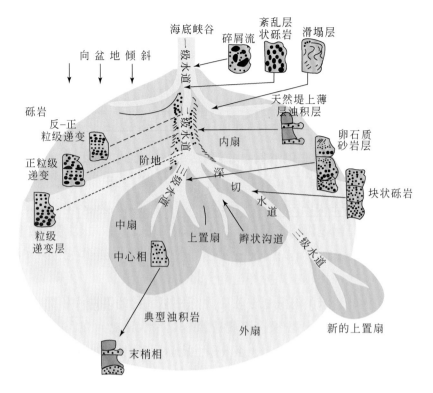

图 9-14　海底扇相模式

道的宽度/深度比显示出相当大的变化范围，一般在 1 : 10 ~ 1 : 100 变化。内扇二级水道的迁移与加积作用可使砂砾质浊积岩分布的宽度与厚度加大（Watson，1981）（图 9-15）。相对粗粒的水道一般弯曲度较低，相对细粒的水道一般弯曲度较高（Clark and Pickering，1996a，1996b）。

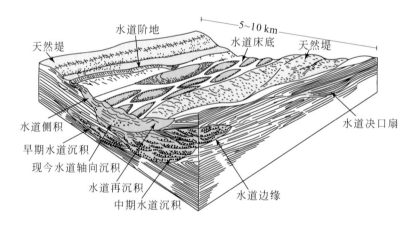

图 9-15　加拿大纽芬兰新世界岛志留纪 Milliners Arm 组内扇水道
（二级水道）迁移形成的复合沉积模式示意

（2）中扇亚相

中扇亚相位于内扇和外扇亚相之间，主水道开始分叉形成多条不活跃的辫状分支水道（三级水道），河道较浅，含沙量较高。辫状分支水道的下倾方向水道更浅，常呈叠覆舌状体沉积。中扇亚相可细分为辫状分支水道、辫状水道间和中扇前缘等微相。在辫状分支水道里，随着水动力的减弱，依次沉积发育卵石质砂岩（或含砾砂岩）和块状砂岩等粗粒浊流沉积类型，有时可见颗粒流和液化流沉积。在辫状分支水道间和中扇前缘，出现多发育鲍马序列 A、B 段的、不同序次的典型浊积岩。中扇无沟道部分以漫溢沉积的 B-E、C-E 序列浊积岩为特征。

中扇辫状分支水道（三级水道）宽度 300～400m，深度一般不超过 10m。由于扇表面辫状分支水道的迁移和加积作用，可使颗粒流沉积的卵石质砂岩和块状砂岩连续出现，从而形成孔隙度和渗透率都非常高的优质厚层油气储层。中扇三级水道沉积通常表现出相当复杂的情况，通常包括底部河道滞留沉积、河道滑塌和泥石流沉积、河道内沙坝沉积和天然堤沉积微相（Pickering and Bayliss，2009；Scotchman et al.，2015）（图 9-16）。

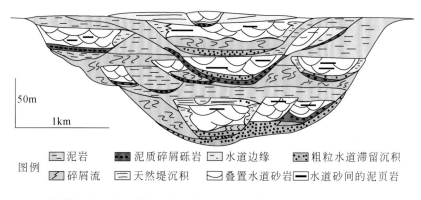

图 9-16　西非扎伊尔扇海底峡谷中扇水道（三级水道）沉积模式（Mayall et al.，2006）

强的浊流水动力作用有时可在中扇和外扇部位形成下切沟道，将浊流沉积物搬运到外扇地区沉积下来。外扇区的下切沟道浊流沉积物包裹在深海暗色泥页岩中，故含油气潜力很大。

（3）外扇亚相

外扇亚相与中扇无水道部分相接，地形平坦，基本无水道，沉积物分布宽阔、沉积层薄，有的薄层粉砂岩可以侧向追踪几十至数百公里。外扇的典型沉积为发育鲍马层序 C-E 序列和深水泥页岩。

（4）海底扇沉积序列

不同沉积时期的海底扇向盆地中央方向不断推进，后期沉积的中扇和内扇就会叠覆在早期沉积的外扇和中扇之上（图 9-17），总体构成自下而上沉积物粒度由细变粗再变细、砂岩沉积厚度大、下部发育典型浊积岩、上部发育粗粒浊流沉积的推进序列。如果外扇的补给来源中断或发生海进，此时有可能出现向上变薄、变细的沉积层序。

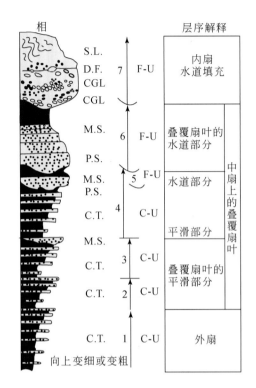

图 9-17　海底扇的推进式沉积序列（Walker，1978）

C-U 为向上变厚变粗的层序；F-U 为向上变薄变细的层序；C.T. 为典型浊积岩层序；

M.S. 为块状砂岩；P.S. 为含砾砂岩；CGL 为砾岩；D.F. 为碎屑流；S.L. 为滑塌序列

　　海底扇沉积序列下部为外扇沉积，砂层为远源浊流成因，但因其厚度薄、间距大、发育 CDE、DE 鲍马序列，总体构成向上沉积粒度变粗、砂层厚度加大的反韵律。

　　海底扇沉积序列中部为中扇沉积；中扇下部表现为向上沉积粒度变粗、砂层厚度加大的反韵律；上部由于辫状分支水道的迁移，发育多个向上粒度变细、砂层厚度变小的间断正韵律。辫状分支水道多发育块状层理砂岩、卵石质砂砾岩和递变层理砂砾岩，辫状分支水道间及其前缘发育近源浊流沉积，以发育鲍马序列的 ABE、BE 段为特征。

　　海底扇沉积序列上部为内扇沉积，是浊积扇沉积物粒度最粗的沉积地区，以发育结构混杂的砂砾岩为特征，在主水道两侧可发育鲍马序列 AE 段。整体具有向上沉积粒度变细、砂层厚度变小的正韵律（图 9-17）。

9.3.2 浊积沟道沉积体系

海槽型浊积沟道沉积早有报道，如美国中部阿巴拉契亚山脉中的奥陶系浊积岩、美国西海岸科迪勒拉山边缘带不同时代的沟道浊积岩。较为明确并在油气勘探中取得良好效果的是美国文图拉盆地海槽浊积砂岩。文图拉盆地上新统—更新统沟道型浊流沉积主要由4种岩石类型组成，即泥岩相、砾岩相、递变砂岩相、薄层砂岩相。它们分别形成于盆地斜坡、海底峡谷或扇、海槽、海槽侧翼环境。海槽递变砂岩相是流经海底峡谷的浊流到达深海盆地平原地带时发生拐弯，再沿盆地长轴纵向搬运、沉积造成的。

加拿大魁北克寒武—奥陶系具阶地的辫状海底水道砾质沉积是典型的浊积沟道沉积。它由厚270m的卵石质砂岩和块状砂岩组成，水道深约300m，宽约10km，水道沿平行大陆斜坡脚的凹槽方向延伸（图9-18）。

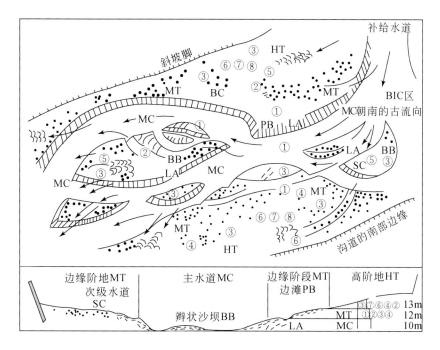

图9-18 加拿大魁北克寒武—奥陶系 Cap-Enrage 组海槽沟道型重力流沉积层序

①~⑧为8种岩相类型；LA 为海槽侧向加积；MC 为主水道；MT 为边缘阶地；HT 为高阶地；
SC 为次级水道；BB 为辫状沙坝；PB 为边滩

加拿大魁北克寒武—奥陶系沟道浊积岩中包含8种岩相类型：①位于沟道中央的粗砾岩；②具粒序层理的细砾岩和卵石质砂岩；③显粒序的细砾岩和卵石质砂岩；④粒序细砾岩、卵石质砂岩和具液体溢出构造的砂岩；⑤非粒序交错层理细砂岩、卵石质砂岩和砂岩；⑥缺少沉积构造的卵石质砂岩和砂岩；⑦砂和粉砂质浊积岩；⑧深水页岩（图9-18）。

如果浊积水道侧向加积形成叠加的主沟道和次沟道，则会发育多个具有冲刷界面、多个间断正韵律组成的向上变薄、变细层序［图9-19（a）］；如果浊积水道迁移到阶地上，则形成向上变厚、变粗的层序［图9-19（b）］。以此类推，构造因素导致水道迁移、充填或废弃，从而分别形成变厚、变粗和变薄、变细等复杂层序类型。

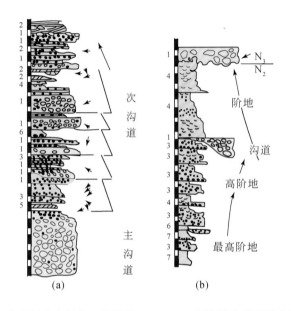

图9-19　加拿大魁北克寒武—奥陶系 Cap-Enrage 组海槽沟道型重力流沉积层序

（a）向上变薄、变细沉积序列；（b）向上变厚、变粗沉积序列

第 10 章　深水牵引流沉积

随着对浊流和其他类型深水重力流研究的深入，发现在深海和半深海环境中还存在着规模可观、由牵引流形成的碎屑沉积，这些深水牵引流沉积是一种潜在的油气储层。目前已发现的深水牵引流沉积主要有两种类型：一种是等深流沉积，另一种是内波、内潮汐沉积。20 世纪 60 年代以来 DSDP 和 ODP 的开展，证实了深海等深流、内波、内潮汐的活动及相应的等深流沉积和内波、内潮汐沉积的存在，极大地促进了对各大洋底的现代深水牵引流沉积的研究，并识别出了不少地层记录中的深水牵引流沉积。我国在深水牵引流沉积领域的研究也颇具特色，20 世纪 80 年代初就开始对等深流沉积进行研究（刘宝珺等，1982），80 年代后期研究成果不断涌现（姜在兴等，1989；段太忠等，1990；Duan et al.，1993；高振中等，1995）。20 世纪 90 年代以来，我国沉积学工作者率先开展了内波、内潮汐的沉积学研究（Gao and Eriksson 1991），并在我国地层中发现多例内波、内潮汐沉积（Gao et al.，1997；何幼斌等，1998，2005；李建明等，2005；李向东等，2009）。

10.1　等深流及等深流沉积的概念与特征

10.1.1　等深流的概念

最先注意到深海等深流及其沉积作用的是德国海洋物理学家 G. Wust 和美国沉积学家 B. C. Heezen。对深海海底流沉积进行实质性研究始于 Heezen 和 Hollister（1964，1966）对北大西洋西部底流沉积的研究。等深流是由于地球旋转而在深海形成的温盐环流，主要出现在陆隆区。这种环流平行海底等深线做稳定低速流动，流速 5 ~ 20cm/s。

现代深海调查表明，起因于深水地转流的等深流是最常见的底流类型之一。从水深超过 5000m 的深海平原到水深在 500 ~ 700m 的较深水台地都存在这种类型的等深流沉积。等深流既出现在主动大陆边缘，也出现在被动大陆边缘，尤其是北大西洋西部边界底流（western boundary undercurrent，WBUC）非常发育。由于科里奥利效应，大洋底流在北半球一般向右偏转，在南半球一般向左偏转，最终结果导致等深流在海洋盆地的西侧沿大陆斜坡与水深等深线平行流动。Faugeres 和 Stow（1993）将这种在相对较深水环境中由地球旋转产生的温盐环流称为狭义的等深流。现代海洋中的等深流流速一般为 5~20cm/s，局部可达 50cm/s 甚至更高。因此，等深流是深海海底重要而又特殊的地质营力，它不仅可以对海底产生侵蚀作用，还可以搬运沉积物，形成特殊的等深流沉积或等深流沉积岩。

北大西洋西部的温盐环流称为"西部边界底流"，为典型的等深流。它主要由北大西洋深水、挪威海溢流水和密度很大且长距离搬运的南极底水等多个水团组成。沿北大西洋西部等深流的运动路径，形成了多个大型的深海丘状沉积体，这些丘状体就是由等深流沉积作用形成的典型等深流沉积岩（图 10-1）。表 10-1 列出了北大西洋一些现代大型等积岩的大小、规模和厚度等数据。

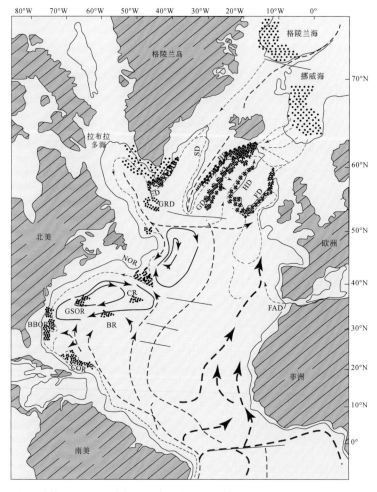

图 10-1　北大西洋等深流组成、路径及其形成的大型等深流沉积岩丘（密集黑点区）的分布
（Stow and Holbrook，1984）

FAD 法罗等深流沉积岩丘；FD 芬尼等深流沉积岩丘；HD 哈顿等深流沉积岩丘；GD 加达等深流沉积岩丘；BD 比约恩等深流沉积岩丘；SD 斯诺里等深流沉积岩丘；ED 艾里克海岭等深流沉积岩丘；GRD 格洛里亚等深流沉积岩丘；NOR 纽芬兰外洋中脊等深流沉积岩丘；CR 卡纳海隆等深流沉积岩丘；BR 百慕大海隆等深流沉积岩丘；GSOR 湾流外洋中脊等深流沉积岩丘；BBOR 布莱克–巴哈马外洋中脊等深流沉积岩丘；COR 凯斯科外洋中脊等深流沉积岩丘

表 10-1 北大西洋等深流形成的等深流沉积岩的规模和厚度

等深流沉积岩名称	长度/km	宽度/km	厚度/m	流速/(cm/s)
巴哈马外洋中脊等深流沉积岩丘	600	400	600	10 ~ 20
百慕大海隆等深流沉积岩丘	700	90	1000	4 ~ 15
布莱克外洋中脊等深流沉积岩丘	600	400	600	5 ~ 20
比约恩等深流沉积岩丘	830	100	600	7 ~ 20
凯斯科外洋中脊等深流沉积岩丘	333	100	1425	5 ~ 15
卡纳海隆等深流沉积岩丘	700	150	750	5 ~ 15
艾里克等深流沉积岩丘	355	230	—	18 ~ 20
芬尼等深流沉积岩丘	600	100	1500 ~ 1700	5 ~ 15
加达等深流沉积岩丘	1000	130	1300 ~ 1600	7 ~ 12
格洛里亚等深流沉积岩丘	375	330	900 ~ 1400	3 ~ 7
大安德烈斯岛（加勒比海域）	1800	220	700	3 ~ 17
湾流外洋中脊等深流沉积岩丘	120	70	750	9 ~ 10
哈特勒斯外洋中脊等深流沉积岩丘	500 ~ 550	50	1300	9 ~ 10
哈顿等深流沉积岩丘	65	50	700	6–24
哈得孙等深流沉积岩丘	30	5	40	10 ~ 20
艾辛格等深流沉积岩丘	480	72	—	5 ~ 20
纽芬兰外洋中脊等深流沉积岩丘	500	200	400	5 ~ 35
斯诺里等深流沉积岩丘	250	100	300 ~ 500	—

资料来源：Kidd 和 Hill，1987

等深流的沉积作用比较缓慢，沉积速率较低，而且速率变化也较大。对大西洋部分现代等深流沉积区的沉积速率统计表明，其沉积速率为 0.6 ~ 20cm/1000a，一般为 2 ~ 12cm/1000a（表 10-1 和图 10-1）。等深流的沉积速率与等深流流速、物源供给、等深流随时间变化的侧向迁移、海底地貌、气候变化及海平面升降等诸因素有关。

10.1.2　等深流的沉积特征

10.1.2.1　等深流的岩性和外形特征

研究早期，人们认为等深流沉积只是粉砂级以下的细颗粒薄层（厚度<5cm）沉积物；现在认识到等深岩不仅类型多样，粒度范围也相当宽，可从泥级到细砾级，而且能够形成与海底扇规模相当的巨大的沉积体。特别是近年来对现代大陆坡上一些等深流沉积岩丘进行的地质、地球物理调查和研究，使得对等深流沉积岩的认识发展到了一个新阶段。

等深流沉积物的物源主要包括陆源碎屑物质、生物成因物质、海底沉积物的再悬浮和火山物质等。等深流沉积分异度低、生物活动改造强烈，与其他沉积类型的区分比较困难。因此，对由等深流沉积形成的或由等深流改造而形成的等深流沉积岩（或称等深岩）的分类，特别是成因分类的研究程度还很低。目前，国内外一般依据等深流沉积岩的粒径将其划分为 4 种类型，即泥级等深流沉积岩、斑块粉砂级等深流沉积岩、砂级等深流沉积岩和细砾级等深流沉积岩以及若干过渡类型。因为等深流沉积岩的成分除陆源碎屑物质外，还有生物成因物质、化学成因物质及火山碎屑物质，因此也可依据成分将其划分为生物成因（钙质或硅质）等深流沉积岩、化学等深流沉积岩、硅质碎屑等深流沉积岩等。

泥级等深流沉积岩：是各类等深流沉积岩中粒度最细、看起来最单调、数量最丰富的一种，是构成现代等深流沉积的主体。泥级等深流沉积物中生物扰动构造发育（Stow et al.，2002），生物扰动使大部分牵引流沉积结构和构造遭受一定程度或全部破坏，因此难以识别［图 10-2（a）］。西班牙西南部加迪斯海湾泥级等深流沉积岩因生物扰动而成均质块状，仅保留很薄的、不规则的、被簸选后的泥质斑块和泥纹层。

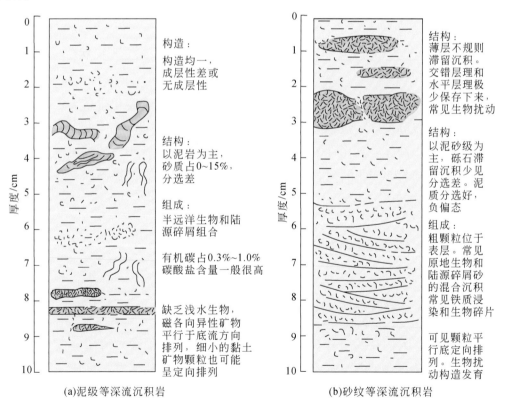

(a)泥级等深流沉积岩　　　　　　　　　　(b)砂纹等深流沉积岩

图 10-2　泥级等深流沉积岩和砂级等深流沉积岩特征（Stow and Holbrook，1984）

砂级等深流沉积岩：如果深海洋流动力比形成泥级等深流沉积岩的洋流更强，且床底为砂质，则会形成类似大型新月形沙丘的砂级粗粒等深流沉积岩（Kenyon et al.，2002）。砂级等深流沉积岩粒度较粗，分选较好。粉砂级等深流沉积岩是泥级等深流沉积岩与砂级等深流沉积岩之间的过渡类型，三者多交互成层或混杂出现，其数量亦很可观［图10-2（b）］。法罗-设得兰海峡水深约1150m处的新月形沙丘即为等深流沉积，沙丘长达120m，高度<1m，沙丘脊上有舌状波痕，等深流的峰值流速为50~60cm/s（Wynn et al.，2002）。砂级等深流沉积岩的生物扰动构造也很发育，但其原始沉积构造包括滞留沉积粗砂、贝壳碎片及层状和交错层状结构等可部分保存下来，相对较易识别（Gonthier et al.，1984）。如果等深流流速高到足以形成滞流沉积，并对现今海底砂质床底进行簸选，那么就能够成功阻止泥质载荷的沉积，从而形成砂级等深流沉积岩，而非捕获泥质形成泥级等深流沉积岩。

细砾级等深流沉积岩：粒度最粗，数量甚少，但其所反映的沉积特征有一定的意义。一般认为砾级等深流沉积岩是由流速高、能量大的等深流侵蚀或改造细粒沉积物而形成的一种砾石滞留沉积。细砾级等深流沉积岩单层厚度薄且不规则，颗粒分选差，颗粒表面常有铁镁质包壳。当前，细砾级等深流沉积岩仅在碳酸盐岩中有发现，其骨架颗粒为泥晶灰岩砾屑。砾屑呈扁平状或浑圆状，磨圆较好-好，分选中等，填隙物为分选较好的细砂屑、粉屑及亮晶胶结物，缺乏灰泥。部分较大颗粒之下形成遮蔽孔，显示出示顶底构造。湖北下奥陶统砾屑灰岩呈条带状平行斜坡走向延伸，为等深流沉积的细砾级等深流沉积岩。这些细砾碎屑应属小型海底峡谷中等深流形成的滞留沉积。

生屑等深流沉积岩：其成分独特，数量也很少，多为等深流改造重力流沉积的石灰岩而成。生屑等深流沉积岩中，生物碎屑占70%以上，含一定量的砂屑、粉屑和石英砂，灰泥基质仅占5%~10%。生屑种类繁多，以棘皮类和三叶虫碎屑为主。颗粒分选较好，磨圆差—中等，少数石英砂圆度极佳。生物屑等深积流沉岩常呈透镜状顺层分布于生物屑泥晶灰岩中，有时可见沙纹层理，透镜体底界常为侵蚀面。细砾级生物屑等深流沉积岩应为沉积物供应不足时底流筛选使生物屑进一步富集所致。

等深流沉积岩的外形主要受海底地形（McCave and Tucholke，1986）、最大流速中轴位置（Vandorpe et al.，2014）及悬浮物质分布等的影响。在海底地形坡度较陡区域，等深流流速升高；反之，在缓坡区域等深流的流速会降低（McCave and Tucholke，1986）。等深流的沉积作用优先发生在坡度较低，流速较缓的相对平静低能地带。随着海底坡度的不同变化速率，会有相应的"双生式"等深流沉积岩或"贴合式"等深流沉积岩形成［图10-3（a）和（b）］。在海底形态比较复杂的地区，如因海山或海隆存在导致等深流的合并或发生转向的地区，则会形成"独立式"等深流沉积岩［图

10-3（c）]。如果海底坡度变化非常突然，可能会形成被一条"护城河"或壕沟与大陆斜坡分开的"分离式"等深流沉积岩［图10-3（d）］（McCave and Tucholke，1986）。

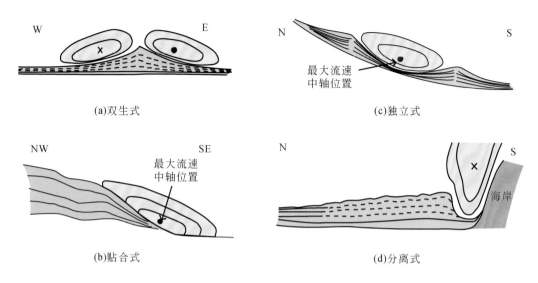

(a)双生式
(c)独立式
(b)贴合式
(d)分离式

图 10-3　等深流路径与等深流沉积岩类型的关系（McCave and Tucholke，1986）

●点代表等深流的方向为流向读者；×代表等深流的方向为远离读者

10.1.2.2　等深流的结构特征

现代等深流沉积物的结构组分包括泥级组分、粉砂级组分、砂级组分和细砾级组分。其中泥级组分是最主要的，其次是粉砂级组分，砂级组分较少，细砾级组分极少。这是由于等深流流速一般为 5～20cm/s，决定了其所挟带的颗粒大小一般为泥级至细砂级（粒径大于 8～3ϕ）。一般很少见到由单一粒级或以细砂级为主要粒级所组成的现代等深流沉积物。1988 年 Gonthier 按照颗粒粒级及其含量将现代等深流沉积划分为 3 种相类型，即砂-粉砂相、斑块粉砂-泥相和均质泥相。在砂-粉砂相中，细砂级颗粒含量为 20%～40%，粉砂级颗粒含量为 50%～70%，泥约为 10% 或者更少。在斑块粉砂-泥相中，细砂级颗粒含量为 5%～15%，粉砂级颗粒含量为 45%～55%，泥约为 30%。在均质泥相中，细砂级颗粒含量几乎为 0，粉砂级颗粒含量为 20%～40%，泥为 60%～80%。

等深流沉积物的分选性与其沉积时等深流的强度、持续时间、物源及生物活动等因素相关。经典的等深流沉积物（单层厚度<5cm）的分选性一般较好，分选系数小于 0.75。目前在大洋中广为分布的等深流沉积物的分选性一般为中等至好，局部为好至很好，其粒度概率曲线一般有 2～3 个沉积总体，其中跳跃总体具有较大斜率。

10.1.2.3　等深流的构造特征

等深流沉积物中的沉积构造也较发育，特别是生物成因构造、机械成因层理构造、沉积物波、大型黏性交错层、侵蚀构造和定向构造等均较发育。等深流沉积中最为常见的构造是小型交错层理，局部可见大型黏性交错层理。

侵蚀构造的发育是等深流沉积的重要特征。等深流侵蚀构造包括侵蚀面、刻蚀痕、底渠（海底沟渠）和截切面等。侵蚀面在各类等深流沉积中均十分发育，不仅分布在两种相类型的接触面，也分布于各单相岩层内。频繁出现的侵蚀面可能反映了等深流的脉动性。底渠的发育指示主流线的存在以及短时期内流速的突然变大。在海隆等海底正向地貌单元之上，由于等深流流速大并持续稳定，侵蚀面可向底渠发展，最后发育成水道。

定向构造主要由生物屑、碎屑颗粒的定向排列表现出来。另外，刻蚀痕、障积痕等流动构造也可视为定向构造。定向构造中定向排列的颗粒物质其长轴方向平行于等深流流动方向。在流速较高的水道底部，常见滞留砾石呈叠瓦状定向排列，砾石层厚度较小，分布局限。

生物成因等深流构造中最普遍、最常见的是生物扰动构造及生物潜穴。生物扰动几乎贯穿于等深流沉积物中，生物扰动形成毫米级至厘米级的不规则斑块，扰动斑块的出现使得原始的层理构造部分或完全遭到破坏。在等深流不同相的接触界面附近，生物扰动可将不同相组分搅混，如将邻近均质泥相的泥质组分搅至粉砂-泥相中，或者将粉砂-泥相中的粉砂-泥组分搅到均一泥相中形成特色的斑块状构造。在细粒均值泥相中，斑块状构造仅在 X 射线照片上可见。

生物潜穴及生物遗迹在等深流沉积中也非常发育。生物潜穴及遗迹大小一般在毫米级至厘米级之间，形态上呈孤立的囊状、条带状、延长扁豆状、管状，有时密集排列成相交的网状，也有规则的椭圆状、椭球状等。潜穴及其他遗迹通常与生物扰动斑块混杂在一起，使之变得模糊不清，难以辨认。

10.1.2.4　等深流的垂向层序

Faugeres 等（1984）在研究北大西洋东缘现代等深流沉积岩丘时，发现等深流沉积组合具有一定的规律性，按一定的垂向顺序排列 [图 10-4（a）]。等深流垂向层序由一个向上变粗的逆递变段和一个向上变细的正递变段构成的对称递变层序，厚 10～100cm。层序的厚度和完整性变化很大，也不一定完全对称，可以是不对称或不太对称的。等深流沉积岩的粒度、沉积构造和成分的变化可能与其平均流速的长期（1000～30 000a）波动有关。Stow 和 Faugeres（2008）指出，如果等深流流速太高以至于所搬运的物质不能卸载沉积，则在其最大流速时间段内可能会形成等深流的沉积间断，甚至侵蚀。因此，等深流沉积岩层序各段间的接触关系有过渡接触、突变接触和侵蚀接触等。

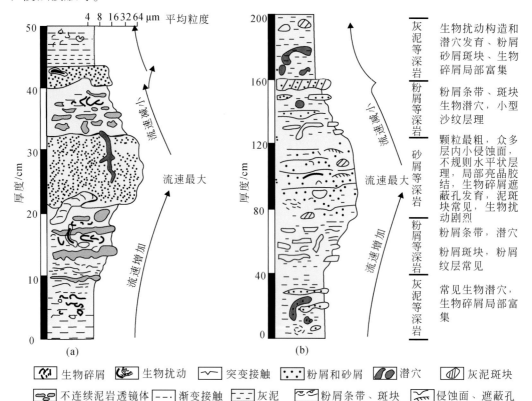

图 10-4 等深流沉积层序

（a）Faugeres 等，1984；（b）段太忠等，1990

段太忠等（1990）在研究湘西北部九溪下奥陶统等深流沉积岩时也发现与 Faugeres 等（1984）描述的类似层序［图 10-4（b）］，层序各段之间的接触关系有过渡接触、突变接触和侵蚀接触等，层序厚度为 10～200cm，以 30～80cm 最为常见。

除上述典型的层序外，还有其他一些特殊类型的层序，如由单一砂屑等深流沉积岩构成的层序（图 10-5）。这类层序主要由中层到厚层砂屑等深流沉积岩叠置形成，其中每个单层砂屑等深流沉积岩均具典型的下细中粗上细的粒度变化特征，整个层序整体上表现为细—粗—细旋回，实际上，这属于一种复合层序。

等深流沉积岩的层序特征与浊积岩或风暴岩截然不同，各自所代表的水动力学意义也不相同。浊积岩或风暴岩层序代表的是短暂事件沉积作用，而等深流沉积岩层序则反映了等深流流动强度的长周期变化。等深流常见的细—粗—细垂向层序反映了等深流活动由弱到强再由强到弱的一个变化周期，复合层则反映了等深流活动更大一级周期的弱—强—弱变化。深海硅质碎屑沉积体系在海侵期以等深流和半远洋沉积为主

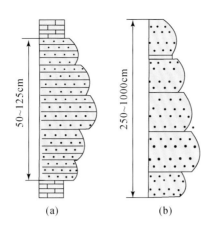

图 10-5　由单一的砂屑等深岩组成的等深岩层序（何幼斌等，2013）

（a）由中层砂屑等深岩叠置组成的层序；（b）由厚层砂屑等深岩叠置组成的层序

导。而在低海平面时期，重力流，如浊积岩等事件沉积过程，占主导地位（Sheridan，1986）。现代深海浊积扇也大多在低海平面时冰期活跃，而此时温盐环流，如等深流的作用最为微弱。

10.1.3　等深流沉积岩丘的研究与鉴别标志

10.1.3.1　等深流沉积岩丘的发现与研究

大洋钻探、地震勘探和综合研究表明，在现代海洋大陆坡和陆隆上，广泛发育由等深流沉积物构成的巨大堆积体，其规模可与由浊流沉积形成的海底扇相比。Stow 等（2002）根据等深流堆积体的形态和形成环境，将其划分为 5 种类型：①席状等深流沉积岩；②伸长状等深流沉积岩丘状体；③与水道有关的等深流沉积岩；④局限的等深流沉积岩；⑤浊积扇被改造的等深流沉积岩（图 10-6）。

(a)席状等深流沉积岩　　(b)伸长状等深流沉积岩(等深流沉积岩丘)　　(c)水道型等深流沉积岩

(d)局限的等深流沉积岩　　　(e)浊积扇被改造的等深流沉积岩

图 10-6　等深流沉积岩丘的类型（Stow et al.，2002）

席状等深流沉积岩厚度可达几十米，呈宽阔的席状披覆在海底。席状等深流沉积岩沉积在坡度极低（~0.5°）的海底。高分辨率地震剖面显示其沉积过程为非对称性增长，等深岩席一侧的沉积速率比另一侧高，这可能与等深流最大流速带的位置有关 [图 10-6（a）]。

伸长状等深流沉积岩丘状体比较常见，总体呈长条形或伸长状，横剖面呈丘状，长度一般为数十至数百公里，宽度可达数十公里，高出周围海底 100m 或 1km 以上，堆积厚度局部可超过 2km。伸长状等深流沉积岩丘状体多发育在相对陡峭的斜坡前部，一般由一条壕沟或"护城河"与斜坡相隔 [图 10-3（c）和图 10-6（b）]。伸长状等深流沉积岩丘的横截面强烈不对称，短而陡峭的侧翼面向上斜坡（朝向壕沟或护城河），更为平缓的侧翼面向下斜坡，在较平缓的下坡侧沉积速率最高。佛罗里达海峡北部的碳酸盐等深岩长达 100km，宽达 60km，丘体厚度可达 600m，总面积达 3000km²。到目前为止，已在北大西洋发现了 16 个现代大型等深流沉积岩丘。

当流速大、水动力强的等深流流经活跃的海底扇或其他现代重力流沉积系统时会产生一些特殊的沉积现象。在这种情况下，等深流对海底峡谷内物质的再作用再改造，形成"水道型等深流沉积岩体" [图 10-6（c）]；因等深流对在重力流作用下顺大陆斜坡向下搬运的细颗粒物质的"袭夺"与改造，形成"局限的等深流沉积岩体" [图 10-6（d）]；等深流也会改造已沉积的浊积岩，形成由浊积扇被改造而成的等深流沉积岩体 [图 10-6（e）]（Stow et al.，2002；Gong et al.，2015）。

10.1.3.2　等深流沉积岩的鉴别标志

由于等深流沉积岩大多沉积在深海及洋壳上，只有经历洋-陆俯冲，再经造山带隆升变形后才可保存在岩石记录中并形成露头，且常常由于其露头规模不够大，很难识别。结合现有研究成果，将等深流沉积岩的鉴别标志归纳为以下几个方面：

1）产状。等深流沉积多形成于陆坡和陆隆等深水环境，也可以出现在深水盆地中。等深流沉积岩与深水大洋原地沉积相伴生且夹于深水原地沉积层系之中，多呈不规则薄层状或透镜状产出，单一厚度一般为几厘米，局部可达几十厘米。

2）成分。等深流沉积的成分既有陆源硅质碎屑物质，也有碳酸盐物质。沉积类型主要包括陆源碎屑岩类、碳酸盐岩类及生物碎屑，亦有少量火山碎屑岩类。

3）粒度。等深流沉积的粒度一般为泥级到砂级，且具有一系列由砂、粉砂、黏土混合物组成的过渡类型。当等深流的流速升高，能量极强时，可对海底底质剥蚀，形成砾石滞留沉积。目前发现的等深流沉积一般以泥级和粉砂级为主，砂级次之，偶见细砾级。

4）分选性。等深流沉积的分选性一般中等至好，局部分选极好。标准偏差 σ

一般小于0.8（Folk值）。在正态粒度概率曲线上，一般有2~3个沉积次总体，其中跳跃总体斜率最大。

5）牵引流沉积构造。等深流是一种深水牵引流，因此等深流沉积中一般具有牵引流沉积作用特征，如水流冲刷而成的冲刷面或侵蚀面、流水层理（包括小型交错层理和大型纵向交错层理、长颗粒定向排列的组构优选特征等）。

6）古地理背景。等深流平行海底等深线流动，因此在大陆斜坡、陆隆处形成的等深流沉积中一般具有平行于斜坡走向的流向标志，如长形颗粒的定向排列平行于斜坡走向、交错层理中的细层倾向一般也与斜坡走向平行。这完全不同于浊流、内波和内潮汐沉积。

7）生物扰动构造。因等深流流速不大，沉积作用缓慢，等深流沉积中一般具有强烈的生物扰动，常与Nereites（类沙蚕迹）遗迹相共生，主要是大规模网状遗迹，也可见实体化石类，以棘皮、三叶虫等生物碎屑为主。生物扰动会导致原始沉积层理遭受破坏，形成毫米级到厘米级的斑块，原始沉积构造不能很好地保存下来。

8）垂向沉积层序。由于等深流强度呈弱—强—弱的周期性变化，所以等深流沉积一般具有独特的垂向沉积层序，即垂向粒度呈细—粗—细的逆递变—正递变排列。

9）与海平面变化的关系。等深流沉积主要发育于海平面上升期或高位期。因为低海平面期重力流沉积占主导地位，等深流不易形成，等深流沉积也不易保存。随着海平面上升，物源区逐渐远离大洋盆地，随着粗碎屑物质注入的减少，重力流活动减弱，等深流沉积得以发育。碳氧同位素数据分析和微粒度研究结果表明，在冰期—间冰期过渡时期，即海平面上升期，可能是底层环流活动最强烈时期；在高海平面期间，沉积物供给较少，等深流沉积也不甚发育。因此，等深流沉积可作为海侵体系域较为特征的沉积类型。

砂级等深流沉积岩的主要标志相特征包括含生物介壳碎屑，如浮游有孔虫介壳滞流粗粒沉积、靠近床底顶部的反粒序及与上部层段的突变接触、靠近陆架斜坡处沉积物的颗粒结构样式等。有时很难对泥质浊积岩、泥级等深流沉积岩、砂级等深流沉积岩和被等深流改造的浊积岩进行有效区分。表10-2列出了泥级、砂级等深流沉积岩和由浊积扇改造形成的等深流沉积岩的主要沉积特征差异。

表10-2 泥级、砂级等深流沉积岩和被等深流改造后的浊积岩主要特征对比

特征	泥级等深流沉积岩	砂级等深流沉积岩	被等深流改造后的浊积岩
产状	深水环境中厚层均匀的细粒沉积序列。在大陆边缘某些区域，泥级等深流沉积岩与浊积岩或其他再生沉积相互层	薄–中层常见，少见厚层单元。砂质浊积岩顶部遭受改造。海底峡谷内粗粒滞留沉积常见	在任何浊积岩环境中，强烈持久的底流都非常活跃

特征	泥级等深流沉积岩	砂级等深流沉积岩	被等深流改造后的浊积岩
粒度	砂级生物介壳占0~15%，层序各段间常见突变和侵蚀接触	粉砂–砂级常见，少见砾级颗粒，不含泥质，分选好	与下伏未改造浊积岩差异显著，更干净、分选更好、反粒序、滞留沉积、负偏度
结构	分选中等–差，不见粒序层理，无近海沉积特有的结构。因搬运距离不同，与层间浊积岩的结构差异明显，化石中保存很差。原生泥或粉砂及粗粒滞留沉积的颗粒排列比浊积岩更趋平行，并平行等深流向	沉积物粒度具有低偏或负偏特征，无近海沉积物特有的沉积结构。颗粒排列方向平行于等深流向或受生物扰动而随机分布	被改造的浊积岩层表现出广泛的双峰型或随机的多峰型粒度组成
构造	均质性特征明显，层理不发育。生物扰动形成的泥斑极常见。许多地方有深水特征的掘穴。粗粒滞留沉积（主要是生物介壳）表明泥级中含有粗粒组分。原生泥–粉砂质层理少见，不见浊积岩中特有的层序	生物扰动和钻洞常见，几乎没有原生结构残留。平行、交错层理多被生物扰动破坏。不见浊积岩中常有的结构。顶部见逆韵回，各层段呈突变、侵蚀接触	浊积岩下部地层得以保存，上部地层或剥蚀或改造。生物扰动和掘穴常见。粉砂层的双向交错层理及被生物扰动的微交错层理发育
组成	主要由生物和陆源物质混合而成。陆源物质主要来自近源陆架区，有一些沿大陆斜坡混入的物质，远洋物质较少	主要由生物和陆源物质混合而成。陆源砂屑主要来自邻近源区	与浊积岩组成一致，或部分细粒组分被剥蚀。长期暴露和筛选可能会导致化学沉淀
旋回	不同粒级沉积形成分米级旋回	远洋底栖生物和再沉积生物碎屑常见，常被铁染色。有机质及钙质组分低。不同粒级沉积形成分米级旋回	有机质和钙质组分很低，地层序列与浊积岩序列相同，或顶部被剥蚀

资料来源：Stow等，1998

10.2　内波、内潮汐沉积

10.2.1　内波、内潮汐的概念

内波是存在于两个不同密度水体界处或具有密度梯度的水体内的水下波。只要水体密度稳定分层，并有扰动源的存在，内波就会产生。内波不仅出现在海洋中，也可出现在湖泊中，甚至出现在地球壳–幔分层介质中（池顺良等，1996）。由于内波的能量比相应的表面波小得多，只需小小的扰动就能引起内波的形成，且这种扰动是普遍存在的，内波在各大洋水体内部普遍发育。大洋的内波比表面波更为普遍，因为从未发现在大洋内部存在平静的地方（Munk，1981；杜涛等，2001）。

内波的存在，导致不同密度界面上下水质点运动方向相反。在界面处发生最大速度剪切，可形成速度高达1.5m/s以上的内波流。内波流犹如锋利的剪刀，破坏力极大。内波与表面波浪虽然都是液体运动，但有极大的差别。由于二者的恢复力不同，内波的波速比表面波小得多，但内波振幅比表面波大得多，有的甚至达几百米以上（杨殿荣，1986）。内波的波长可达数百米至数千米，如在比斯开湾深层水中发现了振幅达 200m 的内波（杨树珍，1994）。

内波的振幅、周期、传播速度、深度的变化范围都很大。内波的振幅大者可超过数百米，小的仅为厘米级。内波振幅受水深的影响，深水处内波振幅大，浅水处振幅小。振幅还受水体密度分布的影响。因为较低的能量只能使密度差较小的界面发生位移，而不能移置密度差大的界面。内波周期变化范围从不足 1min 到长达数日或更长，如美国西海岸加利福尼亚的米申海滨水深 18m 处记录的 1061 个内波频率分别为 2~20min，其周期中值为 7.3min。加利福尼亚圣卢卡斯海底峡谷水深 137m、215m 和 328m 三处的海底双向流周期的测定结果分别为 0.9h、1.5h 和 2.8h（Shepard and Marshall，1973a）。这些内波的频率也不相同，总的趋势是随着水深的增加，周期平均值增大，频率值减小。

内波发生在海洋内部，所以不能用测量表面波的方法进行观测，但可通过间接方法测得，如测定流速、温度、盐度等随时间的变化。随着深海调查的不断深入，发现在海底峡谷和大陆边缘其他各种类型的沟谷中，几乎普遍存在沿沟谷轴线向上或向下交替流动的水流。这些双向交替流动由内波引起。因此，只要测得海底峡谷中出水流的时间–流速曲线，就可获得内波的特征。图 10-7 就是在海底峡谷中测得的水流的时间–流速曲线。可以看出，内波的周期与海面潮汐的周期几乎完全相同。实际上，这只是内波的一种特殊而又非常重要的类型，其特殊性在于其周期等于半日潮或日潮周期。这种具有潮汐周期的低频内波可称作内潮汐。内潮汐的产生主要与表面潮、层化的海水和跃变的地形有关。通常在潮差较大的地区，这种沿峡谷上下交替流动的平均周期，在深度超过 250m 时趋近半日潮或日潮；而在潮差较小的地区，则需要更大的深度才能趋近于表面潮汐的周期。

10.2.2 海底峡谷中的交替流动

横切大陆坡和陆架边缘的海底峡谷及其他类型海底沟谷是沉积物大量搬运至深海的主要通道。大量调查表明，这些海底沟谷中普遍存在沿沟谷轴线向上方和向下方的交替流动，这种水流能搬运的沉积物粒度可达细砂级，并能在数千米深处形成大型波痕（Mullins and Cook，1986）。这些交替流动被归因于内波作用，故海底峡谷和其他沟谷是观察研究内波的良好场所。迄今，在深度 4000m 以上的海底峡谷中已获得了一些峡谷流流速数据。一般来说，水流在峡谷内上下交替流动的周期从 15min 到 24h 不等。

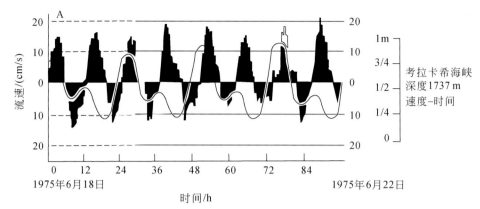

(a)夏威夷考爱岛和尼豪岛之间的考拉卡希（Kaulakahi）海底峡谷双向流动周期与表面潮汐的关系

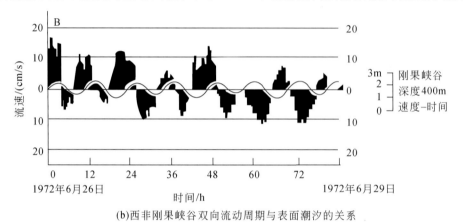

(b)西非刚果峡谷双向流动周期与表面潮汐的关系

图 10-7　海底峡谷中沿峡谷轴线上下交替流动水流的时间–流速曲线（Shepard and Marshall，1973b）

10.2.2.1　交替流动速度

Shepard 等于 1968～1979 年对 25 个海底峡谷和其他沟谷测站进行了长期观察，测量的深度范围为 30～4206m，获得总时数达 25 000h 的大量记录。这种向上、向下交替流动的最大流速和平均流速各地不同。向沟谷上方流动的最大流速的变化范围为 3～48cm/s，以 15～30cm/s 的流速为主；向沟谷下方流动的最大流速的变化范围为 6～68cm/s，以 15～400cm/s 的流速为主。向上方的平均流速的变化范围为 0.8～23.6cm/s，以 4～15cm/s 的流速为主；向下方的平均流速的变化范围为 0.6～26.0cm/s，以 5～20cm/s 的流速为主。交替流的流速一般不大，但已经可以搬运砂级以下的沉积物。

10.2.2.2　交替流动周期的变化规律

沟谷交替流流动的平均周期变化范围很大，从小于 1 h 至 20 h 不等。同一沟谷不同测站的变化亦很大，不同沟谷之间的变化差异更加明显。交替流动周期的变化是有规律的，它与深度、潮差和风速有关。平均周期变化的总趋势是随深度的增加而增加，多数沟谷在达到一定深度后其交替流的平均周期趋近于潮汐周期（半日潮）。但是，不同沟谷中交替流趋近于潮汐周期的深度差比很大，主要原因是各地的潮差不同。潮差较大的地区，趋近于潮汐周期的深度小；潮差较小的地区，趋近于潮汐周期的深度大。潮差较大的几个海底沟谷，在深度达到 250～400m 时，交替流动的周期即趋近于潮汐周期。潮差最大的弗雷泽海谷（潮差达 4.6m），在深度达到 60m 处已接近潮汐周期。潮差较小的地区则常常需上千米或更大深度才趋近于潮汐周期，如里奥巴尔斯海底峡谷（潮差最大约 0.6m），其中的 6 个测站中只有最深的站位（1905m）趋近潮汐周期。在潮差小于 0.3m 的克里斯琴斯德特海底峡谷，直至深度达到 2525m 处，交替流动的周期才趋近潮汐周期。来自较浅的观测站的峡谷双向流观测数据表明，在峡谷内，风速与双向流动的速度和方向之间也是有一定关系的，最慢的流速出现在风速和涌浪减小期（图 10-8）。

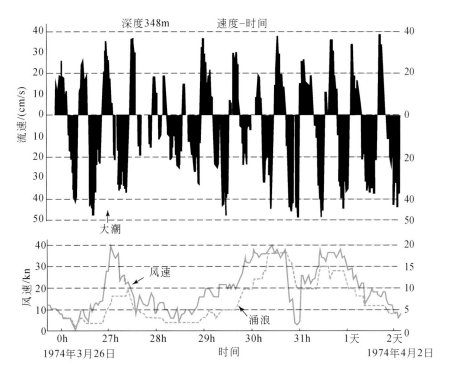

图 10-8　马萨诸塞州水文峡谷风暴期间的风速和涌浪高度与峡谷
交替流动能量之间的关系（Shepard and Marshall，1978）

10.2.2.3　单向优势流动

一般情况下，内波、内潮汐产生的上下交替流动是连续的，但在某些情况下会出现以指向水道上方为主的流动，或以指向水道下方为主的流动。记录的最长单向流是在法国瓦尔河附近的峡谷下游为 5 天（Gennesseaux et al., 1971）；在美国东海岸哈得孙海底峡谷约 3000m 水深处也记录到了 3 天向峡谷下方持续流动的单向流记录（Cacchione et al., 1978）。该单向流动包含有潮汐作用的成分，具有潮汐的周期波动特征，但流动方向均指向峡谷下方。

10.2.2.4　净流动

利用编绘交替流前进矢量图的方法可以表示在某段时间内水质点的运动情况和它的最后运动结果，即"净流动"结果。Shepard 等标绘了 69 处前进矢量图（距谷底3m 的记录），记录时的天气大多为正常天气，仅有少数为风暴天气。其中 43 例交替流的净流动方向为向峡谷下方，26 例的净流动方向为向峡谷上方。双向交替流动搬运沉积物的总趋势是向峡谷下方为主，暴风雨天气净流动一般都指向海底峡谷下方。海底峡谷中上下交替流动搬运沉积物的总趋势与重力方向一致，也指向峡谷下方（图 10-9）。

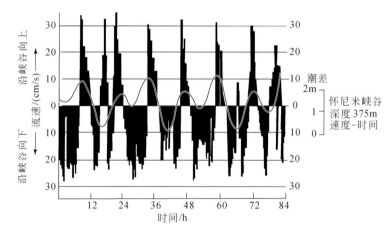

图 10-9　海底峡谷中沿峡谷轴线上下交替流动的时间–流速曲线

加利福尼亚休尼姆峡谷（Hueneme Canyon）中双向流动周期与潮汐的关系及指向峡谷下方的净流量

10.2.2.5　海底峡谷的内波传播

统计结果表明，海底峡谷中内波的传播方向以向峡谷上方者居多。Shepard 等研究的 27 例中，有 20 例为向峡谷上方传播，传播速率在 20～100cm/s；有 7 例为内波沿峡谷向下方传播，传播速率在 25～265cm/s。沉积物搬运方向与内波传播方向相反。海底峡谷中内波传播方向以向上为主，净流动方向和沉积物搬运方向以向下为主。

10.2.3　海盆内波、内潮汐作用

对大洋盆地中内波、内潮汐作用的研究远不如对海底峡谷中的内波、内潮汐作用的研究详细。现有资料表明，在大洋底部同样广泛存在内波、内潮汐作用。

Lonsdale 等于 1972 年报道了中太平洋夏威夷附近 Horizon 海底平顶山一带水深 2000m 处的底流速度和方向特征，3 个观测站位均观测记录到了与潮汐流特征相同的速度和流动方向频谱特征。3 个站位的流向均以 NW-SE 为主，反复倒向，流速不对称；还有一处站位记录仪记录到了 10 h 的半日潮特征。

Cachione 等于 1986 年对 Horizon 海底平顶山地区的内潮汐及其对沉积物的搬运进行了更为详细的研究。9 个月以上连续观测得到的流速和温度时间序列曲线指示平顶山上主要为潮汐运动，其流动反向次数每月近 60 次，具有半日潮的周期特征。最大流速出现在春季 3～5 月，峰值流速接近 30cm/s，该阶段的强流与温度升高有关。这些半日潮不是表面潮，而是内潮汐。在太平洋中北部也观测到半日潮流动的能量向底部增加的特征，能量随深度的增加而增加也表明其受内波控制。Cachione 等认为 Horizon 海底平顶山上的内潮汐不是远距离深水大洋传播而来，而是产生于海底平顶山本身，此处潮汐流较强，是由于测量仪器靠近内潮汐源。Horizon 海底平顶山的北西和南东边缘发生侵蚀，沿 NE-SW 向延伸的平顶海山的两个边缘出现侵蚀阶地，钻遇海底平顶山的岩芯也同样存在侵蚀作用证据。

Horizon 海底平顶山的盖层上广泛发育由有孔虫组成的流水波痕和小型沙丘。该地的流速一般为 15～20cm/s，最大可达 30cm/s，产生流水波痕是很正常的情况。但这样的流速能否产生沙丘呢？对美国旧金山海湾大型石英质砂波的研究表明，沉积物开始搬运所要求的接近边界层顶部的流速需要超过 50cm/s，考虑到有孔虫砂颗粒的平均密度为 $1.46g/cm^3$，搬运它比搬运同样大小的石英砂（密度为 $2.65g/cm^3$）所需的动量要小得多，3～5 月的最大流速可达 30～35cm/s，形成沙丘并使其迁移完全有可能。

地中海西部两个重要海盆，利古里亚海和第勒尼安海之间由科西嘉海峡连接。有学者利用流动频谱和温度频谱分析对科西嘉海峡内波场进行了研究。其水平动能谱显示出在半日（潮）频率处出现一个峰值。在内波范围内，其震动以垂直规模小于 20cm，水平规模通常不超过 1km 为特征。日本本州东部两个深水海湾和邻近海域的海底影像资料，显示出该区底流活动的一些情况，为研究内波、内潮汐作用提供了重要依据。

10.2.4　内波、内潮汐的沉积特征

大洋深水区内波、内潮汐是重要的地质营力，这些营力对深水沉积作用有重要影响。1990年，高振中和K. A. Eriksson在对北美阿巴拉契亚山脉中段奥陶系进行研究时首次在地层记录中鉴别出内潮汐沉积，对其沉积特征和形成机理进行了论述，建立了沉积模式，并首次使用了内潮汐沉积这一术语。其后，我国沉积学工作者先后在浙江桐庐上奥陶统、新疆塔里木盆地中—上奥陶统、西秦岭泥盆系—三叠系、江西修水中元古界等地层中发现了内波、内潮汐沉积并进行了系统研究。

10.2.4.1　内波、内潮汐的成分特征

内波、内潮汐沉积通常是深水沉积的产物，如重力流沉积、深水原地沉积被内波、内潮汐改造后的沉积类型。内波、内潮汐沉积的物质成分取决于它所改造的沉积物的成分，包括陆源物质、内源物质和火山碎屑物质。迄今所见者，以陆源组分为最多。

陆缘组分主要来源于浊流或其他重力流搬运至深水盆地的砂泥质或垂直降落沉积的黏土与粉砂质。砂级内波、内潮汐的沉积成分与浊积岩的组成非常类似，只是成分成熟度略高，如美国加利福尼亚州中奥陶统贝斯组浊积砂岩样品中岩屑平均含量为23.1%，而与其伴生的内潮汐沉积砂岩的岩屑平均含量为19.7%。

在内波、内潮汐沉积中，细粒陆源碎屑物质也是重要的组分，即使在砂质为主的沉积中，也不乏黏土基质，常见杂砂岩。究其原因，一方面砂质沉积物多由浊流搬运而来，其中含有大量的黏土物质；另一方面潮汐流搬运沉积作用的特点就是床底载荷和悬浮载荷交替沉积。最终经过内潮汐流的簸选，黏土基质含量可能要比浊积岩少一些。弗吉尼亚州芬卡苏地区中奥陶统浊积岩杂基平均含量为24%，伴生的内潮汐成因的砂岩杂基平均含量为20%。

内源沉积物以碳酸盐岩为主，其次为硅质和其他物质。

10.2.4.2　内波、内潮汐的结构特征

内波、内潮汐沉积的粒度为砂级至泥级。海底峡谷及其他沟谷中的内波、内潮汐沉积以砂级为主；平坦、开阔的非水道深海环境中的内波、内潮汐沉积既有砂级和粉砂级，也有泥级组分，这是由环境条件和沉积作用特征决定的。砂级内潮汐沉积颗粒形状以次棱角至次圆状为主，分选中等至较好。我国浙江桐庐地区上奥陶统堰口组内潮汐沉积以细砂至极细砂级为主，少数属粗粉砂级，标准偏差在0.76~1.06。

以内源物质为主要成分的内波、内潮汐沉积，生物碎屑常为其主要的结构组

分。美国夏威夷附近平顶海山上经内潮汐改造形成的有孔虫软泥和爪哇海台内潮汐沉积的白垩纪—新近纪富含有孔虫和颗石藻的生物灰岩均如此。

10.2.4.3　内波、内潮汐的沉积构造

内波、内潮汐沉积中常发育各种层理、波痕等沉积构造。

交错层理是内波、内潮汐沉积中一种重要的层理类型。交错层理中纹层的方向具有典型的双向特征（图 10-10），这是由内波、内潮汐所引起的双向水流形成的。双向交错层理层系间相互切割，使层系呈楔形、透镜状，层系厚度以 0.5 ~ 2cm 最为常见。内波、内潮汐沉积还发育沿水道向上或向下倾斜的交错纹理，这也是区别重力流和等深流沉积的显著标志。如果仅存在向水道上方的交错纹理或其他指向沉积构造，也应视为内波、内潮汐沉积构造。若仅存在向水道下方的沉积构造，则既有可能为重力流所形成，也有可能为内波、内潮汐沉积所形成，具体应根据沉积层序和其他特征加以鉴别。

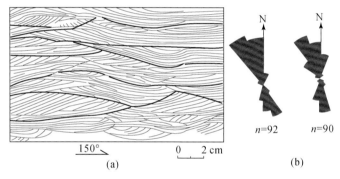

图 10-10　内潮汐沉积中的双向交错层理（a）与交错层纹层倾向
玫瑰花图（b）（高振中和 Eriksson，1993）

在坡度平缓的开阔深海区，内波、内潮汐作用引起的双向往复流动的路径并不一定相同，这就导致双向指向沉积构造的方向并不一定刚好相差 180°，而可以有一定程度的偏离。在开阔平缓地带，往复流的总体方向也易发生变化，因而使得形成的指向沉积构造实际上包含多个指向。

脉状层理、波状层理和透镜状层理也是内波、内潮汐沉积中一种常见的沉积构造。床底载荷与悬浮载荷的频繁交互沉积形成了砂、泥薄互层，随着砂泥比的变化，在不同部位分别发育脉状层理、波状层理及透镜状层理。这些特征沉积构造与海岸带潮坪环境的沉积构造相似，由于内波、内潮汐沉积处于深水还原环境且能量相对较弱，其沉积物颜色、指相矿物与潮坪沉积迥然不同，也无暴露标志。只要认真观察，是不难对二者进行区分的。

10.2.4.4　内波、内潮汐的沉积层序

沉积层序是沉积环境、物源及其演化的函数。在内潮汐、内波作用下形成的沉积物，其层序特征必然反映沉积时的水动力特点及其周期性变化，故内波、内潮汐沉积的层序是有其内在规律的。已发现的内波、内潮汐沉积主要有4种基本类型，分别为向上变粗再变细层序，即双向递变层序；向上变细层序，即单向递变层序；砂泥岩对偶层向上变粗再变细层序，即对偶层双向递变层序；泥岩-鲕粒灰岩-泥岩层序（图10-11）。

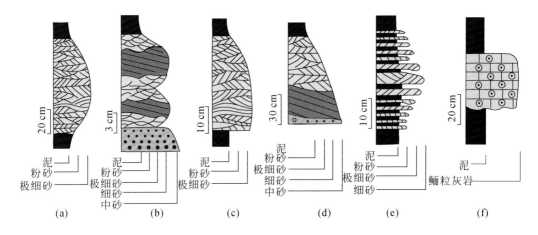

图10-11　内波、内潮汐沉积层序（何幼斌等，2004）

（a）由交错纹层砂岩构成的向上变粗再变细层序；（b）由中型交错层和小型交错层纹理构成的向上变粗再变细层序；（c）由交错纹理砂岩构成的向上变细层序；（d）由中型交错层和双向交错纹理砂岩构成的向上变细层序；（e）砂岩、泥岩对偶层构成的向上变粗再变细层序；（f）泥岩-鲕粒灰岩-泥岩层序

双向递变层序的基本特征是层序中部粒度最粗，向上、向下粒度逐渐变细，反映水动力条件弱—强—弱的变化，即最大流速的周期性变化。双向递变层序主要由砂级沉积物组成，按照沉积构造特点可进一步划分为两个亚类［图10-11（a）和（b）］。

单向递变层序的基本特征是层序下部粒度最粗，向上逐渐变细，与上覆泥质沉积呈渐变过渡；底部与下伏泥岩呈突变接触，界限分明。单向递变层序主要由砂级沉积物组成，按照沉积构造特点也可划分为两个亚类［图10-11（c）和（d）］。

砂泥岩对偶层向上变粗再变细层序由薄互层砂岩、泥岩组成。砂岩、泥岩比率在纵向上呈韵律性变化［图10-11（e）］。

泥岩-鲕粒灰岩-泥岩层序主要发现于塔里木盆地塔中地区中上奥陶统碎屑岩层段中，由鲕粒灰岩或砂质鲕粒灰岩组成，鲕粒灰岩上下均与暗色泥岩直接接触，多为突变接触，其顶界也可以为渐变过渡带［图10-11（f）］。

10.2.4.5 内波、内潮汐的微相类型

已识别出的内波、内潮汐沉积可归纳为双向交错纹理砂岩微相，单向交错层和交错纹理砂岩微相，韵律性砂泥岩薄互层微相，鲕粒灰岩或砂质鲕粒灰岩微相，脉状、波状、透镜状层理有孔虫灰岩微相五种沉积微相类型（表10-3）。

表10-3 内波、内潮汐沉积形成的沉积构造、微相类型与水动力解释

沉积构造	微相类型	代表实例	水动力解释
双向交错层理	双向交错层理砂岩	广泛发育，美国阿巴拉契亚山脉芬卡苏地区中奥陶统、塔中地区中—上奥陶统	内波、内潮汐引起的双向交替流动
	羽状交错层理粉砂岩	西秦岭地区泥盆系—三叠系	
单向交错层理	单向交错层理和交错纹层砂岩	美国阿巴拉契亚山脉芬卡苏地区中奥陶统、塔中地区中—上奥陶统	长周期内波与内潮汐叠加引起的单向优势流动
浪成波纹层理	束状透镜体叠加交错纹理粉砂岩	西秦岭地区泥盆系—三叠系	内波、内潮汐在波动界面附近与海底地形相互作用而产生的深水震荡流沉积
	复杂交织的交错纹理粉砂岩	西秦岭地区泥盆系—三叠系、宁夏香山群徐家圈组	
	浪成波痕细砂岩	西秦岭地区泥盆系—三叠系、湖南桃江前寒武系	
	波状纹层钙质粉砂岩/粉砂质灰岩	宁夏香山群徐家圈组	
	交错层理透镜体钙质粉砂岩/粉砂质灰岩	宁夏香山群徐家圈组	
不同岩性复合层理	韵律性砂泥岩薄互层	浙江桐庐上奥陶统	床底载荷与悬浮载荷的频繁交替沉积
	脉状、波状、透镜状层理有孔虫灰岩/细砂岩、粉砂岩	翁通爪哇海台上白垩统—第四系、赣西北前寒武系修水组	
	砂质鲕粒灰岩	塔中地区中—上奥陶统	

资料来源：何幼斌等，2013

双向交错纹理砂岩微相以芬卡苏地区奥陶纪内潮汐沉积为代表，以普遍发育双向交错纹理为其特征，纹理分别向水道上方和下方倾斜。沉积物主要由极细粒岩屑杂砂岩组成，局部为粉砂岩，与其互层的是暗色泥岩和薄层浊积岩，其分选性明显比浊积岩好。该类沉积常呈双向递变或向上变细层序。这种类型的沉积主要由内潮汐引起的沿水道上下交替流动的沉积产物，频繁交替的双向交错纹理代表了日潮或半日潮作用结果，粒度的纵向变化记录了最大流速变化，这很可能反映了大潮和小潮的周期性变化（表10-3）。

单向交错层和交错纹理砂岩微相在芬卡苏地区中奥陶统、塔中地区中上奥陶统碎屑岩段及江西修水中元古界中均有发现,以发育倾向水道上方的板状交错层理和交错纹理为特征,由中至细粒岩屑砂岩构成,亦显示双向递变。古水流方向表明其形成于沿水道向上为主的流动,为长周期波与内潮汐叠加引起的单向优势流动所致(表10-3)。

韵律性砂泥岩薄互层微相以薄层砂岩和泥岩组成的有规律的频繁互层为特征,其主要由灰色细–极细粒砂岩、杂砂岩与深灰色、灰黑色泥岩近等厚的互层构成。砂岩和泥岩薄互层在纵向上呈韵律性变化,即富砂岩段和富泥岩段交替出现且连续过渡,并结合而形成波状层理、透镜状层理及脉状层理(表10-3)。

鲕粒灰岩或砂质鲕粒灰岩微相发现于塔里木盆地中、上奥陶统的深灰色含笔石页岩中,以砂质鲕粒灰岩与页岩组成的薄互层为特征。砂质鲕粒灰岩单层一般厚5~15cm,其中发育侧积交错层,它常与深灰色页岩构成薄互层,且以不同的比例、形态组合形成脉状层理、波状层理和透镜状层理,其中砂质鲕粒灰岩多具双向倾斜的交错层理。该类沉积为平坦的深水斜坡上内潮汐作用的沉积产物(表10-3)。

脉状、波状、透镜状层理有孔虫灰岩微相见于爪哇海台2200~3000m水深处的白垩系—第四系中,以富含有孔虫和颗石藻的灰岩为主,与蚀变的粉砂级玻屑纹层、海绿石粉砂岩纹层和沸石质黏土薄层间互成层,它们之间为渐变接触。石灰岩与沸石质黏土层常组合形成脉状层理、波状层理和透镜状层理,单层厚度为数厘米至数十厘米(表10-3)。

10.2.4.6 内波、内潮汐沉积模式

目前已经建立了3种内波、内潮汐沉积模式,分别是水道型内潮汐、内波沉积模式,陆坡非水道环境内潮汐沉积模式和海台内波、内潮汐沉积模式(图10-12)。

在水道发育的斜坡环境,低海平面时期,以发育粗碎屑重力流沉积为特征,此时内波、内潮汐作用能量不足以改造砂砾级重力流碎屑沉积,故难以形成可以鉴别的内波、内潮汐沉积[图10-12(a)上]。随着海平面的上升,物源区逐渐远离沉积区,粗碎屑注入受到抑制,这时的内波、内潮汐得以改造细粒重力流沉积物[图10-12(a)下]。该环境中形成的沉积主要为双向交错纹理砂岩、单向交错层理和交错纹理砂岩微相类型,即以第一种和第二种微相类型为主。

在不发育水道的陆坡环境,内潮汐流流速较低,水动力通常比水道环境中弱[图10-12(b)]。这种情况下,产生典型的床沙载荷和悬浮载荷的交替沉积,即形成砂岩或颗粒灰岩与泥岩的薄互层。该环境以第三种和第四种微相类型为主,如我国浙江桐庐上奥陶统和塔里木盆地中、上奥陶统的内潮汐沉积。

深海、半深海中广阔的海底平顶山上也是内潮汐发育的有利场所[图10-12(c)]。

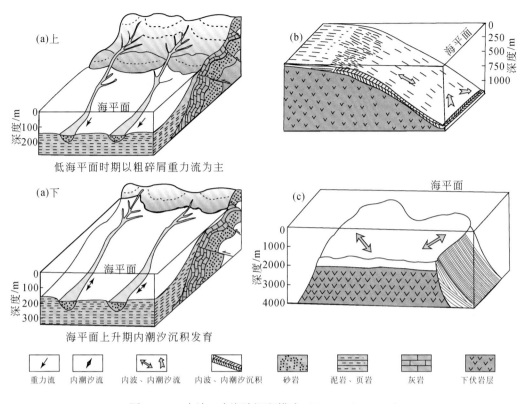

图 10-12　内波、内潮汐沉积模式（Gao et al., 1998）

（a）水道型内潮汐、内波沉积模式 [（a）上低海面时期以粗碎屑重力流沉积为主,（a）下海平面上升期,
内潮汐沉积发育];（b）陆坡非水道环境内潮汐沉积模式;（c）海台内潮汐沉积模式

由于海台上地形平坦, 阻力较小, 内潮汐流可在较大范围内保持一定的流速, 从而搬运细粒沉积物并形成内潮汐沉积。由于海台上缺乏陆源碎屑物质, 通常以碳酸盐岩沉积为主, 也发育硅质沉积物和火山碎屑沉积。该环境常形成第五种微相类型。

10.2.5　深水牵引流沉积与浊流沉积的主要区别

内波、内潮汐沉积与浊流沉积、等深流沉积均形成于较深水至深水环境, 而且多形成于斜坡和陆隆环境。由于内波、内潮汐沉积是细粒浊流沉积经内波、内潮汐改造的产物, 其碎屑成分相似。内波、内潮汐沉积的砂岩或颗粒灰岩与细粒浊积岩和砂级等深流沉积的粒径差别也不大。因此, 正确区分内波、内潮汐沉积, 浊流沉积和等深流沉积也是识别内波、内潮汐沉积的关键。下面几点是目前认识到的它们之间的主要区别:

1) 内潮汐沉积的沉积构造类型繁多, 具有双向指向沉积构造, 如双向交错层理和交错纹理及脉状、波状透镜状层理。内潮汐沉积表现出的牵引流的典型沉积特征是等深流沉积和浊流沉积及其他重力流沉积不具有的。

2）内波、内潮汐沉积层序具有双向递变层序、单向递变层序和对偶层双向递变层序等，这些层序明显不同于浊积岩的鲍马层序和其他重力流沉积层序，也与等深流层序有区别，等深流沉积不存在对偶层双向递变层序。

3）内波、内潮汐沉积缺乏生物扰动构造，而等深流沉积中生物扰动构造十分发育，浊流沉积层序的顶部也可见生物扰动构造。

4）指向沉积构造的方向与古地理格局有关。浊积岩中发育指向斜坡下方的指向沉积构造；等深流沉积的指向构造以平行斜坡走向为主导方向；内波、内潮汐沉积构造以指向斜坡上方和双向指向构造为特色。内波、内潮汐沉积、等深流沉积与浊流沉积的主要区别见表 10-4。

表 10-4　内波、内潮汐沉积与等深流沉积和浊流沉积特征比较

特征		内波、内潮汐沉积	等深流沉积	浊流沉积
岩性		陆源碎屑岩类，碳酸盐岩类，少量火山碎屑岩类	陆源碎屑岩类，碳酸盐岩类，少量火山碎屑岩类	陆源碎屑岩类，碳酸盐岩类，火山碎屑岩类
粒度		泥级-砂级，水道环境以砂级为主	泥级和粉砂级为主，砂级次之，极少量砾级，有时以砂级为主	泥级-砂级，少量砾级
粒度曲线		在概率曲线图中有 2~3 个沉积总体，跳跃总体斜率大	在概率曲线图中有 2~3 个沉积总体，跳跃总体斜率大	在概率曲线图中有 1 个沉积总体，斜率小
颗粒分选		中等-好	中等-好，局部极好	差-中等
颗粒组构		无	颗粒普遍具有优选方位	颗粒少有或无优选方位
杂基含量		10%~30%，较浊积岩少	0~5%	10%~30%
垂向沉积层序		双向递变或正递变层序	对称的正粒序或逆粒序组合	完整或不完整鲍马序列
单个层序厚度		10~130cm	10~100cm，复合层厚度大	一般 5~30cm
顶底接触界线		顶渐变、底突变或渐变	渐变和突变均有	底突变、顶渐变
原生沉积构造	粒序	正粒序及反粒序，有时逆粒序不明显	正粒序及逆粒序，顶、底部接触多比较清楚	正粒序，底部接触清楚，向上接触不清楚
	交错层理	发育双向或单向交错层理和交错纹理	普遍发育，由重矿物显示出	普遍发育，由细碎屑显示出
	水平纹层	无	普遍发育	仅见于层上部
	其他层理	沉积脉状、波状、透镜状层理	生物扰动强烈时形成块状层理	常见块状层理，特别是在层序底部
生物扰动		缺乏	发育	无或顶部有
遗迹化石		少见	整个层序中均有发育	多见于层序顶部
微体化石		少见	较少，磨损或破碎	少，保存较完整
形成环境		深水斜坡、峡谷、海台及盆地	主要在陆隆区，深海其他地区也可出现	陆坡、深海盆地及深湖区

资料来源：朱筱敏，2008

10.2.6 大型沉积物波的成因

深海调查成果表明，在世界各大洋盆地的 2000～4500m 深海底广泛发育一种大面积分布的大型沉积物波，包括沙波和泥波，特别是泥波更为普遍。Normark 等（1980）总结了 30 个深海大型沉积物波发育区的沉积物波特征，波长 0.3～20km，以 1～10km 为主；波高 1～140m，以 10～100m 居多；沉积地形坡度均很小，绝大部分在 0.5° 以下，最陡不超过 1°。沉积物波的内部结构有的呈正弦曲线，有的呈爬升叠瓦状（图 10-13）。沉积物波多表现为向上坡迁移，少数为向下坡迁移，还有一些呈对称状，无侧向迁移。Flood 和 Giosan（2002）计算了布莱克–巴哈马外海脊处沉积物波的沉积速率为 20cm/ka，迁移速率为 0.4m/1000a。

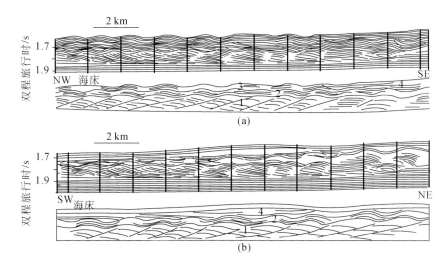

图 10-13　沉积物波地震剖面显示的沉积物波内部结构和波形及床底特征
1. 爬升波形单元；2. 过渡型波形单元；3. 正弦曲线波形单元；4. 块状搬运单元

大型沉积物波的波形、内部结构及迁移方向等特征可以为其成因解释提供有利证据。这些大型沉积物波大多不对称，但也有一些是对称的。其内部结构反映的迁移方向有向下坡迁移的，也有向上坡迁移的，这样用重力流成因就很难解释；另外，其波脊方向多平行于斜坡走向，迁移方向与等深流方向垂直，因此沉积物波的方向性排除了其等深流成因；再者，这些大型沉积物波的规则外形和内部结构排除了滑塌成因的可能性。内波成因说完全可以解释，内波既可以向上坡方向传播，也可以向下坡方向传播。向上坡传播的内波可引起沉积物向下迁移，向下传播的内波可引起沉积物向上迁移；内驻波则可形成不发生迁移的、两侧对称的大型沉积物波。

沉积物波波形的偏移并不是沉积物从一个沉积波的一侧传输到另一侧，而是波形一侧比另一侧具有更高沉积速率而导致的几何结果。这种不同沉积速率被认为是由海底扰动引起的大尺度内波的"背风波"的影响（Flood and Giosan，2002）。Flood（1988）提出内波易在密度梯度界面处而非突变界面处发展。他确定了沉积物波弗劳德数的倒数 K：$K=Nh/U$，其中 N 为稳定性，h 为波高，U 为自由流速度。布莱克–巴哈马外海脊上的沉积物波的 K 值在 $0.4\sim1.5$。在内部背风波影响下，底流在沉积物波的上流方向减速，在下流方向加速。这会导致沉积物在上流方向的沉积速率高于下流方向，沉积速率的增加也是床底波形变陡所致（图 10-14）。沉积物波床底波形一旦初步建立，就可能对后续水流起扰动作用，并产生内波。

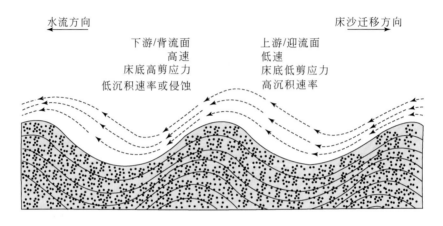

图 10-14 沉积物波内部结构和波形的成因机理（Flood，1988）

对现代深海大型沉积物波的成因新认识是内波、内潮汐沉积研究中的重要进展。这一新认识已被用于对古代大型沉积物波的识别与研究，首例地层记录中大型沉积物波已在塔里木盆地中部中、上奥陶统中鉴别出来。该沉积物波在地震剖面上显示为丘状地震异常体，异常体西端为水平–槽状强振幅反射相；北端为向南倾斜的断续中振幅反射相，西北部发育叠瓦状爬升弱–中振幅地震相，反射同相轴向南倾斜（向斜坡上方倾斜）。这些特征完全可与现代地中海摩西拿海隆上具有爬升层理的大型沉积物波对比。

第11章   洋板块地层学

随着增生复合体和造山带混杂岩研究的深入，最近二三十年才出现了"洋板块地层学"这一新的概念①。造山带混杂岩和大陆边缘增生复合体是经历俯冲碰撞消亡后的古海洋沉积记录。利用微体古生物地层学和同位素年代学方法可以重建造山带混杂岩和大陆边缘增生复合体的原始地层。由混杂岩和增生复合体中重建的地层序列在这里即称为"洋板块地层学"。从混杂岩和增生复合体中重建的古海洋地层基本组成相似，但因大洋岩石圈的岩浆背景不同，不同时期和不同类型的洋板块地层组成也有差异。本章通过对不同类型洋板块地层进行分类，介绍了如何从经历了碰撞造山过程的增生造山带识别洋板块地层。

本书引入"洋板块地层学"概念的主要目的包括：①可对因俯冲增生而消亡的具有洋壳基底的构造洋盆和边缘海盆地的地层单元进行重建，恢复消失大洋的地层组成单元，这对板块重建有着极为重要的意义；②始终将"板块构造"、"洋底动力学"和"沉积盆地"等概念作为一条暗线，与本书前两部分内容呼应，总体上呈现了海洋沉积系统从滨浅海、半深海到大洋，从大洋形成、发展到消亡的时空演变规律，也体现了海洋沉积系统的"系统性"特色。

在洋-陆转化和造山过程中，由于大洋地壳强烈的俯冲、消减和缩短，原生的大洋地层系统在造山带发生了强烈的破坏、位移，并形成造山带混杂岩。我国地质学家对造山带地层的研究和恢复从来都没有间断过。造山带地层（吴浩若，1992；吴根耀，2003）、造山带非史密斯地层学（杜远生等，1995；冯庆来和叶玫，2000；张克信等，2014）、造山带古地理（吴根耀，2003）、造山带沉积学（杜远生等，1995）、造山带层序地层（蔡雄飞，2006）、造山带混杂岩（张克信等，2020；杨经绥等，2011；张越等，2012）和造山带古海洋恢复（蔡雄飞和刘德民，2005）等理论或方法的提出和应用就是通过分析各类造山带的不同地层序列，把造山带演化的

---

① 本书把"Ocean Plate Stratigraphy"（简称OPS）译成"洋板块地层学"，而非"大洋板块地层学"。地质学中的"Ocean"是指具洋壳基底的洋盆，可以是大洋（如太平洋、大西洋等），也可以是弧间和弧后小洋盆（如日本海、中国南海等），或是初始拉张形成的小洋盆（如红海），抑或残余洋盆（如地中海）。另外，每个造山带中的蛇绿岩都有数条，如我国的甘肃北山造山带，从北向南有红石山蛇绿岩带、小黄山蛇绿岩带和牛圈子-洗肠井蛇绿岩带。这些蛇绿岩带所代表的洋盆包括大洋消亡的遗迹和弧间、弧后小洋盆消亡的遗迹，若采用"大洋板块地层"，对众多的弧后或弧间小洋盆遗迹的研究，就难以包括在"Ocean Plate Stratigraphy"内了。

阶段性与不同演化阶段的盆地结构相结合，进而恢复造山带形成和演化历程。本章首先介绍洋板块地层学的概念，然后给出标准的洋板块地层模型，最后讨论依据不同地质历史时期俯冲增生造山带重建的洋中脊、洋岛、海山和大洋高原的大洋板块不同地层组成及其受逆冲剪切构造作用后的失序特征。

11.1 洋板块地层学的概念及标准模式

11.1.1 洋板块地层学的概念

Isozaki 等（1990）通过对日本二叠系—三叠系—侏罗系俯冲造山带混杂岩和增生楔的微体古生物分析与地层组成研究，恢复了西太平洋边缘沉积和太平洋板块向亚洲大陆俯冲形成的增生组合，首次提出"洋的板块地层"（oceanic plate stratigraphy）概念。初步建立了俯冲造山带混杂岩和增生楔与洋板块地层之间的科学关联，"洋的板块地层"记录了从洋中脊形成至其位移到达海沟带的洋壳之上的沉积历史。Wakita 和 Metcalfe（2005）通过对亚洲东部和南部造山带混杂岩及增生楔的分析，重建了西太平洋边缘洋板块地层单元。他们将对混杂岩和增生杂岩的地层序列重建结果称为"洋板块地层"，把对混杂岩和增生杂岩的地层序列重建的学科称为"洋板块地层学"，但尚未明确提出洋板块地层的标准模式。Kusky 等（2013）则进一步明确地将"洋板块地层学"（OPS）定义为"用于描述沉淀在洋壳基底之上的沉积岩和火成岩序列的术语，其形成时间是从洋中脊形成、扩张最终止于汇聚边缘增生楔"，明确提出了从增生楔中恢复重建的洋板块地层标准模式。因此，"洋板块地层"是"洋板块地层学"的研究对象。"洋板块地层"是在洋盆的不同构造部位（洋脊、深海平原、海山、洋内弧、海沟、弧间盆地、弧后盆地等）形成的火成–沉积序列。

洋板块地层由洋壳基底和大洋盖层沉积两部分组成，总体上包括从洋中脊扩张到洋壳运动至海沟处俯冲消亡这一阶段内接受的大洋沉积、火山建造及洋中脊喷发形成的玄武岩组合。洋壳基底的不同构成和大洋沉积物类型的差异会导致洋板块地层组成的变化。

11.1.2 洋板块地层的标准模式

地球上不同地质年代增生造山带的洋板块地层在其结构样式、主要岩石组成序列、增生序列和微量元素地球化学特征等方面有着一致的规律性。具有普遍特征的洋板块地层由洋壳本身和上覆的大洋沉积序列组成。大洋俯冲造山带的洋壳物质以大洋岛弧玄武岩、岛弧橄榄岩、洋中脊玄武岩（mid-ocean ridge basalt，MORB）、弧后玄武岩、大洋高原玄武岩（ocean plateau basalt，OPB）、洋岛玄武岩（ocean island basalt，OIB）和玻古安山岩及极少量的科马提岩为主；大洋沉积包括洋中脊处的初始远洋沉积或碳酸盐岩沉积（当洋中脊抬升至CCD以上时沉积的碳酸盐岩）、深海硅质岩、远洋页岩、浊积岩及混杂岩组成（图11-1）。大洋板块向海沟运动过程中会持续接受远洋沉积；而当大洋板块运动至海沟边缘并进入海沟开始俯冲时，远洋沉积即被半远洋页岩和硅质沉积取代；随着俯冲作用的持续，海沟上部会沉积附近陆源物质输入形成的浊积砂岩；同时来自上冲板块和增生楔的侵蚀与垮塌物质则形成杂砂岩–页岩沉积组合。这些岩石的原生沉积序列遭受破坏，形成通常所说的重力滑塌沉积（图11-1）。

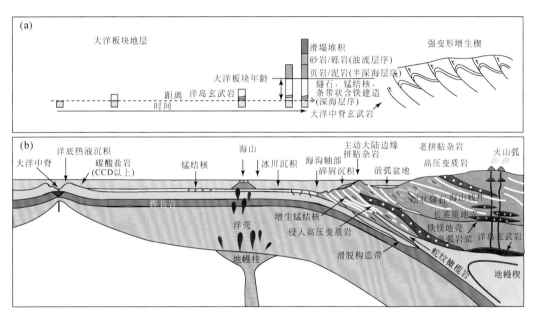

图11-1　洋板块地层学的概念模型（Nakagawa et al.，2009；Maruyama et al.，2010；Santosh，2010）

大洋板块在从洋中脊扩张到俯冲至海沟的过程中记录了洋板块地层的组成及变化（b）。该过程中形成的大洋连续沉积地层序列（a）与距离洋中脊的距离和洋板块的旅行时间有关

　　被拖曳进海沟的洋板块地层受逆冲冲断、刮擦、底侵、脱水等作用发生失序变形，并增生到上冲板块。有时候仅部分洋板块地层在某一点被上冲板块刮擦、下拉并经历多次逆冲冲断改造；也可能是整个洋板块地层，包括洋壳基底物质均不同程度地被上冲板块刮擦下来形成增生楔。因此，当洋板块地层增生到上冲板块时，正常大洋沉积序列被打乱，形成失序的构造复合体，在叠瓦状逆冲构造带以混杂岩的形式重复出现。

　　由增生混杂岩重建的洋板块地层可提供大洋板块扩张、俯冲和增生的时代、俯冲方向和板块构造背景等。缝合带和造山带地层的恢复与重建是了解古海洋环境和演化历史的关键。洋板块地层的研究，为探讨大洋板块从洋中脊扩张到海沟处俯冲，再到大洋物质增生底侵形成造山带的历史提供了关键且有效的方法。

洋壳下层物质，包括席状岩墙、镁铁质和超镁铁质侵入岩等，在增生混杂岩中并不常见，因为它们通常被俯冲至地幔，只有构成洋壳上层的枕状玄武岩及上覆大洋沉积物被俯冲增生到增生混杂岩中。另外，有些板块汇聚边缘以俯冲侵蚀为主（Stern，2011），而有些板块汇聚边缘则以俯冲增生为主。只有增生造山带才保留有增生楔、从俯冲和仰冲板片上刮擦下来的物质、岛弧和弧后喷发产物与大洋沉积等组合，包括蛇绿岩和蛇绿岩碎片、大洋高原、外来陆块、与俯冲及增生相关的岩浆岩、麻粒岩相变质岩、局部超高温和超高压岩石等［图11-2（a）］（Cawood et al.，2009）。所有洋–陆俯冲形成的增生造山带最终会经历碰撞造山过程［图11-2（b）］。碰撞造

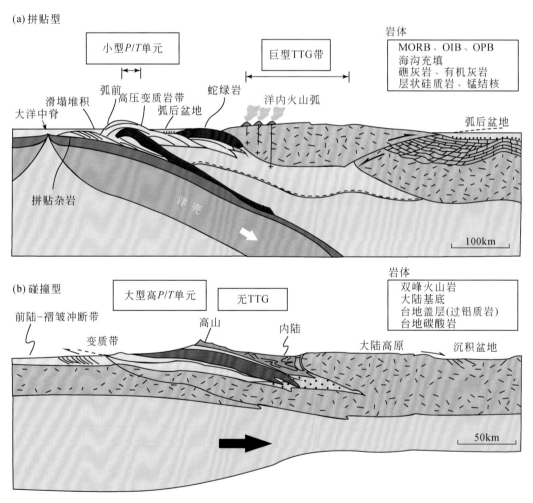

图 11-2 增生型造山带从拼贴到碰撞的过程

（a）太平洋型俯冲增生造山模式和物质组成；（b）阿尔卑斯型碰撞造山模式和物质组成

P/T 为压力/温度；TTG 为奥长花岗岩、英云闪长岩和花岗闪长岩

山过程的深俯冲、逆冲、地壳缩短和侵蚀作用会改变增生造山带的初始结构，这就为准确识别增生造山阶段早期洋板块地层沉积建造序列带来了更大的困难。不同地质年代洋板块地层有其相对稳定的组合序列，但也会出现一些实际的变化，如显生宙洋板块地层才开始出现碳酸盐和放射虫硅质岩沉积，科马提岩和条带状含铁建造主要出现在 25 亿年前的太古代造山带，指示当时较高的地幔温度和较低的海水氧浓度条件。洋底扩张、洋板块运动、洋壳及远洋沉积在汇聚边缘的增生是地球的一个主要热损耗过程。

11.2 洋板块地层组成的变化

上述标准的洋板块地层模式中，不同的洋板块地层组成，包括洋壳基底组成和大洋沉积序列均会有一些变化。现在洋板块和仰冲蛇绿岩研究表明，洋中脊产生的新生洋壳类型在岩石构成上有很大变化（Dilek and Furnes，2011；Kusky et al.，2011），增生楔处的洋板块地层会记录大洋岩石圈的这些变化。图 11-3 列出了不同构造背景、不同扩张速率与不同岩浆补给速率条件下的蛇绿岩和洋壳类型的组成及变化特点。所有这些不同类型的洋壳组成都有可能部分的保存在增生造山带，试图在增生造山带寻找到一个完整的洋板块地层蛇绿岩序列则极为困难，甚至是不现实的。

因地质年代、气候和沉积背景的不同，洋壳上覆的大洋沉积类型也会发生相应变化：放射虫硅质岩在前寒武纪大洋沉积中并不存在；气候会影响增生楔的剥蚀类型和剥蚀速率进而影响海沟沉积特征；CCD 界面之上的海沟在欠补偿状态会出现碳酸盐岩沉积；植被发育在温暖湿润气候条件下会有煤层出现等。在南美洲秘鲁-智利海沟南部，高耸的增生楔在冰期遭受快速剥蚀，海沟内因此形成厚层杂砂岩、泥岩等浊流沉积覆盖在远洋沉积之上；秘鲁-智利海沟北部因气候干旱导致剥蚀速率极低，海沟处于欠补偿状态，因此只有薄层生物介壳覆盖在远洋沉积之上。

增生造山带洋板块地层是由薄层失序的混杂岩组成，还是由厚层连续的浊积砂岩组成，其主要制约因素可以用一个简单的模型进行说明。阿拉斯加麦克休混杂岩为洋内俯冲成因，由俯冲产生的剪应力集中在俯冲边界贝尼奥夫带很窄范围内，且远离大陆或海山等物源区，因此俯冲板块上覆的远洋沉积也很薄；相比之下，增生带具有厚层复理石沉积的洋板块地层一般发育在弧-陆碰撞带的山脉隆升区域，此处板块边界的剪切应力可向下贯穿几公里，又有充足的物源，因此厚层浊积砂岩易在弧-陆碰撞带形成连续的增生。

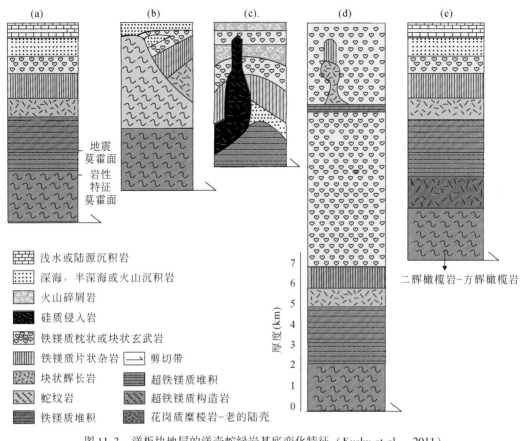

图 11-3　洋板块地层的洋壳蛇绿岩基底变化特征（Kusky et al.，2011）

（a）具快速扩张洋中脊的洋壳蛇绿岩序列；（b）慢速扩张洋中脊的洋壳岩浆组成；
（c）洋内弧蛇绿岩构成；（d）热点和海底高原岩浆组成；（e）伸展大陆边缘过渡型序列

11.3　海山和大洋高原洋板块地层特征

洋岛、海山和大洋高原的洋板块地层通常由远洋沉积、半远洋沉积和陆源沉积三部分组成。海山顶部一般为浅水碳酸盐岩沉积，海山边坡侧翼主要为半远洋的火山岩碎屑和碳酸盐岩碎屑沉积，海山坡脚处为硅质泥岩和页岩沉积，向深水区过渡为远洋硅质沉积（图 11-4）。海山和大洋高原的大洋沉积下伏的玄武岩类型也各不相同：坡脚和基底为洋中脊玄武岩，海山顶部及斜坡侧翼为大洋高原玄武岩和洋岛玄武岩。

海山玄武岩（OPS）的研究起源于日本西南部的"秋吉地体"。"秋吉地体"是位于西太平洋板块内的一个增生型海山（Sano and Kanmera，1991），主要由石炭系厚层礁灰岩和下伏碱性洋岛玄武岩组成（Kanmera et al.，1990）（图 11-4）。

中亚造山带（central asian orogenic belt，CAOB）内许多增生型海山与"秋吉地

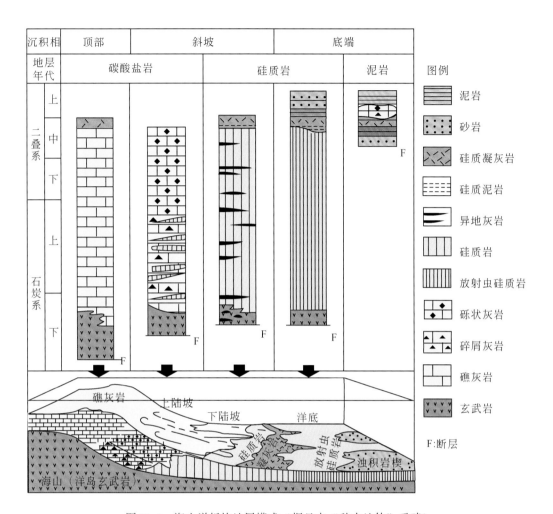

沉积相	顶部	斜坡	底端	
地层年代	碳酸盐岩	硅质岩	泥岩	图例

图 11-4　海山洋板块地层模式（据日本"秋吉地体"重建）

体"的洋板块地层组成基本一致（Safonova et al., 2008）。中亚造山带 30 多处增生楔杂岩体内保留有大洋高原玄武岩和洋岛玄武岩的残留海山碎片及碳酸盐岩帽、斜坡、坡脚亚相和深水大洋沉积。碳酸盐帽由厚层微晶灰岩组成，含生物化石；斜坡亚相主要包括层状灰质泥岩、钙质和泥质砾岩、角砾岩；坡脚和深水大洋沉积主要由泥岩、硅质页岩和条带状硅质岩等远洋互层沉积组成（图 11-1）。

　　位于俄罗斯阿尔泰地区北部的"卡通增生地体"（Katun Accretionary Complex）也是由玄武岩和沉积岩组合构成的古海山，其洋板块地层组成包括：①海山上覆碳酸盐岩帽；②海山斜坡亚相的角砾状碳酸盐-硅质岩-泥岩组合；③海山坡脚亚相玄武岩-硅质岩-泥岩组合。褶皱区海山常常因构造变形及洋壳物质与大洋地层沉积的混合，其洋板块地层的识别与重建往往比较困难。

　　通常情况下，海山露头要比岛弧的规模小，因此海山洋板块地层会被误认为是弧后或岛弧洋板块地层的片段（Safonova et al., 2008）。为了避免这种误判的发生，

第11章　洋板块地层学

在识别褶皱区古海山洋板块地层时，要遵循以下几个原则。

1）海山的玄武岩熔岩可被碳酸盐岩帽覆盖。

2）海山沉积物具有斜坡及滑塌沉积特征，包括角砾岩化作用、同沉积 Z 形褶皱和沉积层厚度较大变化等。

3）在增生楔逆冲推覆体中可见到与浊积岩、蛇绿岩和超高压岩石等伴生发育的海山残片，且逆冲作用会导致重线理构造和推覆构造发育。

4）海山玄武岩的主要特征如下：TiO_2 含量中–高（>1.5wt%）；轻稀土（LREE）含量中–高 [（La/Sm)$_N$>1.3]，重稀土（HREE）具有中–高分异度；Nb 相对于 La 富集，$(Nb/La)_{PM}>1$，$(Nb/Th)_{PM}>1$（Safonova et al., 2008）。

5）海山记录了单个地幔柱的玄武岩喷发过程，这样会导致同一褶皱带内具有不同年龄的岩浆活动记录（Regelous et al., 2003）。

6）一个岛链内的几个海山中，较老玄武岩比年轻玄武岩的不相容元素含量更低（Safonova et al., 2008）。

褶皱带海山洋板块地层识别的重要性表现在：①增厚的洋壳具有更大浮力，所以在俯冲过程中会更容易保存在增生带；②体积足够大的海山滞留在俯冲通道的可能性会较大，其结果使得增生作用加强；③可能通过对与玄武岩伴生沉积岩的分析，获得玄武岩的年龄；④洋岛玄武岩可用来指示与地幔柱活动相关的板内动力学背景。通过对组成大洋海山的初始裂谷期洋岛玄武岩墙的地球化学分析，得以了解古海洋的初始扩张机制；通过海山玄武岩地球化学分析，可以了解古海洋的增生、碰撞及关闭过程。大中型海岛、海山和海底高原的增生过程会使大量的玄武岩聚集在活动大陆边缘，从而促进大陆更快地生长（Mann and Taira, 2004；Utsunomiya et al., 2008）。

11.4 洋板块地层的失序破坏

洋板块地层是大洋板块从洋中脊向海沟运动过程中形成的。俯冲增生过程中，洋板块地层经历沉积、底辟和构造运动，原生的沉积序列失序并发生混合形成增生体的一部分。随大洋板块长时间、远距离运动的洋板块地层在海沟边缘处开始与俯冲大洋板块发生拆离滑脱。拆离滑脱面始于浊积岩，并逐渐向位于增生楔末端的硅质页岩传递。

日本石炭系—白垩系增生杂岩是古太平洋板块向亚洲大陆俯冲、增生过程中，洋板块地层发生刮擦、底侵、逆冲等构造过程并遭受破坏和混合作用而形成。拆离滑脱作用常常发生在半深海硅质页岩和 P-T（二叠系—三叠系）边界碳质泥岩层（图 11-5）。拆离滑脱作用早期发生在洋板块地层上部的半远洋硅质页岩中，拆离滑脱面之上的洋板块地层最上部浊积岩单元拆离后发生构造叠加，形成了美浓构造带白垩系以浊积岩为主的连续性增生杂岩；随着拆离滑脱作用的持续发育，拆离滑脱面向下延展至洋板块地层中、上部 P-T 交界处的黏土岩层。硅质岩、硅质页岩和浊积岩层序被拆离后发生构造叠加，形成犬山构造带侏罗系由透镜状砂岩岩块和鳞片状页岩基质组成的不连续增生杂岩；当拆离滑脱作用进一步向下拓展至洋板块地层下部时，海山灰岩和玄武岩发生拆离，形成石灰岩–玄武岩组合型混杂岩。海山灰岩和玄武岩的拆离滑脱机制比较特殊，海山灰岩与洋板块一起俯冲时一般不发生形变。因此在底侵过程中，石灰岩和玄武岩一般被增生到增生楔底部（Yamazaki and Okamura，1991）。侏罗系玄武岩增生杂岩发生从葡萄石–绿纤石到绿纤石–阳起石的相变质作用，这种变质程度也是海山经历充分俯冲才能达到的证据（图 11-5）。

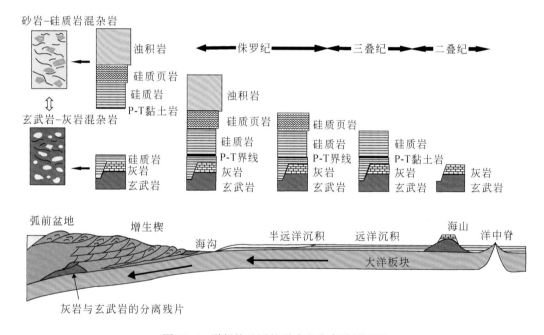

图 11-5　洋板块地层的形成和失序破坏过程

洋板块地层沿滑脱面与大洋板块分离，因刮擦和底侵作用在亚洲大陆边缘聚积增生。拆离滑脱作用早期发生在半远洋硅质页岩中，此时洋板块地层最上部浊积岩单元被拆离并发生构造叠加，形成美浓构造带的白垩系增生杂岩；当拆离滑脱作用发育在洋板块地层中、上部的 P-T 交界处，泥岩、硅质岩、硅质页岩和浊积岩层序被拆离发生构造叠加，形成犬山构造带的侏罗系增生杂岩；当滑脱作用发育在洋板块地层下部地层时，石灰岩和玄武岩发生拆离与增生通过底侵作用进行，形成石灰岩–玄武岩组合型混杂岩

南美巴巴多斯增积楔上部的半深海泥岩中就存在大型构造滑脱面，断层滑脱面向下可延伸到 P-T 边界泥岩处。增生物质主要来自洋板块地层的上部和中部，P-T 边界泥岩被刮擦进入增生楔的量相对较少。

第 12 章 ｜ 年轻造山带洋板块地层

洋板块地层（学）是用于描述沉淀在洋壳基底之上的沉积岩和火成岩序列的术语，其形成时间始于洋中脊形成，终止于该洋中脊被移入到汇聚边缘形成增生楔。由显生宙洋中脊及其沉积盖层汇聚到造山带边缘增生楔中重建的洋板块地层称之为"年轻造山带洋板块地层"，由前寒武纪洋中脊及其沉积盖层汇聚到造山带边缘增生楔重建的洋板块地层称之为"古老造山带洋板块地层"（Kusky et al., 2013）。Kusky（2013）以显生宙为时间界线二分造山带为古老造山带和年轻造山带的合理性似乎值得商榷，实际上这涉及"原板块体制"是从何时开始，以及"原板块体制"和"现代板块体制" 2 类不同体制下的洋板块地层建造有何不同等关键问题。"原板块体制"是当前国际研究热点，主流观点认为"原板块体制"在中太古代启动，从新太古代开始地球上已出现具有板块水平运动特征的俯冲作用。由于地幔温度的差异，早期的板块运动缺少深俯冲形成的高压和超高压变质记录，而从新元古代开始，则出现与现代板块一致的动力学机制。目前，多数学者赞同大致以新元古代作为"原板块样式"和"现代样式"板块运动的转换时间。如 Stern（2007）认为地球构造形式是逐步演化的，早期存在着太古宙型构造活动，在古元古代 19Ga 开始出现一种与板块构造类似的构造类型，在新元古代才开始出现具有现代风格的板块构造。因此，从当前国际对古老造山带板块体制的研究现状看，以新元古代开始划分"古老造山带"和"年轻造山带"较为合理。

本章主要介绍了全球主要年轻造山带的洋板块地层重建情况，包括基于阿拉斯加南部中生代增生地体、俄罗斯远东和中国东北侏罗系—下白垩统增生复合体、日本二叠纪—侏罗纪—白垩纪等不同时期的增生复合体、菲律宾侏罗系增生复合体和加利福尼亚州海岸山脉中侏罗世—古新世弗朗西斯科杂岩体等重建的太平洋洋板块地层；基于印度尼西亚爪哇中部、苏拉威西南、加里曼丹东南部和苏门答腊白垩系增生杂岩重建的古印度洋洋板块地层等。

12.1 太平洋洋板块地层

古生代—中生代，亚洲大陆东部边缘与古太平洋相接。显生宙因太平洋法拉隆、伊泽奈崎和库拉板块向亚洲大陆的俯冲碰撞，在亚洲大陆东北、东部和东南部形成二叠系—中生界不同期次的增生复合体，自北向南包括：阿拉斯加南部中生代兰格尔超级地体；俄罗斯远东锡霍特–阿林和中国东北那丹哈达地区侏罗系—下白垩统增生复合体；日本秋吉、丹波–美浓和石门托地区二叠纪、侏罗纪和白垩纪等不同时期的增生复合体；菲律宾巴拉望岛北部、卡拉棉群岛和南民都洛岛侏罗系增生复合体等（图 12-1 和图 12-2）。分析增生杂岩和缝合带岩石构成与古生物特征，可以重建西太平洋洋板块地层。

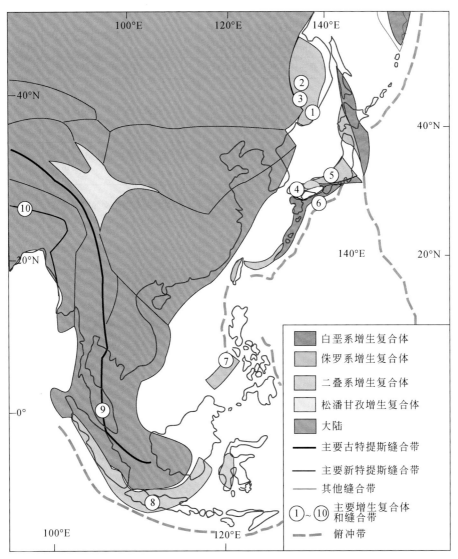

图 12-1　东亚及东南亚因太平洋俯冲成因增生杂岩及缝合带的分布

主要增生复合体和缝合带：①撒马尔罕；②伯力；③那丹哈达；④秋吉；⑤丹波—美浓；⑥石门托；⑦巴拉望省；⑧卢库；⑨文东—劳布；⑩雅鲁—藏布

12.1.1 阿拉斯加南部增生造山带洋板块地层

阿拉斯加南部的楚加奇–威廉王子地体是还没经历碰撞造山的俯冲增生型造山带，形成于环太平洋俯冲带之上，为世界保存最好的洋板块地层记录之一。楚加奇–威廉王子地体位于兰格尔超级地体南部图［12-2（a）］，延伸达 2000km。兰格尔超级地体由中生代岩浆弧组成，与楚加奇–威廉王子地体间被伯德山断层分割（图 12-2）（Pavlis and Roeske，2007）。

楚加奇地体内的麦克休混杂岩体的洋板块地层保存完好，麦克休混杂岩体内保存最为完整的洋板块地层单元位于基奈半岛南部的塞尔多维亚广场格雷温克（Grewingk）冰川附近（图 12-3）。几百米长的混杂岩野外露头上，洋板块地层的经典组成单元——辉长岩–玄武岩–硅质岩组合重复出现了三次，泥岩–杂砂岩组合重复出现了四次，其他洋板块地层组合单元也多次重复出现。不同地层单元之间多呈断层接触，断层带以毫米级的鳞片状泥岩层为特征，超基性岩、玄武岩、辉长岩之间呈侵入接触；玄武岩与泥岩、杂砂岩之间的沉积接触也较为常见（图 12-3）。

麦克休混杂岩体主要由玄武岩、辉长岩、超基性岩、硅质岩、泥岩和少量灰岩岩块组成，均发生葡萄石–绿纤石相变质。泥岩、硅质岩与泥岩互层、粉砂岩和杂砂岩构成麦克休混杂岩体大洋板块沉积地层的主体。泥岩发生严重变形，一般作为混杂岩的基质，其他岩石则以"岩块"形式赋存在泥岩基质中，泥岩基质和各类岩块共同构成混杂岩。铁镁质火山岩等洋壳物质包括变形的枕状玄武岩、破碎玻基熔

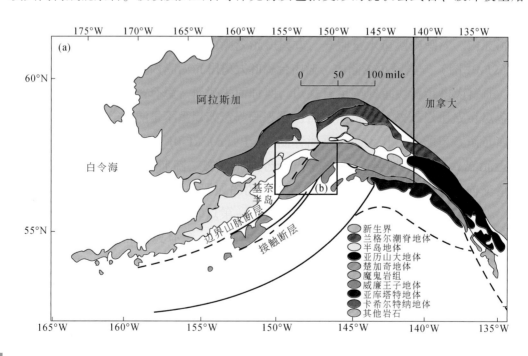

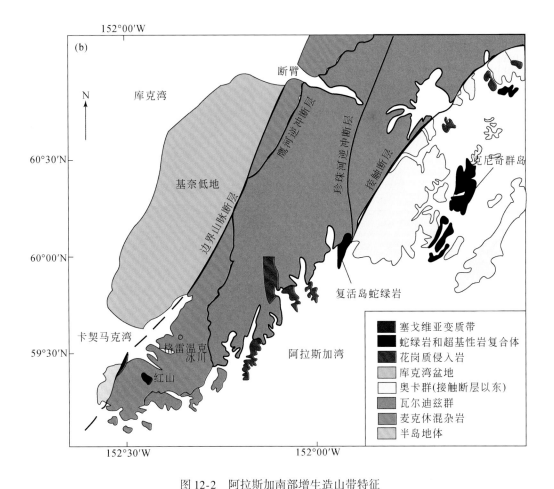

图 12-2　阿拉斯加南部增生造山带特征

(a) 阿拉斯加南部综合构造特征；(b) 基奈半岛地质要素 (Kusky et al., 2003)

岩及块状玄武岩，一般侵入有辉长岩岩脉。大型辉长岩、辉长苏长岩、纯橄榄岩、辉岩、石榴石辉岩侵入体在某些洋板块地层中也常见到。玄武岩类岩石在野外表现为层状细粒浅绿色岩石，偏光显微镜下玄武岩呈碎裂微角砾状。沿楚加奇地体边界零星分布的透镜状蓝片岩是俯冲-碰撞阶段早期的标志性变质产物 (Lopez-Carmona et al., 2011)。

麦克休混杂岩体内的放射虫硅质岩和条带状硅质岩一般呈灰色、红色、黑色和绿色，常见厘米级黑色泥岩夹层。与周围坚硬的玄武岩相比，在多地分布的硅质岩可能由于半固结状态下的流变变形而形成不和谐褶皱。虽然条带状硅质岩的放射虫年龄分布在中三叠世—晚白垩世，但麦克休混杂岩体的俯冲增生发生在侏罗纪—白垩纪 (Bradley et al., 1999)。灰岩岩块较为少见，岩块厚 50～100m，长 100～200m，含有化石，在混杂岩内形成连续布丁线结构，表明其沉积时的连续性特征。杂砂岩包括中-细砾岩，多被断层错断切割，其初始增生时厚度大，出露面积广，约几公

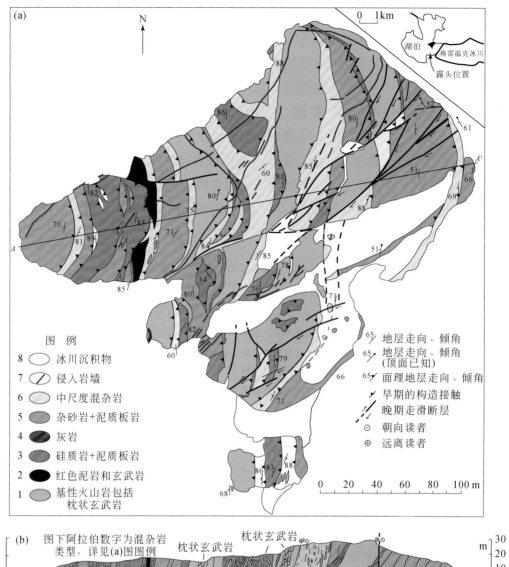

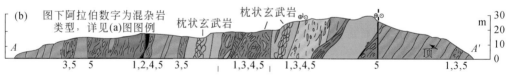

图 12-3 格雷温克冰川附近洋板块地层（Kusky and Bradley, 1999）

不同地层单元之间以逆冲断层接触，玄武岩–硅质岩–泥岩–杂砂岩序列多次重复出现

里宽，几十公里长。有些杂砂岩呈块状，而有些杂砂岩含有 50% 左右的泥岩，表明杂砂岩的沉积环境多样，但迄今对杂砂岩的沉积相特征还知之不多。杂砂岩一般呈几十米厚的"构造岩片"产出，也可呈几毫米的透镜体出现在硅泥质混杂岩内。

麦克休混杂岩体的形成分三个阶段：大洋玄武岩和远洋沉积等洋板块地层原岩的形成阶段；洋板块地层的增生、底侵变形并形成叠瓦状地体阶段；与洋壳持续俯冲汇聚及边界走滑断层伴生的新生变形阶段。本书更为关注的是与增生作用相关的洋板块地层的叠瓦状构造。逆冲断层能够使洋板块地层发生数百次重复。多数逆冲断层表现为毫米级鳞片状泥岩，沿走向分离不同的构造单元，并将较老的硅质沉积序列倒置在年轻的硅质沉积序列之上。在野外用常规方法很难对这些逆冲断层进行有效识别，尤其是当岩石遭受更高的变质程度时，逆冲断层的识别将更加困难。

麦克休混杂岩体向 SE 向逆冲到上白垩统瓦尔迪兹群海沟浊积岩之上。瓦尔迪兹群主要由中–薄层层状浊积岩、黑色泥岩及少量中–细砾岩等组成。漫长的俯冲增生过程之后，麦克休混杂岩体和瓦尔迪兹群均被 61~50Ma 沿海沟侵入的盛纳克–巴拉诺夫岩浆带切割。盛纳克–巴拉诺夫岩浆带的形成与俯冲的库拉和法拉隆洋中脊的熔融作用密切相关。盛纳克–巴拉诺夫岩浆带年龄沿其走向具有穿时特征，其西部年龄较老，东部年龄较新（Bradley et al.，2003）。

值得注意的是，阿拉斯加基奈半岛南部海岸带出露一套不同寻常的洋板块地层——蛇绿岩。年龄约 57Ma 的蛇绿岩被认为是距离洋中脊–海沟–转换断层三节点很近的大洋扩张中心的洋壳碎片，因库拉–法拉隆洋中脊在三节点附近向阿拉斯加俯冲而增生到基奈半岛南部海岸。向海沟运动俯冲过程中，蛇绿岩洋壳碎片与页岩、陆源碎屑沉积和少量镁铁质火山岩聚合混杂，被上冲板片刮擦保存在增生楔外缘或底侵到增生楔底部，于~55Ma 被盛纳克–巴拉诺夫岩浆带侵入（Kusky and Young，1999）。蛇绿岩底部为少量超镁铁质岩、层状辉长岩、块状辉长岩、大量席状岩墙群和一套 1~2m 厚的枕状熔岩，熔岩具有 MORB 和弧岩浆的地球化学特征。蛇绿岩上覆约 2.5km 厚的页岩和杂砂岩（图 12-4）沉积盖层。沉积盖层底部为薄层浊积岩，向上变为厚层浊积岩，表明浊积岩由初始沉积时的远海沟慢速沉积演变为后期近海沟快速沉积。沉积盖层自下而上受逆冲作用变形程度增强，逆冲作用是厚层沉积得以在增生楔就位的根本原因。镁铁质火山熔岩与沉积盖层互层产出，表明库拉–法拉隆洋中脊向南阿拉斯加俯冲作用持续发生。

12.1.2 俄罗斯远东和中国东北地区洋板块地层

俄罗斯远东和中国东北地区侏罗系—下白垩统增生复合体分布在俄罗斯锡霍特–阿林地区和中国东北的那丹哈达地区，由石灰岩、玄武岩、辉长岩、燧石、硅质页岩、混杂岩和浊积岩组成。

锡霍特–阿林地区的撒马尔罕地体硅质岩中含有晚泥盆世—三叠纪牙形石和放射虫化石；石灰岩中含石炭纪—二叠纪蜓类化石，硅质页岩中含中—晚侏罗世放射虫化石。哈巴罗夫斯克地体晚石炭纪灰岩中含有孔虫化石；二叠纪灰岩中发现有珊瑚、蜓类和牙形石化石；晚三叠世灰岩中含有牙形石、瓣鳃类、菊石类等，硅质岩中含有早三叠世晚期—晚三叠世牙形石和放射虫化石，硅质页岩和浊积岩中含有中—晚侏罗世的放射虫化石（Wakita et al.，1992；Matsuoka，1995；Zyabrev and Matsuoka，

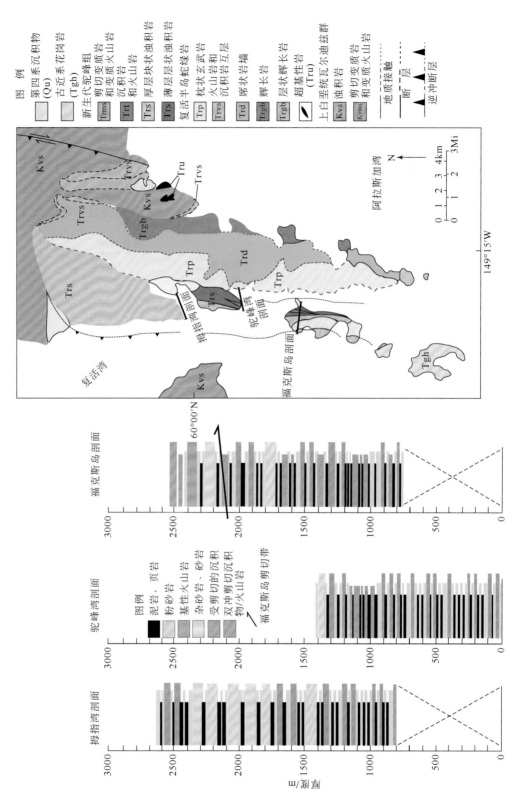

图 12-4 阿拉斯加基奈半岛南部洋板块地层 (Kusky and Young, 1999)

1999）。那丹哈达地体灰岩含有中石炭世—早二叠世蜓类化石，硅质岩和硅质页岩中含有中—晚三叠世和晚三叠世—早侏罗世放射虫化石。通过微体古生物地层学方法重建了锡霍特–阿林地区的撒马尔罕地体、伯力地体和我国东北那丹哈达地体的洋板块地层（图 12-5）。

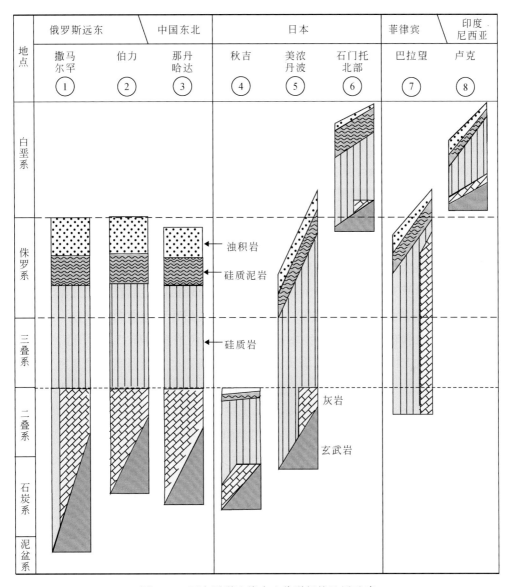

图 12-5　西太平洋边缘中生代洋板块地层重建

12.1.3　日本洋板块地层

显生宙古太平洋板块向亚洲大陆俯冲，在亚洲群岛东缘形成增生复合体，日本

第12章　年轻造山带洋板块地层

249

群岛的基底即由这些增生体构成。换句话说，日本群岛的主要构造单元基本上为前新生代增生地体。当前已识别出三期增生地体，分别是由二叠系增生杂岩构成的秋吉（Chugoku）地体、由侏罗系—下白垩统增生杂岩构成的秩父—丹波—美浓（Chichibu-Tamba-Mino）地体、由白垩系—古近系增生杂岩构成的石门托（Shimanto）地体。由于俯冲位置向海方向迁移，因此日本古生代至今的增生地体通常自陆向海发育，北部的增生体增生早，南部地体增生晚［图 12-6（a）］。空间上，较年轻的增生杂岩位于增生楔下部，较老的增生杂岩位于增生楔上部，呈倒序排列（Isozaki et al.，2010；Wakita，2012）。

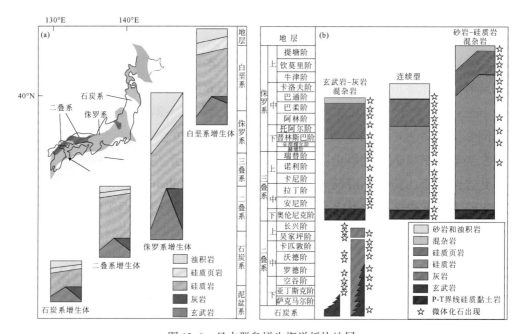

图 12-6 日本群岛增生楔洋板块地层

（a）从日本增生楔中洋板块地层的分布；（b）在微体古生物分析基础上从日本侏罗系增生体中恢复并重建了洋板块地层（Wakita and Metcalfe，2005；Wakita，2011）

12.1.3.1 日本不同时期增生体洋板块地层重建

构成日本群岛基底的增生地体的原岩为西太平洋洋板块地层。利用放射虫和牙形石化石识别出洋板块地层的组成，揭示了大洋板块从洋中脊处开始形成到海沟消亡的旅行历史（Isozaki et al.，1990；Matsuda and Isozaki，1991）。日本洋板块地层自下而上由石炭系—二叠系洋壳和海山基底玄武岩及上覆于海山的灰岩、二叠系深海硅质岩、P-T 边界黏土岩、下三叠统—下侏罗统半深海条带状放射虫硅质岩、下侏罗统—下白垩统半远洋硅质页岩、下侏罗统—下白垩统泥岩、砂岩和砾岩等海沟浊积岩组成［图 12-6（a）］。P-T 边界黏土岩是古生代和中生代边界超缺氧事件的产物，其主要成分为碳硅质黏土岩（Isozaki，1997a，1997b）。

二叠系增生杂岩构成的秋吉地体的岩性主要为砂岩、页岩、硅质岩、玄武岩和石灰岩，由中—上二叠统海沟混合沉积、中—下二叠统深海硅质沉积、石炭系—二叠系海山残留玄武岩和沉积灰岩组成。硅质岩、玄武岩和石灰岩以外来岩块形式在俯冲时与复理石混合，共同构成增生复合体。

侏罗系增生体是日本增生复合体的主要构造单元，分布在丹波-美浓、秩父、Sambagawa 和北上北部，主要由侏罗系—下白垩统复理石与混杂岩基质和二叠系—三叠系硅质岩、灰岩、玄武岩等外来岩块共同组成。

白垩系—古近系增生体构成日本著名的四万十地体。四万十地体从北海道中部经过日本东北部到达近海，主要由厚层粗粒浊积岩组成，混杂岩作为构造薄夹层存在。浊积岩受北倾逆冲断层作用发生强剪切，形成叠瓦状构造。从四万十地体中恢复的白垩系—古近系洋板块地层包括早于下白垩统瓦兰今阶的大洋玄武岩、下白垩统欧特里夫阶—上白垩统塞诺曼阶硅质岩、土伦阶—圣通阶半远洋硅质页岩和圣通阶之后的复理石沉积（图 12-6）。

组成日本群岛基底的系列增生地体自陆向海的增生顺序使得西北部增生体年老，东南部地体年轻［图 12-6（a）］；一个相对独立的增生地体中，洋板块地层也呈“西北老东南新”的方式排列，如侏罗系增生复合体可细分为若干构造单元，因较老的构造单元逆冲到较年轻的构造单元上，其洋板块地层向洋方向逐渐较年轻；同样，在侏罗系增生地体的一个地层单元中，洋板块地层碎屑岩的年龄在向海洋方向或向构造下方也逐渐变年轻（图 12-7）。美浓构造带白垩系增生杂岩的洋板块地层也呈现出类似的年龄变化规律。

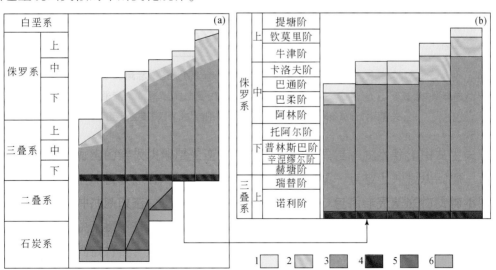

图 12-7　（a）日本侏罗系增生复合体单元的洋板块地层年代；（b）侏罗系构造增生单元的年龄

1. 砂岩和浊积岩，2. 硅质页岩，3. 硅质岩，4. P-T 交界黏土岩，5. 灰岩，6. 玄武岩

12.1.3.2　洋板块地层的构造叠置和混杂失序

　　构成日本群岛基底的增生体，其洋板块地层由连续单元和混杂单元两部分构成。洋板块地层的上部和中部地层因构造叠置形成连续单元，连续型洋板块地层表现为相同的地层多次重复出现；洋板块地层下部因构造失序导致各类岩石发生混合形成混杂单元，混杂单元洋板块地层即通常所说的（增生）混杂岩。

　　日本中部犬山地区侏罗系增生体中常可见到洋板块地层的连续单元［图 12-8 (a)］。犬山地区洋板块地层中上段被许多平行层理面的逆冲断层切割，相同的地层多次重复出现，形成走向 EW、倾向 W 的向形构造。每个逆冲构造单元内地层厚度 200~300m，自下而上由下三叠统硅质黏土岩、中三叠统—下侏罗统硅质岩、中侏罗统硅质页岩及中—上侏罗统浊积岩组成［图 12-8 (a)］。

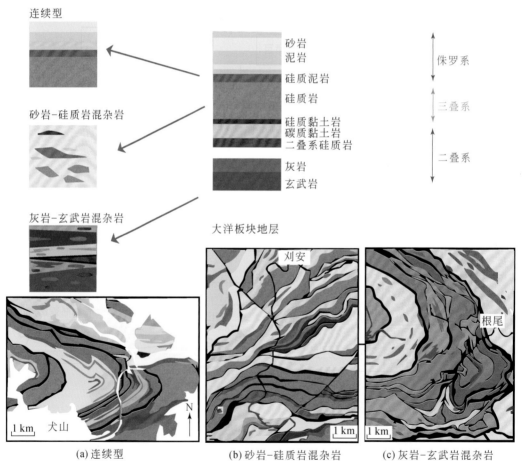

图 12-8　日本中部美浓构造带的侏罗系增生杂岩中的三种类型构造特征

　　混杂单元由两种类型构成：砂岩-硅质岩混杂岩和玄武岩-灰岩混杂岩（图 12-8）。砂岩-硅质岩混杂岩是由洋板块地层上部破坏失序形成，玄武岩-灰岩混杂岩是由洋板块地层下部受构造破坏失序而形成。砂岩–硅质岩混杂岩在岐阜县刘安（Kariyasu）出露良好［图 12-8（b）］。露头区北部主要由砂岩、硅质页岩、硅质岩岩块和石英、长石、云母碎屑及泥岩基质组成。露头区南部主要由下三叠统黑色硅质岩和硅质泥岩岩块及 P-T 边界钙质泥岩基质构成。混杂岩中岩块和碎屑的排列顺序基本与洋板块地层的沉积序列相似。

灰岩–玄武岩混杂岩主要分布在日本中部谷汲根尾地区，由洋板块地层下部的硅质岩、P-T 边界泥岩、灰岩和玄武岩混杂而成［图 12-8（c）］。因逆冲剪切作用，硅质岩、玄武岩和灰岩等以大型岩片或岩块状呈斜列式嵌入杂乱的泥岩基质；一些岩屑也随着泥岩基质的剪切作用沿剪切面发生旋转；泥岩基质因强剪切作用变形呈细小鳞片状。常见石英脉切割先期剪切面，又被后期剪切面错断。

12.1.3.3　洋板块地层大洋沉积单元的演化

犬山地区洋板块地层下段由 P-T 边界附近下三叠统黑色钙质页岩和灰绿色硅质黏土岩互层组成，局部可见白云岩夹层或白云岩透镜体，上覆下三叠统—下侏罗统 2～5cm 厚的放射虫硅质岩层。该地区于早–中侏罗世由硅质岩沉积逐渐向硅质泥岩转变，洋板块地层由放射虫硅质岩逐渐向硅质泥岩转变，标志着大洋板块已运动至俯冲带附近。中、上侏罗统硅质泥岩被细粒陆源黑色泥岩覆盖，表明大洋板块进一步向海沟靠近，最终所有的大洋和半远洋沉积均被近陆源海沟浊积岩覆盖。浊积岩由粗粒砂岩和泥岩组成。浊积岩沉积时，大洋板块已经到达海沟，该区中侏罗统砂质浊积岩中发育的菊石也表明大洋板块到达离陆较近的海沟位置。

从日本的二叠系、侏罗系和白垩系增生复合体重建中发现了法拉隆板块、伊泽奈崎板块和库拉板块的洋板块地层（图 12-1）。洋板块地层中远洋硅质岩的年龄范围表明每个大洋板块存在的时间长度。法拉隆板块、伊泽奈崎板块和库拉板块分别存活了至少 60Myr[①]、200Myr 和 50Myr。

法拉隆板块在石炭纪之前产生，并在晚二叠世时沿东亚大陆边缘俯冲形成一个增生楔。当巨大的海山被石灰岩覆盖时，大洋板块的俯冲就停止了。

伊泽奈崎板块诞生于泥盆纪晚期，早侏罗世—早白垩纪发生俯冲。石炭纪晚期—二叠纪早期，在洋中脊附近形成了被钙质生物礁所覆盖的海山。伊泽奈崎板块经历了二叠纪和三叠纪过渡期的超缺氧事件（Isozaki, 1997a, 1997b; Isozaki and Blake, 1994）。晚三叠世或早侏罗世，热点火山活动形成的碱性玄武岩喷发至深海硅质软泥之上。侏罗纪和早白垩世，伊泽奈崎板块的远洋沉积和海山与大陆边缘的

---

① 本书中，Myr 代表时间段，与 Ma 有所区分。

碎屑沉积共同被增生到大陆边缘。

现今能发现的库拉板块俯冲的残留物非常有限。一般认为库拉板块在俯冲时期的温度很高，高温的库拉板块大部分俯冲到增生楔深处或者消失在地幔中。库拉板块的洋板块地层记录在一套由混杂岩形成的薄构造带中，显示库拉板块形成于晚侏罗世或早白垩世，晚白垩世俯冲，其历史短暂，仅约50Ma。

12.1.4 菲律宾洋板块地层

菲律宾巴拉望岛北部、卡拉棉群岛和南民都洛岛均出露侏罗系增生体（Zamoras and Matsuoka，2001）。侏罗系增生体主要由硅质岩、灰岩、硅质泥岩和浊积岩组成，是北巴拉望地块的组成部分（Isozaki et al.，1988）。

布桑加岛增生杂岩是北巴拉望地块增生复合体中研究最深入的部分。布桑加岛增生杂岩分为三个带，即北带、中带和南带。北带由中二叠统—中侏罗统硅质岩、巴通阶—卡洛夫阶硅质泥岩和卡洛夫阶浊积岩组成；中带有巴柔阶—巴通阶下部硅质岩、巴通阶上部—下牛津阶硅质泥岩夹层和牛津阶浊积岩组成；南带为下白垩统贝里阿斯阶过渡期的硅质泥岩和浊积岩组成（图12-9）。北巴拉望地块的增生体为日本侏罗系—下白垩统增生体向西南方向的延伸。

12.1.5 加利福尼亚州海岸山脉洋板块地层

12.1.5.1 加利福尼亚州海岸山脉弗朗西斯科混杂岩

研究人员很早就注意到加利福尼亚州海岸山脉弗朗西斯科混杂岩组成的复杂性。通过对弗朗西斯科蛇绿岩的研究，斯坦曼提出"三位一体"的概念，指出洋板块地层成因的复杂性。斯坦曼认为其中金门蛇绿岩具有典型的 MORB 和 OIB 特征，恶魔山蛇绿岩既有 MORB 和 OIB 特征，又有俯冲带上叠蛇绿岩（SSZ）的特征（图12-10和图12-11）。随着板块构造理论的发展，Hamilton（1969）对可能远距离输送的远洋沉积和海沟近陆源碎屑沉积进行了有效区分。后期又有学者进一步通过对弗朗西斯科混杂岩内碳酸盐岩和硅质岩等远洋沉积岩年龄分析与增生推覆体内地层单元重复规律研究，探讨了弗朗西斯科混杂岩的形成过程（Sliter and McGann，1992；Isozaki and Blake，1994）。作为东太平洋持续 ~150Ma 向东长期俯冲作用的岩石记录，于165~50Ma 形成的加利福尼亚州海岸山脉弗朗西斯科混杂岩体可作为显生宙造山带洋板块地层的标准范例（图12-10）（Ernst，2011）。弗朗西斯科杂岩体可用来说明洋板块地层形成和板块边缘聚合的历史，也能提供板块俯冲碰撞过程的一些关键细节特征。

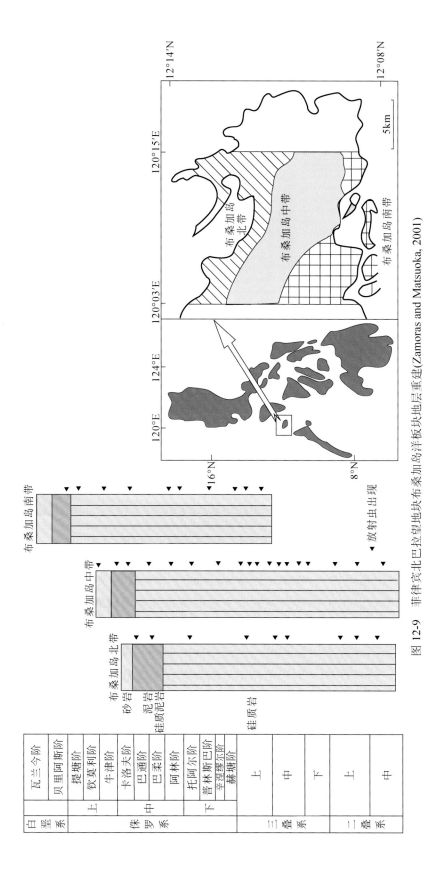

图 12-9 菲律宾北巴拉望地块布桑加岛洋板块地层重建 (Zamoras and Matsuoka, 2001)

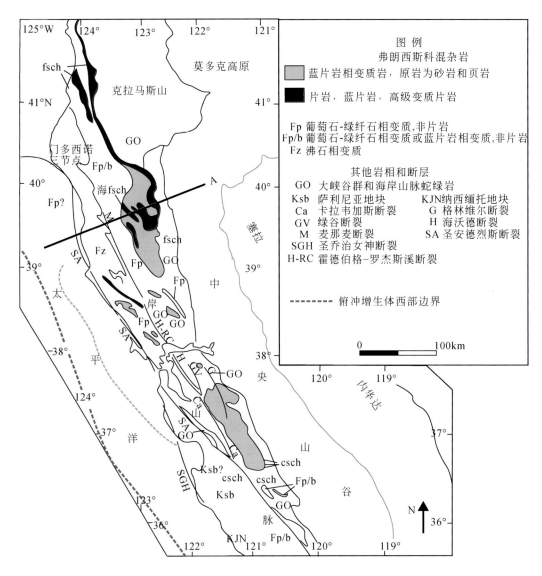

图 12-10　弗朗西斯科混杂岩和加利福尼亚海岸带区域地质背景（Wakabayashi，2011）

剖面 A 由图 12-11 进一步详细说明

　　与日本群岛基底增生体由连续单元和混杂单元两部分构成相似，弗朗西斯科混杂岩也由不含外来岩块的"连续单元"和含有外来岩块的"混杂单元"两部分构成。"连续单元"和"混杂单元"共同形成一个大规模的增生推覆体系，各推覆体之间呈断层接触，下部推覆体增生晚，上部推覆体增生早（Ernst et al.，2009；Dumitru et al.，2010；Snow et al.，2010）。不论是连续单元还是混杂单元，其岩性主要包括砂岩、杂砂岩等陆源碎屑沉积和半远洋泥页岩沉积，其次包括玄武岩、硅质岩、蛇纹岩及少量灰岩。

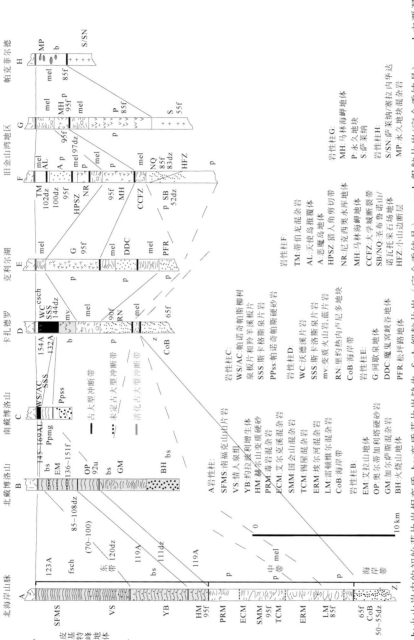

图12-11 弗朗西斯科混杂岩的构造位置，岩性组成和增生年龄（Wakabayashi，2011a）

蓝片岩相变质作用蓝色阴影表示；混杂岩各组成单元之间均为构造断层接触，各增生单元中常见叠瓦状构造和透入性变形；各增生单元位置、叠瓦状构造和透入性古逆冲断层错断；红色线条表示古逆冲断层位置，叠瓦状构造和透入性变形可调节位移量很小（图12-10中的剖面A）

b:火山岩中的初始蓝片岩相变质，bs:变质蓝片岩相（完全重结晶），fsch:细粒片岩（完全重结晶），csch:粗粒片岩（完全重结晶），mel:主要混杂岩带．
120:Ar/Ar的增生年龄(Ma)，AL:Ar-Ar和Lu-Hf变质年龄（Ma），U:U/Pb变质年龄（Ma）．dz:碎屑锆石限定的沉积年龄（Ma）．
f:来自化石的碎屑沉积年龄．注意：119A为前变质侵入体成岩年龄．95f和硬砂岩中的火山岩年龄．(70~100):大峡谷群中蓝片岩的年龄．

第12章 年轻造山带洋板块地层

257

弗朗西斯科混杂岩上覆的蛇纹石化超镁铁质岩、镁铁质-长英质深成岩、火山岩及硅质岩，统称为"海岸山脉蛇绿岩"（CRO），为弧前盆地拉张形成的洋壳物质。海岸山脉蛇绿岩之上为大峡谷群（GVG）的层状砂岩和页岩等弧前盆地沉积。大峡谷群和海岸山脉蛇绿岩未经历深埋藏变质作用，属上冲板片的主要组成物质。属于俯冲板片的弗朗西斯科混杂岩则经历了俯冲、增生、低温-高压变质和变形作用等，使得至少1/3的混杂岩达到蓝片岩相或更高级变质程度，为太平洋板块的俯冲增生物质。理论上，弗朗西斯科混杂岩、海岸山脉蛇绿岩和弧前盆地大峡谷群沉积三者之间在岩石学特征上是较易区分的，但由于俯冲造山过程的构造混合作用，使得海岸山脉蛇绿岩和大峡谷群，与经历蓝片岩相变质、未发生变形的弗朗西斯科混杂岩难以区分。弗朗西斯科混杂岩中，除了极少量年龄最老、变质程度最高的变质火山岩与海岸山脉蛇绿岩相似，具俯冲带上叠蛇绿岩特征外（Mac Pherson et al.，1990），大部分具洋中脊或洋岛玄武岩特征（Saha et al.，2005；Wakabayashi et al.，2010）。海岸山脉蛇绿岩则具俯冲带上叠蛇绿岩的地球化学亲缘性。

12.1.5.2 弗朗西斯科混杂岩的连续单元特征

弗朗西斯科混杂岩体内连续单元常见极少量的变基性岩、玄武岩，少量具MORB亲缘性的辉长岩和辉绿岩，放射虫硅质岩及上覆近陆源海沟杂砂岩沉积（Ghatak et al.，2011；Isozaki and Blake，1994），洋岛玄武岩-石灰岩-硅质岩-杂砂岩组合相对较为少见。其中粗粒蓝片岩、榴辉岩和角闪岩等变质程度最高、受改造最明显、年龄最老的下部单元呈1.6km长，1.2km宽，几百米厚的露头出露，上覆变硅质岩缺乏碎屑岩盖层。这些变基性岩的含量很少，不到洋板块地层总量的1%，具俯冲带上叠蛇绿岩亲缘特征，与世界上许多大型蛇绿岩片下发现的变质基底具有相同的起源，可能为洋内俯冲起始时的岩石记录（Wakabayashi and Dumitru，2007；Wakabayashi et al.，2010）。玄武岩在野外形成长十几公里、厚1km连续露头，除去逆冲造成的叠加重复，最厚的硅质岩厚达80m，灰岩最厚可达130m，杂砂岩厚度达几公里，其中不乏逆冲作用造成的地层叠置。总体上，弗朗西斯科混杂岩体的连续单元形成长几十公里，厚几公里的野外露头，在北部马林海岬出露（图12-12）。

弗朗西斯科混杂岩体洋板块地层连续单元的地球化学、变质特征、洋壳形成和增生年龄等数据可用来建立太平洋俯冲增生过程。尽管弗朗西斯科混杂岩体最高变质程度变基性岩之原岩年龄很难确定，但其变质年龄可作为增生年龄；玄武岩上覆硅质岩的最大沉积年龄可作为混杂岩内较低级变质程度岩石的原岩年龄；海沟杂砂岩的沉积年龄可作为极低级或无变质地层单元的增生年龄。

各增生单元中，下部为较新增生单元，上部为较老增生单元；而俯冲洋壳在结构中间层中最古老，向下则为年轻构造单元。

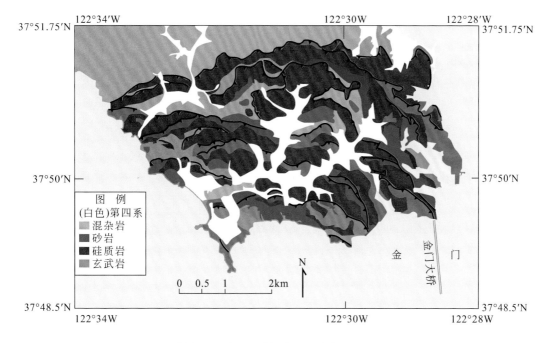

图 12-12　马林海岬地质图及洋板块地层分布（Wahrhaftig，1984）

当前对弗朗西斯科北部马林海岬处出露的洋板块地层研究最为深入（图 12-12）。马林海岬出露蓝片岩、厚 80m 的硅质岩、杂砂岩。蓝片岩（其原岩为洋中脊玄武岩）上覆硅质岩远洋沉积，硅质岩之上的杂砂岩为海沟沉积。变硅质岩为普林斯巴阶—塞诺曼阶（190～95Ma）远洋硅质沉积经变质作用形成的，其变质年龄为121Ma。这意味着洋壳俯冲开始后约 65Myr，即于 121Ma 开始增生变质。如果平均汇聚速率按 10cm/a 计算，长达 95Myr 的远洋沉积期间应有约 9500km 的大洋沉积向海沟搬运，伴随着同样体量大洋岩石圈的俯冲消减。这套连续沉积的硅质岩和杂砂岩单元除在马林海岬出露之外，还分布于整个旧金山湾区。弗朗西斯科大洋板块俯冲开始后约 65Myr，代表最老大洋岩石圈残片的马林海岬地体才开始增生。可见，洋壳俯冲开始后相当长时间（数十百万年）内并不发生增生作用，因缺乏早期增生物质，因此当前很难对俯冲早期特征进行研究（Dumitru et al.，2010；Wakabayashi，2012）。

可能由于太平洋板块向东俯冲受阻之后，在接近俯冲带上叠蛇绿岩扩张中心的位置，弧新生洋壳于 165～170Ma 也开始俯冲，并于～115Ma 开始增生。弧新生洋壳的俯冲作用导致俯冲带上叠蛇绿岩发生高温–高压变质。由于缺失初始俯冲到初始增生阶段的岩石记录，目前尚不清楚有多少俯冲带上叠蛇绿岩被俯冲消减，俯冲时间也不确定。

从接近海沟到 121Ma 开始增生之前，洋壳可能被俯冲消减（Shervais，2001），也可能不发生俯冲。一个比较合理的解释是洋壳在 165~121Ma 虽已经靠近海沟，但没有发生俯冲，而是发生了板片重组形成休眠洋中脊。65Myr 之后休眠洋中脊可能才开始俯冲，并于 ~95Ma 增生形成马林海岬地体。因为如果蓝片岩相高级变质作用是由洋壳俯冲作用引起，则高级变质岩中应该有 MORB 而不是 SSZ 的原岩；如果洋壳俯冲发生在高级变质作用之后，那么它们应该具有晚期高温变质岩变质记录，而不是低温蓝片岩相变质记录。显然，迄今我们还明显缺乏洋壳从初始俯冲到初始增生阶段热数据。

从马林海岬地体增生开始，增生洋壳的绝对年龄和俯冲年龄均开始变年轻，这意味着板块从一个共同的扩张中心——太平洋–法拉隆扩张中心向西运动。~25Ma 太平洋–法拉隆扩张中心运动到海沟，俯冲终止并逐渐过渡为板块边界的右旋走滑（Atwater and Stock，1998）。俯冲过程中，代表海山、无震海岭或海洋高原的洋岛玄武岩（OIB）及上覆沉积岩被增生到增生楔，这些岩石位于洋壳俯冲曲线较年轻的一侧。

12.1.5.3 弗朗西斯科混杂岩的混杂单元特征

洋板块地层的混杂单元由各种外来岩块和泥页岩基质两部分组成。有时很难对大小不同的岩块和作为基质的断续逆冲板片进行有效区分，因为有些岩块非常大，可达 1km 甚至更大，如果不进行系统的野外追踪，很容易误认为是逆冲板片。弗朗西斯科混杂岩中的岩块主要来自俯冲物质的增生及原地剥露、剥露物质的再沉积及上冲板片物质（海岸山脉蛇绿岩和大峡谷群）的加入，如洋板块地层中的连续单元的片段可作为混杂单元中的岩块，来自上冲板块低级变质长英质火山岩也可成为混杂岩中的岩块。未变形到弱变形的各类沉积岩及角砾岩的粒径具有全众数特征，随着构造应力及剪切程度的增强形成不同的粒级，构成混杂岩的基质（Wakabayashi，2011，2012）。弗朗西斯科混杂岩记录了至少两个或者三个埋藏（部分俯冲）–剥露旋回。在三个埋藏（部分俯冲）–剥露旋回中，埋藏深度至少达到蓝片岩相变质深度。

当前认为弗朗西斯科混杂岩主要为沉积成因并叠加了构造作用的影响（Wakabayashi，2011，2012），而非前人普遍认为的混杂岩是俯冲过程中在"俯冲通道"内产生巨大位移而后增生的成因观点（Cloos，1984；Cloos and Shreve，1988）。野外对弗朗西斯科混杂岩接触关系的观察，排除了各类岩块内部存在巨大位移的可能性，而要维持长达 100Myr 的持续增生，则须有总位移调节量大于 10 000km 的大型逆冲断层的存在。混杂岩的连续单元本身呈叠瓦状排列，这些叠瓦状构造的总位移量仅占俯冲板片位移量的极小部分。混杂岩带核心区域上部接触带表现为强应变和脆性断裂特征，沿这些断面滑动也可为早期俯冲提供所需的空间。洋板块地层形成混杂岩的主要原因应该是潜入式剥露和岩片沿脆性断面的滑动，另外洋板块地层连续单元的逆冲叠瓦构造作用也可导致其形成混杂岩，如图 12-12 所示，马林海岬叠瓦状混杂岩似乎是由完整的洋板块地层逐渐变形而成的（Meneghini and Moore，2007）。

12.1.5.4　海岸山脉蛇绿岩

加利福尼亚州海岸山脉中最大的洋板块地层残片为海岸山脉蛇绿岩。一些孤立的海岸山脉蛇绿岩残片沿走向延伸数十公里，厚度可达数公里。与弗朗西斯科混杂岩经历了俯冲、增生、埋藏、剥露和再沉积，叠瓦逆冲构造极为发育不同，海岸山脉蛇绿岩中不存在叠瓦逆冲构造，它代表弧前拉张形成的喷发物质的原地堆积。海岸山脉蛇绿岩与洋中脊玄武岩和俯冲带上叠蛇绿岩均有一定的地球化学亲缘关系（Stern and Bloomer，1992；Shervais et al.，2005）。

12.1.5.5　大峡谷群

弧前盆地沉积包括早白垩世/晚侏罗世蛇纹岩、大峡谷群砂岩、页岩及外来岩块（Fryer et al.，2000；Wakabayashi，2011；Hitz and Wakabayashi，2012）。虽然弧前盆地沉积后没有经历变质作用，但部分岩块具有高压特征，与弗朗西斯科混杂岩有一定的亲缘性，部分岩块则表现为与俯冲带上叠蛇绿岩的亲缘性。Fryer 等（2000）认为这些单元代表弧前泥火山沉积，与现代马里亚纳弧前泥火山沉积物类似。

加利福尼亚州海岸山脉洋板块地层具有复杂性和多样性的特点。洋板块地层的多样性表现在即使出露距离很近的洋板块地层，其产状、起源、种类、演化历史均有可能大不相同；大洋板块的复杂性表现在俯冲洋壳板片具有不规则的年龄序列、远洋沉积具有规则的年龄序列、离轴火山岩的增生记录及俯冲板片的沉积再循环。另外，板块俯冲的滞留和幕式增生在寿命较短的板块俯冲体系中可能不容易识别。

从阿拉斯加、俄罗斯远东和中国东北、日本、菲律宾、美国加利福尼亚州海岸山脉二叠系—中生界增生体中可识别并重建太平洋的洋板块地层，由洋板块地层可推断出古太平洋与欧亚板块和北美板块的俯冲碰撞过程。

12.2　印度洋边缘洋板块地层

印度尼西亚爪哇中部、苏拉威西南、加里曼丹东南部和苏门答腊地区出露因印度洋俯冲增生形成的白垩系增生杂岩，包括陆虎（Luk Ulo）混杂岩、默拉图斯（Meratus）混杂岩和乌拉（Woyla）群。印度尼西亚白垩系增生杂岩主要由混杂岩、放射虫硅质碎屑岩、石灰岩和枕状熔岩、高温高压变质岩和超镁铁岩组成。由印度尼西亚若干白垩系增生体可以重建印度洋洋板块地层序列，这对东新特提斯洋板块地层的重建至关重要。

12.2.1　爪哇岛中部的陆虎混杂岩

陆虎混杂岩表现为被断层切割的构造岩片和岩块，由结晶片岩、千枚岩、大理岩、流纹岩、英安岩、基性至超镁铁岩、石灰岩、硅质岩、硅质页岩、页岩、砂岩和砾岩组成。除枕状玄武岩外，变质岩和火成岩因增生后逆冲剪切等构造作用与沉积岩发生混合。

玄武岩包括枕状玄武岩和枕状玄武质角砾岩。火山熔岩多为无斑隐晶质，或者包括小的辉石斑晶和橄榄石假晶。沉积岩以砂岩和页岩互层为主，砂岩岩屑由中基性火山岩岩屑和斜长石碎屑组成。硅质岩、灰岩和砾岩局部分布，在某些地方硅质岩向上渐变为硅质页岩，可见白垩纪放射虫化石。浅灰色灰岩与红棕色硅质岩互层，上覆于枕状玄武岩之上。由枕状玄武岩、灰岩与硅质岩互层、放射虫硅质岩、硅质页岩、砂岩和页岩组成的火山岩–沉积岩序列沿卡班河出露（图 12-13）。这套洋板块地层与从日本前新生代增生复合体中重建的洋板块地层特征相似。不同地区出露的陆虎混杂岩，同类岩石的年龄不同，Mucar 河附近出露的增生体中重建的洋板块地层最老，从 Cacaban 河、Sigoban 河和 Medana 河出露的增生体中恢复的洋板块地层依次变年轻（图 12-13）。

12.2.2　苏拉威西岛西南部的班提玛拉混杂岩

苏拉威西西南部的班提玛拉（Bantimala）混杂岩由超镁铁质岩、高温高压片岩和混杂岩组成。班提玛拉混杂岩包含阿尔布—塞诺曼阶的放射虫硅质岩。虽然该杂岩的地层组合在岩性上与洋板块地层相似，但放射虫硅质岩的下伏地层不是枕状玄武岩，而是高温高压片岩。这一点与从爪哇岛中部的陆虎杂岩中重建的洋板块地层组成序列有一定的差异。

12.2.3　苏门答腊的乌拉群

位于印度尼西亚苏门答腊岛的纳塔尔地区和亚齐地区交界处乌拉群的洋板块地层属性已被证实。纳塔尔省乌拉群由块状细碧熔岩、浊积岩和包含有硅质岩、灰岩和火山岩碎片的硅泥质基质组成。亚齐地区的乌拉群形成一个相对完整的洋板块地

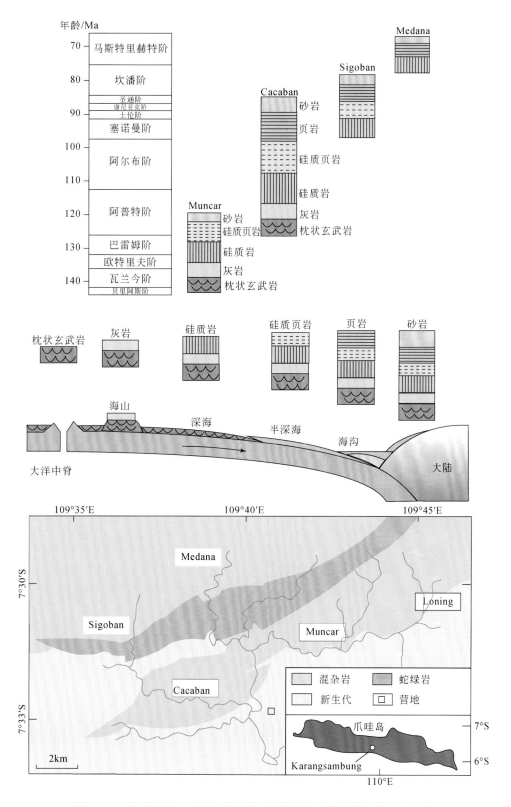

图 12-13 印度尼西亚爪哇岛中部白垩系增生复合体的洋板块地层重建

(Wakita and Bambang, 1994)

第12章　年轻造山带洋板块地层

263

层序列，由蛇纹化的方辉橄榄岩、变辉长岩、镁铁质至中酸性火山岩、火山碎屑砂岩、含锰板岩和放射虫硅质岩组成。

迄今已从爪哇岛中部的陆虎混杂岩中重建了完整的洋板块地层。从印度尼西亚南部中生代增生楔恢复的印度洋洋板块地层表明，东新特提斯洋在三叠纪打开，于冈瓦纳超大陆裂解和新生代印度和澳大利亚板块的俯冲之后关闭。

第13章 古老造山带洋板块地层

由前寒武系增生复合体和造山带混杂岩重建的洋板块地层称为"古老造山带洋板块地层"(Kusky et al., 2013)。本章重点介绍由前寒武系增生复合体和造山带混杂岩重建的古老造山带洋板块地层,包括由英国威尔士安格尔西岛新元古代莫纳超群混杂岩重建的古太平洋洋板块地层、由澳大利亚西北部皮尔巴拉早太古代克里夫维尔群绿岩带重建的洋板块地层。古老的造山带比起年轻的造山带(如阿拉斯加、加利福尼亚或日本)会被后期更多期次的裂谷和碰撞事件破坏,一般来说更不易保存,也不易从中恢复洋板块地层,其洋板块地层的长度和规模也更难准确估计。

13.1 英国威尔士安格尔西岛洋板块地层

新元古代晚期阿瓦隆-卡多姆增生造山带的残体主要分布在欧洲西北部,如法国布列塔尼、爱尔兰西部和东南部及英国威尔士地区(Strachan and Taylor, 1990),在威尔士西北部的安格尔西岛及相邻的利恩半岛有较好的出露。Greenly 早在 1919 年就对安格尔西岛出露的混杂岩类型进行了描述(Wood, 2012)。

13.1.1 安格尔西岛混杂岩特征

安格尔西岛-利恩半岛地区出露俯冲-增生混杂岩体——莫纳超群混杂岩(图 13-1)(Gibbons and Horák, 1996;Kawai et al., 2006)。莫纳超群混杂岩包含有多套洋板块地层的构造片段(Kawai et al., 2007;Maruyama et al., 2010)。早在 1919 年,Greenly 就客观地记录了安格尔西岛东北部一段 400m 长的海岸出现了 40 余次枕状熔岩与砾岩伴生发育、墨绿色千枚岩与层状碧玉岩及基性片岩伴生发育的现象。重复出现的岩层由与岩层层理近平行的逆冲断层造成。

莫纳超群混杂岩由加纳群(Gwna Group)、新哈伯群(New Harbour Group)和南斯塔克群(South Stack Group)及科达纳(Coedana)混杂岩组成,沿东南向俯冲带依次向下增生就位,在阿瓦隆大陆前缘形成太平洋型增生楔(图 13-1)(Kawai et al., 2007;Asanuma et al., 2014)。

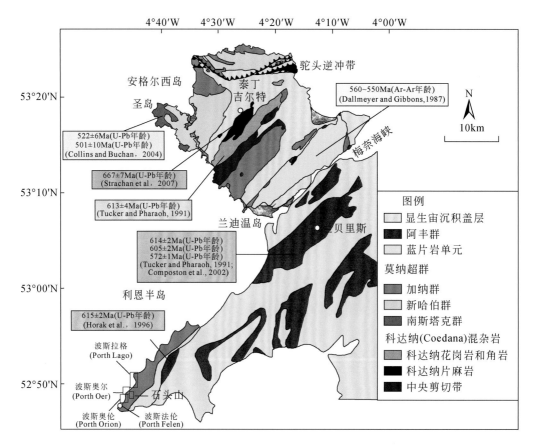

图 13-1 安格尔西岛和利恩半岛地质背景及莫纳超群混杂岩出露特征

（Kawai et al., 2007；Asanuma et al., 2014）

　　加纳群被逆冲断层频繁切割，由绿岩、硅质岩、黏土岩、白云岩、泥岩和砂岩及类似于重力滑动沉积的混杂岩组成，其中变基性岩具有洋中脊玄武岩的地球化学特征。新哈伯群变形显著，主要由片岩和变玄武岩组成，变玄武岩具有岛弧玄武岩地球化学特征。南斯塔克群由被动陆缘沉积组成，主要由厚层石英岩与薄层镁铁质沉积（绿泥石片岩）互层组成，最年轻的碎屑锆石 U-Pb 年龄（约 501Ma）和针管迹洞穴可作为其沉积年龄。

　　以波斯奥伦（Porth Orion）地区为例进一步说明加纳群洋板块地层构成。波斯奥伦地区位于利恩半岛最南端，加纳群由枕状玄武岩、红色泥岩、白云岩和少量浊积岩组成（图 13-1 和图 13-2）。红色泥岩和砂岩走向 EW，倾向 N；由枕状玄武岩顶面的朝向可知，该地区东南玄武岩年龄较老、西北部玄武岩年龄较新。多条走向 NE-SW 的高角度逆冲断层横切层状红色泥岩和枕状玄武岩层。

　　波斯奥伦地区中部主要由近直立的红色层状黏土岩组成。厚约 10m 的红色层状

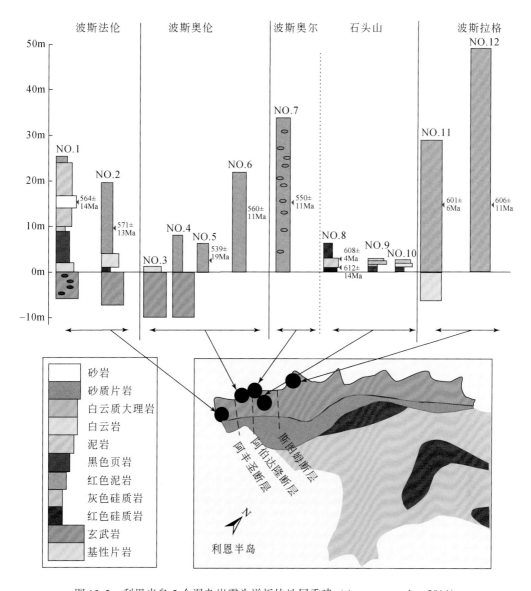

图 13-2 利恩半岛 5 个混杂岩露头洋板块地层重建（Asanuma et al.，2014）

泥岩中包含一层 2~5cm 厚硅质层、一薄层 1~4mm 厚的绿色泥岩和砂岩层。红色黏土层、绿色黏土层及砂层呈整合接触，上覆于枕状玄武岩层之上。

波斯奥伦地区北部和南部主要由枕状玄武岩、红色层状泥岩和白云岩组成，泥岩层中含厚 2~5m 白云岩透镜体和少量红色硅质岩。北部地区枕状玄武岩发生了显著的变形和剪切，但仍与上覆块状白云岩保持整合接触（图 13-3）。

自上而下按由早到晚的增生顺序，加纳群可划分出三个组成部分：顶部岩石组合由洋中脊和海沟物质增生而成；中部由经历高压蓝片岩相变质并在 550~560Ma 折返剥露的岩石组成；下部为增生物质因重力滑塌在海沟形成的重力滑动沉积

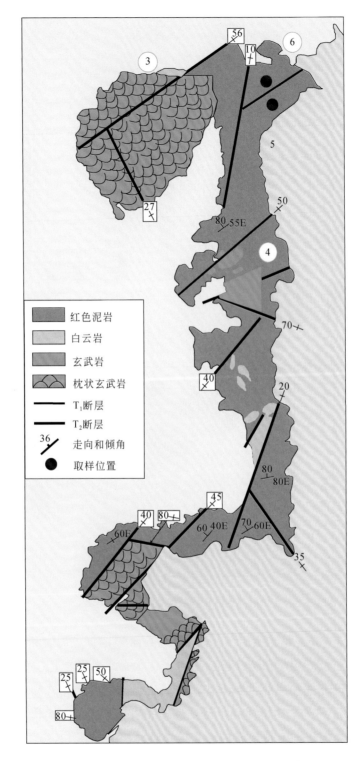

图 13-3　波斯奥伦地区加纳群洋板块地层分布

重建的洋板块地层地点用阿拉伯数字表示。断面与沉积层理面平行的断层

为 T_1 断层；断面与沉积层理面之间角度>10°的断层为 T_2 断层

（Maruyama et al.，2010）。下面分别对加纳群洋板块地层的三个组成部分进行阐述。

13.1.2　洋中脊–海沟洋板块地层

安格尔西岛和利恩半岛的许多地区均出露这类洋板块地层的叠瓦状岩片，发育最为完整的洋中脊–海沟洋板块地层分布在安格尔西岛西南海岸带的兰迪温岛（图13-1和图13-2）。兰迪温岛洋中脊–海沟洋板块地层由重复出现的洋中脊玄武岩和未变形的玄武岩枕组成，具有非常低的亚绿片岩相–沸石相变质程度。玄武岩枕、分布于玄武岩枕间的红色硅质岩、泥岩和砂岩形成 23 个断夹块，每个断夹块厚约 100m，其顶、底部分别以顶板逆冲断层和底板逆冲断层为边界（图13-2）。一些硅质岩层中发育以剪切面为包络面的等斜褶皱（等斜褶皱在现代大洋沉积序列中也较常见），剪切面上有细粒剪切物质的分布。也有许多剪切面观察不到剪切作用痕迹，是因为俯冲至海沟的物质被冷水浸泡形成的饱水沉积物发生逆冲，一般很难见到相应的剪切构造特征。未变形玄武岩枕为洋中脊–海沟洋板块地层的特有的组成单元。枕状熔岩的最大厚度通常可达 100m，上覆约 20m 厚富含海绿石的砂岩和砾岩；一些枕状熔岩上覆 40m 厚的枕状角砾岩、40m 厚的远洋碳酸岩盐及 50m 厚的砂岩；还有的枕状玄武岩上覆 2m 厚的灰色灰岩和 5m 的粉色含菱锰矿灰岩和远洋灰泥。

总的来说，从近洋中脊的无泡熔岩喷发，到远离大陆的远洋硅质岩和灰岩沉积，至海沟边缘的半远洋泥岩，最终到离大陆很近的海沟浊积岩（主要为饱水长石–石英砂岩和砾岩），洋板块地层组成的变化反映了其所处环境的不同（图13-4）（Maruyama et al.，2010）。兰迪温岛洋中脊–海沟洋板块地层与日本著名的犬山河剖面二叠纪—三叠纪岩石层具有相似性（Matsuda and Isozaki，1991）。日本犬山河剖面洋板块地层的分布与根据洋中脊–海沟旅行历史所计算出的位置一致。兰迪温岛上的复式构造的极性表明，俯冲方向向东，俯冲位置可能位于威尔士西北部斯诺多尼亚阿丰群（Arfon Group）弧形熔岩和深成岩体之下。兰迪温岛洋板块地层平衡剖面恢复结果表明，因逆冲叠瓦作用，洋板块地层横向缩短了约 8km［图13-4（B）］（Maruyama et al.，2010）。兰迪温岛 300m 厚的增生杂岩则记录了俯冲大洋岩石圈>7800 m 的旅行历史，二者基本吻合，与太平洋板块俯冲速率和增生到陆上的复合体总量一致（Kimura and Hori，1993；Osozawa，1994；Kimura et al.，1996）。

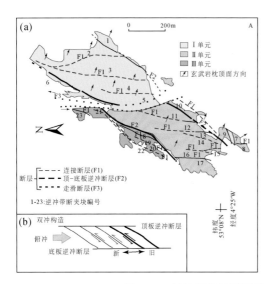
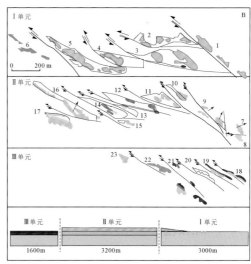

图 13-4 兰迪温岛地质图及 23 个断夹块的平衡剖面恢复

（A）兰迪温岛地质图，显示 23 个断夹块冲断构造特征，包括Ⅰ、Ⅱ和Ⅲ三个单元及顶、底板逆冲断层和连接断层。内插图（b）为复式冲断构造的成因机理示意。（B）A 图中 23 个断夹块的平衡剖面恢复，解释了
Ⅰ、Ⅱ和Ⅲ三个单元的生长历史。底部是兰迪温岛加纳群洋板块地层原始组成（Maruyama et al.，2010）

13.1.3 经历俯冲的高压蓝片岩相

在安格尔西岛呈近水平出露的蓝片岩厚达几公里，可划分为三个变质带（Kawai et al.，2007）。第一变质带为绿泥石-绿帘石组合，第二变质带为铝铁闪石-绿泥石-绿帘石组合，第三变质带以蓝闪石-绿帘石-绿泥石片岩组合为主。第一和第二变质带之间以铝铁闪石等变线相隔；第二和第三变质带之间以蓝闪石等变线相隔。安格尔西岛和利恩半岛的高压相洋板块地层因逆冲作用形成等斜背斜，顶部与上覆加纳群之间以伸展拆离断层接触，底部与下伏重力滑动沉积型洋板块地层之间以逆冲断层接触（图 13-5）。该背斜推覆体为典型的挤压增生楔体被剥露后的高压岩石，这也是将其定义为古俯冲带的证据（Agard et al.，2009）。安格尔西岛蓝片岩中铝铁闪石的 $^{40}Ar/^{39}Ar$ 年龄为 560～550Ma，为蓝片岩的变质年龄。

第三变质带含有许多厚达 1km 的变玄武质蓝闪石片岩，蓝闪石片岩西侧有厚达 30m 的白色石英岩、石英片岩以及数十米厚的石灰岩，这些岩石均以透镜体或岩块形式赋存在区域性分布的云母片岩和绿泥石片岩基质中。虽然迄今尚不明确石英岩是远洋硅质岩变质成因还是由弧硅质岩浆成因，但其一致的构造层序特征则可能代表岩石最初的倾向（其上部向西延伸）。云母片岩和绿泥石片岩基质的原岩可能由来自附近火山弧的镁铁质火山碎屑和泥质沉积物经历增生变质而形成。

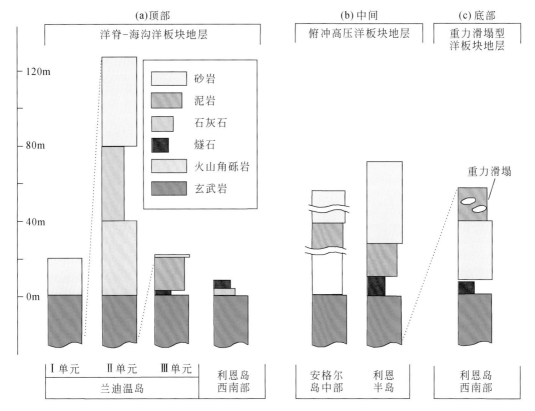

图 13-5　三种类型洋板块地层岩性柱（Maruyama et al.，2010）

（a）洋中脊–海沟洋板块地层，兰迪温岛和利恩半岛西南部加纳群为该类型；（b）俯冲高压洋板块地层，玄武岩已变质为镁铁质蓝片岩，见于安格尔岛中部和利恩半岛西北海岸；（c）重力滑塌型洋板块地层，上覆于洋中脊–海沟洋板块地层，见于利恩半岛西南部

13.1.4　重力滑塌型洋板块地层

重力滑塌型洋板块地层位于利恩半岛西南部，厚度约20m，由大量未变质或弱变质的白色石英岩、红色硅质岩、白云质灰岩和玄武质绿片岩透镜体及黑色铁镁质泥岩基质组成。大多数透镜体长5~30cm，一些透镜体长约6m，极个别透镜体长达25m（Maruyama et al.，2010）。重力滑塌型角砾岩由上盘物质滑塌至海沟形成，与海沟碎屑重力流形成混合沉积（Kawai et al.，2007）。重力滑塌沉积层上部以糜棱岩化逆冲断层为界，下伏为连绵不断的洋中脊–海沟洋板块地层（图13-5）。

13.1.5　安格尔西岛新元古代洋板块地层演化阶段

安格尔西岛和利恩半岛的太平洋增生型造山运动是英国新元古代晚期和中寒武

纪构造演化的重要组成部分。对加纳群洋板块地层序列及演化阶段的分析有助于揭示利恩半岛新元古代增生杂岩的太平洋型俯冲造山成因。安格尔西岛加纳群洋板块地层的俯冲造山过程分为俯冲增生复合体形成、同步钙碱性岩浆侵入体和高压变质带剥露三个主要阶段。

第一阶段（710~680Ma）为太平洋型俯冲造山运动的启动阶段。最古老的长英质深成岩侵位形成斯坦纳汉特杂岩体，其环斑花岗岩的结晶年龄为 711±2Ma，莫尔文山花岗闪长岩的结晶年龄为 677±2Ma，具有典型的钙碱性化学特征（Tucker and Pharaoh，1991）。太平洋俯冲造山运动在 710~680Ma 开始发生 [图 13-6（a）]。

第二阶段（620~600Ma）为加纳群俯冲增生杂岩形成阶段。约600Ma 在阿瓦隆大陆边缘形成俯冲增生洋板块地层。加纳群增生的同时，大洋板块俯冲在阿瓦隆克拉通东部上地壳形成大陆边缘钙碱性岩浆带（Kawai et al.，2007）。钙碱性带中科达纳（Coedana）花岗岩的结晶年龄为 613±4Ma；斯诺多尼亚阿丰群的结晶年龄为 614±2Ma；莱恩半岛萨恩（Sarn）弧前闪长岩的年龄为 615±2Ma；薄壳（Chadecote）弧前闪长岩的结晶年龄为 603±2Ma；向东奥顿（Orton）弧后火山凝灰岩的结晶年龄为 612±21Ma；格林顿（Glinton）弧后火山凝灰岩的结晶年龄为 616±6Ma（Tucker and Pharaoh，1991；Gibbons and Horák，1996；Compston et al.，2002）。加纳群增生杂岩和深成岩形成于太平洋型俯冲带的科迪勒拉型造山带 [图 13-6（b）]。

第三阶段（575~500Ma）为加纳群持续增生和蓝片岩剥露阶段。蓝片岩是通过楔形挤压进而剥露的，蓝片岩单元顶部伸展和底部逆冲断层构造特征有利于深部高压体的挤出剥露。蓝片岩的原岩可能为大洋玄武岩。蓝片岩中阳起石的 $^{40}Ar/^{39}Ar$ 年龄为590~580Ma，为大洋玄武岩结晶形成年龄；多硅白云母的 $^{40}Ar/^{39}Ar$ 年龄为 560~550Ma，可作为蓝片岩的峰值变质年龄（Dallmeyer and Gibbons，1987）。在英格兰和威尔士地区还有同期喷发的长英质火成岩，包括阿丰群弧前火山喷发凝灰岩（572±1Ma）、卡尔菲湾（Caerfay Bay）火山灰（519±1Ma）、龙民德统（Longmyndian）凝灰岩（556±4Ma）、查恩伍德（Charnwood）凝灰岩（559±2Ma）、厄卡尔（Ercall）花岗斑岩（560±1Ma）、乌里康群（Uriconian）流纹岩（566±2Ma）、沃伦庄园（Warren House）流纹质凝灰岩（566±2Ma）等 [图 13-6（c）]（Tucker and Pharaoh，1991；Landing et al.，1998；Compston et al.，2002）。利恩半岛东南部奥陶系沉积后，加纳群被高角度断裂切割并终止发育。

对古洋板块地层的研究还可以提供古冰川重要且独特的信息。当前对冰川地层和构造特征的认识及新元古代"雪球地球"历史的重建证据主要来自陆地和大陆边缘的冰碛岩，很少有来自大陆斜坡盆地中的坠石。如果存在类似全球冰期时的"雪球地球"，大部分深海区会被冰或冰山覆盖，在洋中脊深水沉积物中会常出现冰筏搬运的坠石。但迄今未见有大洋中沉积物的坠石报告。理论上讲，浮石应该沉积在

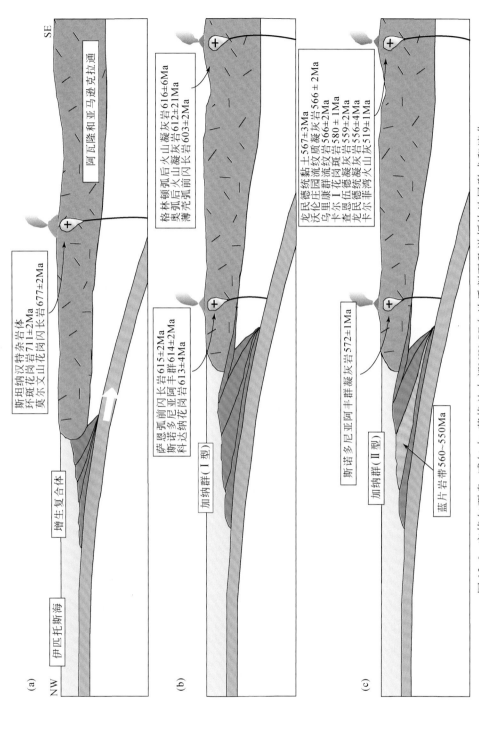

图 13-6 安格尔西岛–威尔士–英格兰中部 NW-SE 向地质剖面及洋板块地层形成和演化

(a)斯坦纳汉特杂岩和莫尔文火山的小规模岩浆活动代表起始俯冲时间（710～680Ma），亚马孙克拉通位于阿瓦隆克拉通之后；(b)阿瓦隆克拉通西部安格尔西岛利恩岛半岛利恩岛大规模喷发活动和增生复合体形成的关键形成阶段（620～600Ma），形成 I 型增生杂岩——加纳群；(c)弧岩浆作用持续，II 型增生杂岩相变质带在 550Ma 左右发生剥露

远洋硅质岩和泥岩中。如果我们能在增生型洋板块地层中识别出含坠石的深海沉积物，就可能有机会找到深海和大洋中的冰川碎片。兰迪温岛红色硅质岩上覆1m厚半远洋镁铁质泥岩中可见砂岩、硅质岩和玄武岩等外来岩块（来自阿瓦隆大陆和弧物质）。有学者认为这些外来岩块为大洋冰川坠石，根据高纬度到低纬度地区的古地磁数据，估算坠石的沉积年龄为595～550Ma。坠石的沉积年龄与580Ma的Gaskiers冰期一致（Trindada and Macouin，2007）。实际上，兰迪温岛所谓的大洋坠石为陆源浊积岩，其年龄与爱尔兰和苏格兰590～570Ma陆源混杂沉积年龄接近（Condon and Prave，2000）。

13.2　澳大利亚皮尔巴拉洋板块地层

在澳大利亚西北部，3.53～2.83Ga皮尔巴拉克拉通包含了几个保存完好、变形弱、变质程度低的早太古代绿岩带（van Kranendonk et al.，2007）。皮尔巴拉克拉通可分为东西两个地块。

13.2.1　西皮尔巴拉洋板块地层

西皮尔巴拉地块出露若干绿岩带，最著名的是位于澳大利亚西北海岸带年龄3.3～3.2Ga，厚3.5km的克里夫维尔群绿岩（图13-7）。克里夫维尔群，即克里夫维尔群绿岩带由玄武质绿岩、枕状熔岩、角砾岩、玄武碎屑岩、层状硅质岩、条带状含铁建造、铁质或硅质泥岩及角砾岩-砂岩-泥岩浊流沉积组成（Kato et al.，1998）。克里夫维尔群绿岩带受逆冲构造作用形成增生洋板块地层特征的双冲构造（图13-7）。绿岩带的玄武岩为低钾拉斑玄武岩，向下变质程度增强，FeO含量较高，与现代大洋中脊玄武岩较为相似（Ohta et al.，1996）。克里夫维尔群绿岩带上部碎屑沉积中含有显著的陆源碎屑物质，沉积岩稀土元素特征与洋中脊附近现代热液沉积相似，随着沉积岩REE（稀土元素）含量和LREE/HREE的增加，Eu异常减小。沉积岩物源由近热液向远热液变化，并最终演变为陆源，此乃洋中脊-海沟区域沉积岩物源变化的典型特征。

迪克森岛的克里夫维尔群由枕状玄武岩、流纹岩、火山碎屑角砾岩、长英质凝灰岩、流纹质凝灰岩、白色石英岩脉、黑色硅质岩及陆源碎屑沉积组成。其中，枕状玄武岩呈叠瓦状排列，被辉绿岩墙和岩床侵入；流纹岩出露厚度可达900m；厚约150m的流纹质凝灰岩被宽2m的黑色热液硅质岩脉切割；黑色硅质岩呈层状，厚度可达100m；陆源碎屑沉积与下伏远洋黑色硅质岩呈不整合接触。

西皮尔巴拉地块出露的克里夫维尔群，其岩石地层学和地球化学特征与日本伊

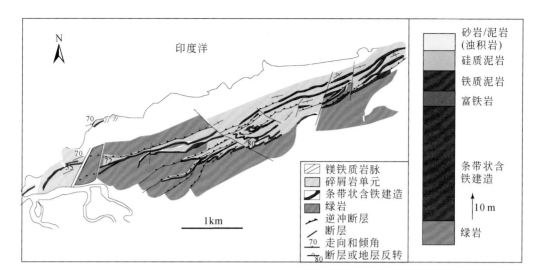

图 13-7　澳大利亚西北地区西皮尔布拉地块克里夫维尔群绿岩带地质图
及洋板块地层柱（Kato et al.，1998）

豆-小笠原现代不成熟岛弧相似；其洋板块地层构成与太平洋型俯冲造山带大洋板块模式一致（Krapez and Eisenlohr，1998）。

13.2.2　东皮尔巴拉洋板块地层

东皮尔巴拉地块包含 4 个环绕花岗岩穹隆分布的年龄为 3.16～3.53Ga 的绿岩带——瓦拉沃纳群。瓦拉沃纳群主要由厚 12km 的镁铁质熔岩组成，但其成因也一直存在一些争议（van Kranendonk et al.，2007）。

瓦拉沃纳群下部在北极点（North Pole）地区出露良好，由约 6km 厚的枕状玄武质绿岩、偶尔出露的科马提岩、层状凝灰质硅质岩（厚度>30m）、局部侵入的长英质火山岩及最上部砂砾岩等地层组成（图 13-8）。

瓦拉沃纳群划分为 5 个单元，总体自上而下年龄变新，每个单元上部均被层状硅质岩覆盖，单元间被平行层面的冲断层和结构清晰的小型双冲构造分割。瓦拉沃纳群下部第一、第二单元为大洋中脊型热液变质玄武质绿岩，被 2000 多个厚 10m、长 1km 白色硅质岩-重晶石脉体和黑色硅质岩脉体切割。黑色硅质岩脉的宽度和丰度向上增加，并最终形成含重晶石燧石层盖层。硅质岩脉实际上为热液流体已石化的运动路径（Kitajima et al.，2001）。绿岩带的变质程度向下增强，由葡萄石-绿纤石相过渡到绿片岩相，与现代海底的变质程度相似（Terabayashi et al.，2003）。第三、第四单元及上覆第五单元二长闪长岩中的锆石年龄自上而下均变年轻。瓦拉沃纳群岩石组成和年龄特征与现代环太平洋增生带洋板块地层相似，表明是由洋中

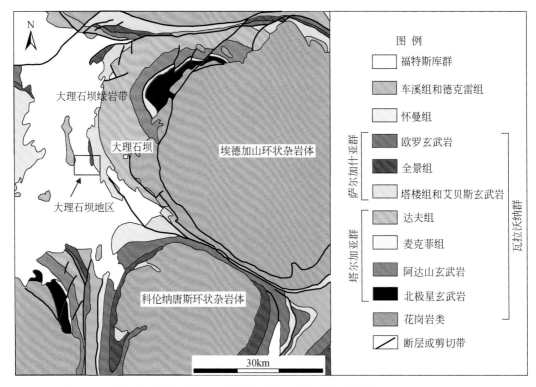

图 13-8　澳大利亚西北地区东皮尔巴拉地块大理石坝地区地质（Kato et al.，1998）

大理石坝地区瓦拉沃纳群绿石带环绕埃德加山花岗岩体分布

脊–海沟过渡区因俯冲增生造成水平缩短和叠瓦状增生而成的洋板块地层。

　　位于北极点地区以东 50km 的大理石坝地区瓦拉沃纳群绿岩带的岩石地球化学分析结果也进一步表明其具有洋板块地层的特征属性（Kato and Nakamura，2003）（图 13-9）。大理石坝地区瓦拉沃纳群硅质岩和上覆碎屑岩的年龄在 3363～3454Ma。1km 厚的枕状及块状玄武岩除了因海底热液碳酸化引起的高 CO_2 含量外，还具有富 Fe、低 K 的大洋中脊拉斑玄武岩的地球化学特征。玄武岩上部 500m 处被 5～30m 厚度不等的黑色硅质岩–重晶石岩脉交错切割。零星出露的枕状和块状的科马提质玄武岩大都也已硅化。硅质和重晶石岩脉为海底热液向大洋硅质沉积输送物源的通道，一直延伸切割至玄武岩上覆地层——层状硅质岩的底部，但并未侵入到硅质岩层内。杂色层状硅质岩厚度大于 45m，是叠层石受热液影响发生硅化形成，硅质和重晶石脉为热液流经的路径。层状硅质层上覆低温热液成因的海绿石火山碎屑硅质岩。火山碎屑岩中 Zr、Nb、Hf、Th 富集，Th/Sc 和（La/Yb）$_N$ 比值较高，表明沉积位置接近大陆边缘。由于这些硅质碧玉岩富含不相容微量元素，Bolhar 等（2005）认为其是由大陆火山灰在浅海沉降而成的。硅质岩上覆泥岩、砂岩、泥岩互层和砾岩等碎屑沉积，为大陆边缘海沟内的浊积岩（图 13-9）（Kato and Nakamura，2003）。澳大利亚东皮尔巴拉地块大理石坝早太古代玄武岩–硅质岩–碎屑岩序列与日本二叠

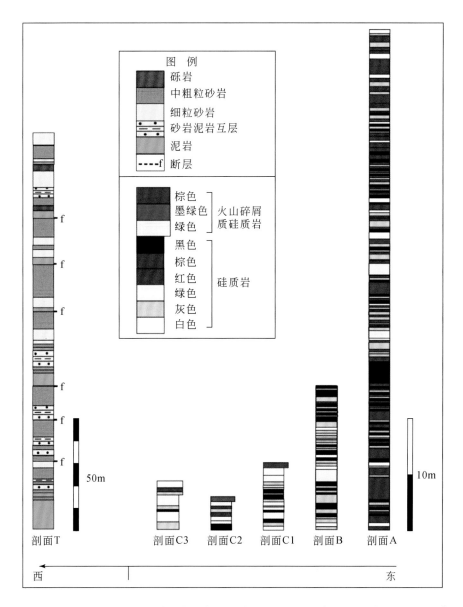

图 13-9　澳大利亚西北地区东皮尔巴拉地块大理石坝地区瓦拉沃纳群洋板块地层重建

自东向西，剖面 A 底部为杂色硅质岩，向上到剖面 B 演变为杂色的火山碎屑岩，再向上至剖面
C1、C2、C3 为硅质泥岩、泥岩与砂岩互层，西部剖面 T 最上部为粗砂岩和砾岩；f 指断层

纪—三叠纪洋板块地层在岩石组成和地球化学特征方面具有高度的相似性。这一认识将为早太古代洋板块地层的沉积环境从高热流洋中脊扩张区经过热点向低热流海沟陆源碎屑沉积区转变过程提供有力支持（Matsuda and Isozaki，1991；Kato er al.，2002）。因此也可以认为，皮尔巴拉地块早太古代（3.46Ga）大陆裂陷、大洋扩张和洋壳俯冲引起的洋中脊–海沟转换等板块水平构造运动特征与显生宙的板块构造运动并没有本质区别。

澳大利亚西北地区皮尔巴拉绿岩带包含了完整的玄武岩–硅质岩–碎屑岩序列，用洋中脊–海沟板块构造运动来解释其洋板块地层成因十分令人信服。但也有学者对皮尔巴拉绿岩带的成因持不同观点，认为是由若干巨大地幔柱喷发至大陆基底（Green et al., 2000）或火山弧之上（Barley, 1993）形成的厚 12km 的连续的熔岩堆（van Kranendonk et al., 2007），或者具有大洋高原玄武岩成因。Blewett（2002）从大理石坝及整个皮尔巴拉克拉通地区绿岩带的结构说明板块相互作用是导致洋板块地层的水平缩短的原因。皮尔巴拉洋板块地层为早期地球板块构造运动提供了明确的判断依据，而这一特征和结论为早期太古宙板块运动样式研究提供了参考样板。

13.3　洋板块地层随时间的变化

从增生造山带洋板块地层保存的岩石记录看，在地球的演化进程中，大洋扩张、海洋沉积、俯冲及增生的过程并没有显著变化。不同年代洋板块地层的主要物质组成和岩石类型相似，以多重断裂为边界的构造透镜体和逆冲断层为边界的地体的构造特征相同。所有可以确定增生年龄的洋板块地层实例研究表明，增生年龄向着古海沟方向总体变年轻（如弗朗西斯科杂岩），但增生洋板块地层的年龄会有较大变化，这取决于俯冲脊是在近海沟处还是在远离海沟处发生俯冲。

随着时间的推移，年轻造山带大洋板块性质和洋板块地层组成与古老造山带相比，可能会发生一些变化，具体包括：

1）显生宙以大陆边缘弧、弧–陆碰撞和超大陆旋回记录为主；太古宙主要由许多弧和微陆块组成，大型板块较少。

2）显生宙增生造山带洋板块地层普遍发育有蛇绿岩片；太古代造山带洋板块地层极少有蛇绿岩发育，这可能是因为太古代洋壳比显生宙的洋壳厚，更容易发生拆离，与前寒武纪造山带和洋板块地层伴生发育的是高度破碎的玄武岩、辉绿岩和超镁铁质岩构造岩片。

3）很多年轻洋板块地层尚未经历超大陆裂解–碰撞旋回；相比之下，古造山带都经历了后期的超大陆碰撞旋回，代表了造山演化的成熟阶段。

4）显生宙以来深海沉积以含放射虫的深海软泥沉积为主；前寒武纪深海沉积也含有放射虫硅质软泥沉积，但这些岩石是由热液喷发和交代作用而非沉积作用形成的。

5）显生宙以来沉积在海山和洋中脊 CCD 界面之上的多为含钙质介壳碳酸盐岩；前寒武纪碳酸盐岩沉积则与沿剪切带渗透的富 $CaCO_3$ 流体有关。

6）年轻的洋板块地层通常有较厚的陆源碎屑岩杂砂岩和角砾岩沉积被俯冲到海沟；老的洋板块地层则通常由薄层远洋沉积物，包括热液成因硅质岩、黑色页岩和镁铁质沉积等构成。也有一些太古代洋板块地层发育厚层杂砂岩和页岩、复理石序列（如斯拉维省），但这些序列通常为稍后期的微大陆和弧的碰撞产物，真正代表太古代洋板块地层的沉积产物中陆源碎屑杂砂岩确实较少发育（Eriksson et al.，2012）。

7）科马提岩仅出现在前寒武纪残留洋壳中，表明前寒武纪的地幔温度略高，尤其是太古代洋壳温度会更高一些；显生宙增生造山带洋板块地层中没有科马提岩。

大部分太古代洋板块地层由俯冲洋壳碎片、保存完好的厚层枕状玄武岩、辉绿岩和辉长岩的复合体组成，表明太古代局部熔融显著，熔融量大大超过洋壳扩张速率，因而没有形成席状岩墙群（Robinson P et al.，2008）。尽管某些岩石类型（如科马提岩、条带状含铁岩组合）的丰度不同，但太古代和后太古代造山带的火山岩与中洋中脊玄武岩、大洋岛弧玄武岩、大洋岛玄武岩、俯冲上叠型玻古安山岩和橄榄岩、大洋高原玄武岩，在地球动力学上均具有相似性。

随着古老超大陆重建工作的不断进展，对元古代甚至太古代造山带的长度和规模进行计算已逐渐成为可能。目前还没有理由怀疑前寒武纪与显生宙的洋板块地层序列的长度有显著差异，许多前寒武纪造山带与显生宙造山带洋板块地层厚度较为接近，表明前寒武纪俯冲、增生的持续时间和年轻造山带洋板块地层的俯冲、增生时间没有太大差异。各阶段造山带洋板块地层数据表明海底扩张至少从 3.8Ga 就已经启动。前寒武纪俯冲深度是否较浅、俯冲时间是否较短暂还不得而知（Condie et al.，2006）；地球演化早期是否存在长生俯冲系统，其俯冲板片是否可达深地幔（>670km或 D″层）也有待进一步研究（Stern，2007）。

参 考 文 献

蔡雄飞. 2006. 试论造山带层序地层的类型、特点和控制因素：以东昆仑三叠系为例. 地层学杂志，30（2）：131-135.

蔡雄飞，刘德民. 2005. 造山带古海洋恢复的思路和研究方法. 海洋地质动态，21（7）：33-36.

岑仲勉. 1957. 黄河变迁史. 北京：人民出版社.

池顺良，钟荣融，骆鸣津，等. 1996. 大地构造和海陆起源的内波假说（Ⅲ）：内波动力机制及能源分析. 地壳变形与地震，16（3）：72-88.

杜涛，吴巍，方欣华. 2001. 海洋内波的产生与分布. 海洋科学，25（4）：25-28.

杜远生，颜佳新，韩欣. 1995. 造山带沉积地质学研究的新进展. 地质科技情报，14（1）：29-34.

段太忠，郭建华，高振中，等. 1990. 华南古大陆边缘湘北九溪下奥陶统碳酸盐岩等深流岩丘. 地质学报，62（2）：131-143.

范嘉松，张维. 1985. 生物礁的基本概念、分类及识别特征. 岩石学报，1（3）：45-49.

冯庆来，叶玫. 2000. 造山带区域地层学研究的理论、方法和实例剖析. 武汉：中国地质大学出版社，1-94.

冯有良，何立琨，郑和荣，等. 1990. 山东牛庄地区沙三段前三角洲斜坡重力流沉积. 石油与天然气地质，11（3）：313-319.

冯增昭，李尚武，杨玉卿，等. 1997. 从岩相古地理论中国南方二叠系油气潜景. 石油学报，18（1）：10-17.

高振中，Eriksson K A. 1993. 美国阿巴拉契亚山脉芬卡苏地区奥陶纪海底水道中的内潮汐沉积. 沉积学报，11（1）：12-22.

高振中，罗顺社，何幼斌，等. 1995. 鄂尔多斯地区西缘中奥陶世等深流沉积. 沉积学报，13（4）：16-25.

耿秀山，李善为，徐孝涛，等. 1983. 渤海海底地貌类型及区域地质特征. 海洋与湖沼，14（2）：129.

郭成贤. 2000. 我国深水异地沉积研究三十年. 古地理学报，2（1）：1-10.

何镜宇，孟祥化. 1987. 沉积岩和沉积相模式及建造. 北京：地质出版社，341-343.

何起祥，李绍全，周永清，等. 2006. 中国海洋沉积地质学. 北京：海洋出版社.

何幼斌，高振中，李建明，等. 1998. 浙江桐庐地区晚奥陶世内潮汐沉积. 沉积学报，16（1）：1-7.

何幼斌，罗顺社，高振中. 2004. 内波和内潮汐沉积研究现状与进展. 江汉石油学院学报，26（1）：5-10.

何幼斌，高振中，段太忠. 2013. 重力流与深水牵引流沉积//冯增昭. 中国沉积学. 北京：石油工业出版社：975-1034.

胡敦欣，韩舞鹰，章申. 2001. 长江珠江口及邻近海域陆海相互作用. 北京：海洋出版社.

黄恩清, 田军. 2018. 水文循环和季风演变//中国大洋发现计划办公室, 海洋地质国家重点实验室 (同济大学). 大洋钻探五十年. 上海: 同济大学出版社, 99-111.

黄海军, 李凡, 庞家珍. 2005. 黄河三角洲与渤、黄海陆海相互作用研究. 北京: 海洋出版社.

翦知湣, 金海燕. 2008. 大洋碳循环与气候演变的热带驱动. 地球科学进展, 23: 221-227.

姜在兴, 赵澄林, 熊继辉. 1989. 皖中下志留统的等深积岩及其地质意义. 科学通报, 34 (20): 1575-1576.

李从先. 1981. 三角洲沉积速率及地质意义. 海洋科学, 3: 30-33.

李从先, 王靖泰, 李萍. 1979. 长江三角洲沉积相的初步研究. 同济大学学报 (海洋地质版), 2: 1-4.

李广雪. 1987. 现代黄河水下三角洲的地貌特征及演化. 海洋地质与第四纪地质, 12: 50-68.

李建明, 何幼斌, 高振中, 等. 2005. 湖南仙桃半边山前寒武纪内潮汐沉积及其共生沉积特征. 石油天然气学报, 27 (5): 545-547.

李文厚, 周立发, 付俊辉, 等. 1997. 库车坳陷上三叠统的浊流沉积及石油地质意义. 沉积学报, 15 (1): 20-24.

李向东, 何幼斌, 王丹, 等. 2009. 贺兰山以南中奥陶统香山群徐家圈组古水流分析. 地质论评, 55 (5): 653-662.

林辉, 闾国平, 宋志尧. 2000. 东中国海潮波系统与海洋演变模拟研究. 北京: 科学出版社.

刘宝珺. 1980. 沉积岩石学. 北京: 地质出版社.

刘宝珺, 余光明, 王成善. 1982. 珠穆朗玛峰地区侏罗系等深积岩沉积及其特征. 成都地质学院学报, 1 (1): 1-6.

龙云作, 霍春兰, 马道修. 1997. 珠江三角洲沉积地质学//业治铮. 中国三角洲沉积地质丛书. 北京: 地质出版社.

庞家珍, 司书亭. 1980. 黄河口演变 Ⅱ: 河口水文特征及泥沙淤积分布. 海洋与湖沼, 11 (4): 295-305.

丘东洲. 1984. 柯克亚油田帕卡布拉克组四、五段浊流沉积. 石油与天然气地质, (1): 55-59.

任美锷. 2006. 黄河的输沙量: 过去现在和将来——距今15万年以来的黄河泥沙收支表. 地球科学进展, 216: 551-563.

任于灿. 1992. 现代黄河三角洲海岸的演化. 海洋地质与第四纪地质, 7: 81-89.

汪品先, 田军, 黄恩清. 2018. 全球季风与大洋钻探. 中国科学 (地球科学), 48: 960-963.

王颖. 1996. 海洋地理. 北京: 科学出版社.

王颖. 2001. 黄海陆架辐射沙脊群. 北京: 中国环境科学出版社.

吴根耀. 2003. 初论造山带古地理学. 地层学杂志, 27 (2): 81-98.

吴浩若. 1992. 构造地层学. 地球科学进展, 7 (2): 75.

吴熙纯, 张亮鉴. 1982. 四川盆地北部晚三叠世卡尼期的海绵斑块礁. 地质科学, 4: 379-385.

薛良清, Galloway W E. 1991. 扇三角洲、辫状河三角洲与三角洲体系的分类. 地质学报, 2: 141-153.

杨长恕. 1985. 弶港辐射潮流沙脊成因探讨. 海洋地质与第四纪地质, 5 (4): 1-19.

杨殿荣. 1986. 海洋学. 北京: 高等教育出版社, 215-217.

杨树珍. 1994. 我国内波研究取得新进展. 海洋信息, 6: 3-4.

杨子赓. 1985. 南黄海陆架晚更新世以来的沉积环境. 海洋地质与第四纪地质, 5 (4): 1-19.

业治铮, 何起祥, 张明书, 等. 1985. 中国西沙石岛晚更新世风成砂屑灰岩的沉积构造和相模式. 沉积学报, 3 (1): 1-5.

于兴河. 2002. 碎屑岩系油气储层沉积学. 北京: 石油工业出版社.

曾鼎乾. 1988. 中国各地质时期生物礁. 北京: 石油工业出版社, 1-91.

张东生, 张君伦. 1996. 黄海海底辐射沙洲区的 M_2 潮波. 河海大学学报, 24 (5): 35-40.

张家诚. 1986. 地学基本数据手册. 北京: 海洋出版社.

张克信, 冯庆来, 宋博文. 2014. 造山带非史密斯地层. 地学前缘, 21 (2): 36-47.

张克信, 李仰春, 王丽君. 2020. 造山带混杂岩及相关术语. 地质通报, 39 (6): 765-782.

张明书, 何起祥, 业治铮, 等. 1989. 西沙生物礁碳酸盐沉积地质学研究. 北京: 科学出版社.

张明书, 陈民本, 刘守全, 等. 2000. 中国海岸带第四纪地质. 台北: 台湾海洋科学研究中心.

张越, 徐学义, 陈隽璐. 2012. 阿尔泰地区玛因鄂博蛇绿岩的地质特征及其 LA-ICP-MS 锆石 U-Pb 年龄. 地质通报, 31 (6): 834-842.

赵澄林, 朱筱敏. 2001. 沉积岩石学 (第3版). 北京: 石油工业出版社.

赵松龄. 1995. 陆架沙漠化. 北京: 科学出版社.

赵玉龙, 刘志飞. 2018. 暖室期极端气候//中国大洋发现计划办公室, 海洋地质国家重点实验室 (同济大学). 大洋钻探50年. 上海: 同济大学出版社, 84-98.

朱大奎, 安芷生. 1993. 江苏岸外辐射沙洲的形成演变//包浩生. 任美锷教授八十华诞地理论文集. 南京: 南京大学出版社, 142-147.

朱筱敏. 2008. 沉积岩石学. 北京: 石油工业出版社.

朱筱敏, 熊继辉, 刘泽荣, 等. 1991. 东濮凹陷轴向重力流水道沉积研究. 石油大学学报: 自然科学版, 15 (5): 1-10.

Aagaard T, Davidson-Arnott R, Greenwood B, et al. 2004. Sediment supply from shoreface to dunes: Linking sediment transport measurements and long-term morphological evolution. Geomorphology, 60: 205-224.

Agard P, Yamato P, Jolivet L, et al. 2009. Exhumation of ocean blueschists and eclogites in subduction zones: Timing and mechanisms. Earth-Science Reviews, 92: 53-79.

Amos C L. 1995. Siliclastic tidal flats//Perillo G M E. Geomorphology and Sedimentology of Estuaries. Developments in Sedimentology. Amsterdam: Elsevier.

Ando A, Kaiho K, Kawahata H, et al. 2008. Timing and magnitude of early Aptian extreme warming: Unraveling primary ^{18}O variation in indurated pelagic carbonates at Deep Sea Drilling Project Site 463, central Pacific Ocean. Palaeogeography Palaeoclimatology Palaeoecology, 260: 563-476.

Anthony E J, Blivi A B. 1999. Morphosedimentary evolution of a delta-sourced, drift-aligned sand barrier-lagoon complex, western Bight of Benin. Marine Geology, 158: 161-176.

Armishaw J E, Holmes R W, Stow D A V. 2000. The Barra Fan: A bottom-current reworked, glacially-fed submarine fan system. Marine Geology, 17: 219-238.

Arthur M A, Jenkyns H C, Brumsack H J, et al. 1990. Stratigraphy, geochemistry, and palaeoceanography of organic carbon-rich Cretaceous sequences//Ginsburg R N, Beaudoin B. Cretaceous Resources, Events, and Rhythms. Dordrecht: Kluwer, 75-119.

Asanuma H, Okada Y, Fujisaki W, et al. 2014. Reconstruction of ocean plate stratigraphy in the Gwna

Group，NW Wales：Implications for the subduction-accretion process of a latest Proterozoic trench-forearc. Tectonophysics，662：195-207.

Ashton A D，Giosan L. 2011. Wave-angle control of delta evolution. Geophysical Research Letters，38：L13405.

Atwater T，Stock J. 1998. Pacific-North American plate tectonics of the Neogene south western United States：An update. International Geology Review，40：375-402.

Babonneau N，Savoye B，Cremer M，et al. 2002. Morphology and architecture of the present canyon and channel system of the Zaire deep-sea fan. Marine and Petroleum Geology，17：445-467.

Bagnold R A. 1962. Auto-suspension of transported sediment：Turbidity currents. Proceedings of the Royal Society London（A），265：315-319.

Barley M E. 1993. Volcanic，sedimentary and tectonostratigraphic environments of the 3. 46 Ga Warrawoon a mega-sequence：A review. Precambrian Research，60：47-67.

Bhattacharya J P，Giosan L. 2003. Wave-influenced deltas：Geomorphological implications for facies reconstruction. Sedimentology，50：187-210.

Bianchi T S，Allison M A. 2009. Large-river delta-front estuaries as natural 'recorders' of global environmental change. Proceedings of the National Academy of Science of the United States of America，106：8085-8092.

Bijl P K，Schouten S，Reichart G J，et al. 2009. Early Palaeogene temperature evolution of the southwest Pacific Ocean. Nature，461：776-779.

Bird E C F. 1990. Classification of European dune coasts//Bakker W，Jungerius P D，Klijn A. Dunes of the European Coasts：Geomorphology-Hydrology-Soils. Catena Supplement，18：15-24.

Blewett R S. 2002. Archaean tectonic processes：A case for horizontal shortening in the North Pilbara granite-green stone terrane，western Australia. Precambrian Research，113：87-120.

Bolhar R，van Kranendonk M J，Kamber B S. 2005. A trace element study of siderite-jasper banded iron formation in the 3. 45 Ga Warrawoona Group，Pilbara Craton—formation from hydrothermal fluids and shallow seawater. Precambrian Research，137：93-114.

Bornemann A，Norris R D，Friedrich O，et al. 2008. Isotopic evidence for glaciation during the Cretaceous greenhouse. Science，319：189-192.

Bouma A H. 1962. Sedimentology of some Flysch Deposits：A Graphic Approach to Facies Interpretation. Amsterdam：Elsevier.

Bowen A J，Normark W R，Piper D J W. 1984. Modelling of turbidity currents on Navy Submarine Fan，California Continental Borderland. Sedimentology，31：169-185.

Boyd R，Dalrymple R，Zaitlin B A. 1992. Classification of clastic coastal depositional environments. Sedimentary Geology，80：132-150.

Bradley D C. 2008. Passive margins through earth history. Earth-Science Reviews，91：1-26.

Bradley D C，Kusky T M，Haeussler P，et al. 1999. Geologic Map of the Seldovia Quadrangle，U. S. Geological Survey Open File Report 99-18，scale 1∶250，000，with marginal notes. http：//wrgis. wr. usgs. gov/open-file/of99-18［2021-12-05］．

Bradley D C, Kusky T M, Haeussler P, et al. 2003. Geologic signature of early ridge subduction in the accretionary wedge, forearc basin, and magmatic arc of south-central Alaska//Sisson V B, Roeske S, Pavlis T L. Geology of A Transpressional Orogen Developed During A Ridge-Trench Interaction Along the North Pacific Margin. Geological Society of America Special Paper, 371: 19-50.

Bristow C S, Mountney N P. 2013. Aeolian Land Scapes, Aeolian Stratigraphy. Treatise on Geomorphology. San Diego: Elsevier Academic Press, 11: 246-268.

Brumsack H J. 2006. The trace metal content of recent organic carbonate- rich sediments: Implications for Cretaceous black shale formation. Palaeogeography Palaeoclimatology Palaeoecology, 232: 344-361.

Cacchione D A, Rowe G T, Malahoff A. 1978. Submersible investigation of outer Hudson submarine canyon// Stanley D J, Kelling G. Sedimentation in Submarine Canyons, Fans, and Trenches, 42-50. Stroudsburg, PA: Dowden, Hutchinson & Ross.

Cameron W M, Pritchard D W. 1963. Estuaries//Hill M N. The Sea, Vol. 2. New York: Wiley, 306-324.

Carter R W G, Orford J D. 1984. Coarse clastic barrier beaches: A discussion of the distinctive dynamic and morphosedimentary characteristics. Marine Geology, 60: 377-389.

Catuneanu O, Abreu V, Bhattacharya J P. 2009. Towards the standardization of sequence stratigraphy. Earth-Science Reviews, 92: 1-33.

Cawood P, Kroner A, Collins W, et al. 2009. Earth accretionary orogens in space and time. Geological Society of London Special Publication, 318: 1-36.

Cheng H, Edwards R L, Sinha A, et al. 2016. The Asian monsoon over the past 640 000 years and ice age terminations. Nature, 534: 640-646.

Christiansen C, Dalsgaard K, Møller J T, et al. 1990. Coastal dunes in Denmark. Chronology in relation to sea level//Bakker W, Jungerius P D, Klijn A. Dunes of the European Coasts: Geomorphology- Hydrology- Soils. Catena Supplement 18: 61-70.

Clark J D, Pickering K T. 1996a. Architectural elements and growth patterns of submarine channels: Application to hydrocarbon exploration. American Association of Petroleum Geologists Bulletin, 80: 194-221.

Clark J D, Pickering K T. 1996b. Submarine Channels: Processes and Architecture. London: American Association of Petroleum Geologists, and Vallis Press, 232.

Clemens S C, Prell W L. 2003. A 350, 000 years summer- monsoon multi- proxy stack from the Owen Ridge, Northern Arabian Sea. Marine Geology, 201: 35-51.

Clemens S C, Holbourn A, Kubota Y, et al. 2018. Precession-band variance missing from east Asian monsoon runoff. Nature Communications, 9: 1-12.

Clift P D, Macleod C D, Tappin D R. 1998. Tectonic controls on sedimentation and diagenesis in the Tonga Trench and forearc, southwest Pacific. Geological Society of American Bulletin, 110: 483-496.

Cloos M. 1984. Flow mélange and structural evolution of accretionary wedges//Raymond L A. Mélanges: Their Nature, Origin, and Significance: Boulder, Colorado. Geological Society of America Special Paper, 198: 71-80.

Cloos M, Shreve R L. 1988. Subduction channel model of prism accretion, mélange formation, sediment subduction, and subduction erosion at convergent plate margins; part I, background and description. Pure and Applied Geophysics, 128: 455-500.

Compston W, Wright A E, Toghill P. 2002. Dating the Late Precambrian volcanicity of England and Wales. Journal of the Geological Society, 160 (2): 329-330.

Condie K C, Kröner A, Stern R J. 2006. When did plate tectonics begin on Earth? Theoretical and empirical constraints. GSA Today, 16: 23-24.

Condon D, Prave A R. 2000. Two from Donegal: Neoproterozoic glacial episodes on the northeast margin of Laurentia. Geology, 28: 951-954.

Cowell P J, Stive M J F, Niedoroda A W, et al. 2003a. The coastal-tract (Part 1): A conceptual approach to aggregated modeling of low-order coastal change. Journal of Coastal Research, 19: 812-827.

Cowell P J, Stive M J F, Niedoroda A W, et al. 2003b. The coastal tract (Part 2): Applications of aggregated modeling of low-order coastal change. Journal of Coastal Research, 19: 828-848.

Coxall H K, Wilson P A, Pälik H, et al. 2005. Rapid stepwise onset of Antarctic glaciation and deeper calcite compensation in the Pacific Ocean. Nature, 433: 53-57.

Curray J R, Emmel F J, Moore D G. 2003. The Bengal Fan: Morphology, geometry, stratigraphy, history and processes. Marine and Petroleum Geology, 19: 1191-1223.

Dade W B, Huppert H E. 1995. A box model for non-entraining, suspension-driven gravity surges on horizontal surfaces. Sedimentology, 42: 453-471.

Dallmeyer R D, Gibbons W. 1987. The age of blueschist metamorphism on Anglesey, North Wales: Evidence from $^{40}Ar/^{39}Ar$ mineral dates of the Penmynydd schists. Journal of the Geological Society, 144: 843-850.

Dalrymple R W, Choi K S. 2007. Morphologic and facies trends through the fluvial-marine transition in tide-dominated depositional systems: A systematic framework for environmental and sequence-stratigraphic interpretation. Earth Science Reviews, 81: 135-174.

Dalrymple R W, Zaitlin B A, Boyd R. 1992. Estuarine facies models: Conceptual basis and stratigraphic implications. Journal of Sedimentary Petrology, 62: 1130-1146.

Daly R A. 1936. Origin of submarine canyons. American Journal of Science, 31: 410-420.

Dang H, Jian Z, Kissel C, et al. 2015. Processional changes in the western equatorial Pacific hydroclimate: A 240 kyr marine record from the Halmahera Sea, East Indonesia. Geochemistry Geophysics Geosystems, 16: 148-164.

Davis R A Jr, Hayes M O. 1984. What is a wave-dominated coast? Marine Geology, 60: 313-329.

DeConto R M, Pollard P A. 2003. Rapid Cenozoic glaciation of Antarctica induced by declining atmospheric CO_2. Nature, 421: 245-249.

Dilek Y, Furnes H. 2011. Ophiolite genesis and global tectonics: Geochemical and tectonic fingerprinting of ancient oceanic lithosphere. Geological Society of America Bulletin, 123: 387-411.

Dominguez J M L, Bittencourt A C S P, Martin L. 1992. Controls on Quaternary coastal evolution of the east——northeastern coast of Brazil: Roles of sea-level history, trade winds and climate. Sedimentary Geology, 80: 213-232.

Doody J P. 2001. Coastal Conservation and Management: An Ecological Perspective. Dordrecht: Kluwer

Academic Publishers.

Duan T, Gao Z, Zeng T, et al. 1993. A fossil carbonate contourite drift on the Lower Ordovician palaeo-continental margin of the middle Yangtze Terrane, Jiuxi, Northern Hunan, southern China. Sedimentary Geology, 82: 271-284.

Dumitrescu M, Brassell S C, Schouten S, et al. 2006. Instability in tropical Pacific sea surface temperatures during the early Aptian. Geology, 34: 833-836.

Dumitru T A, Wakabayashi J, Wright J E, et al. 2010. Early Cretaceous (ca. 123Ma) transition from non-accretion to voluminous sediment accretion with in the Franciscan subduction complex. Tectonics, 29, TC5001. http://dx. doi. org/10. 1029/2009TC882542.

Duncan D F, Ioannis Georgiou I, Miner M. 2014. Estuaries and Tidal Inlets//Masselink G, Gehrels R. Coastal Environments and Global Change. New York: John Wiley & Sons, Ltd.

Dyer K R, Christie M C, Wright E W. 2000. The classification of intertidal mudflats. Continental Shelf Research, 20: 1039-1060.

Edmonds D A, Slingerland R L. 2007. Mechanics of river mouth bar formation: Implications for the morphodynamics of delta distributary networks. Journal of Geophysical Research, 112: F02034.

Edmonds D A, Slingerland R L. 2010. Significant effect of sediment cohesion on delta morphology. Nature Geoscience, 3: 105-109.

Emeis K C, Weissert H. 2009. Tethyan-Mediterranean organic carbon-rich sediments from Mesozoic black shales to sapropels. Sedimentology, 56: 247-266.

Emery K O, Uchupi E. 1984. The Geology of the Atlantic Ocean. New York: Springer-Verlag, 1050.

England T D J, Hiscott R N. 1992. Lithostratigraphy and deep-water setting of the upper Nanaimo Group (Upper Cretaceous), outer Gulf Islands of southwestern British Columbia. Canadian Journal of Earth Sciences, 29: 574-595.

Erbacher J, Huber B T, Norris R D. 2001. Increased thermohaline stratification as a possible cause for an ocean anoxic event in the Cretaceous period. Geology, 24: 499-502.

Eriksson A, Hiatt E E, Laflamme M, et al. 2012. Secular changes in sedimentation systems and sequence stratigraphy. Gondwana Research, 24: 468-489.

Ernst W G. 2011. Accretion of the Franciscan Complex attending Jurassic-Cretaceous geotectonic development of northern and central California. Geological Society of America Bulletin, 123: 1667-1678.

Ernst W G, Martens U, Valencia V. 2009. U-Pb ages of detrital zircons in Pacheco Pass metagraywackes: Sierran-Klamath source of mid-Cretaceous and Late Cretaceous Franciscan deposition and underplating. Tectonics, 28: TC6011.

Evans G. 2012. Deltas: the fertile dustbins of the world. Proceedings of the Geologists' Association, 123: 397-418.

Fairbridge R W. 1956. Eolian calcarenite as a paleoclimatic indicator. Geological Society of American Bulletin, 67: 1813.

Farre J A, McGregor B A, Ryan W B F, et al. 1983. Breaching the shelf break: Passage from youthful to mature phase in submarine canyon evolution//Stanley D J, Moore G T. The Sheljbreak: Critical Interface on

Continental Margins. Society of Economic Paleontologists and Mineralogists, Special Publication.

Faugeres J C, Stow A V. 1993. Bottom current controlled sedimentation: A synthesis of the contourite problem. Sedimentary Geology, 82: 287-297.

Faugeres J C, Stow D A V, Gonthier E. 1984. Contourite drift moulded by deep Mediterranean outflow. Geology, 12: 296-300.

Fenster M S, FitzGerald D. 1996. Morphodynamics, stratigraphy, and sediment transport patterns in the Kennebec River estuary, Maine, USA. Sedimentary Geology, 107: 99-120.

Fisher W L, William E, Galloway W E, et al. 2021. Deep-water depositional systems supplied by shelf-incising submarine canyons: Recognition and significance in the geologic record. Earth-Science Reviews, 214: 103531.

FitzGerald D M, Buynevich I V, Fenster M S, et al. 2000. Sand dynamics at the mouth of a rock-bound, tide-dominated estuary. Sedimentary Geology, 131: 25-49.

FitzGerald D M, Buynevich I V, Davis R A, Jr et al. 2002. New England tidal inlets with special reference to riverine associated inlet systems. Geomorphology, 48: 179-208.

Flood R D. 1988. A lee wave model for deep-sea mud wave activity. Deep-Sea Research, A35: 973-983.

Flood R D, Giosan L. 2002. Migration history of a fine-grained abyssal sediment wave on the Bahama Outer Ridge. Marine Geology, 192: 259-273.

Forster A, Schouten S, Moriya K, et al. 2007. Tropical warming and intermittent cooling during the Cenomanian/Turonian oceanic anoxic event 2: Sea surface temperature records from the equatorial Atlantic. Palaeoceangraphy, 22 (1): 1-14.

French J R, Stoddart D R. 1992. Hydrodynamics of salt marsh creek systems: Implications for marsh morphological development and material exchange. Earth Surface Processes and Landforms, 17: 235-252.

Friedrich O, Norris R D, Erbacher J. 2012. Evolution of continental crust in the Late Cretaceous oceans-A 55 m. y. recorder of Earth's temperature and carbon cycle. Geology, 40: 107-110.

Fryer P, Lockwood J P, Becker N, et al. 2000. Significance of serpentine mud volcanism in convergent margins//Dilek Y, Moores E M, Elthon D, et al. Ophiolites and Oceanic Crust: New Insights from Field Studies and the Ocean Drilling Program: Boulder, Colorado. Geological Society of America Special Paper, 349: 35-51.

Galeotti S, DeConto R M, Naish T, et al. 2016. Antarctic ice sheet variability across the Eocene-Oligocene boundary climate transition. Science, 352: 76-80.

Galloway W E. 1975. Process framework for describing the morphologic and stratigraphic evolution of deltaic depositional systems//Broussard M L. Deltas-Models for Exploration. Houston: Houston Geological Society: 87-98.

Gao Z Z, Eriksson K A. 1991. Internal-tide deposits in an Ordovician submarine channel: Previously unrecognized facies? Geology, 19: 734-737.

Gao Z Z, He Y B, Li J M, et al. 1997. The first internal-tide deposits found in China. Chinese Science Bulletin, 42: 1113-1117.

Gao Z Z, Eriksson K A, He Y B, et al. 1998. Deep-water traction current deposits-A study of internal tides, internal waves, contours and their deposits. Beijing and New York: Science Press, Utrecht and Tokyo: 25-29.

Gennesseaux M, Guibout P, Lacombe H. 1971. Enregistrement de courants de turbidite dans la vallee sousmarine du Var (Alpes-Maritimes). Comptes Rendus de l'Academie des Sciences Paris, 273: 2456-2459.

Ghatak A, Basu A R, Wakabayashi J. 2011. Element mobility in subduction metamorphism: Insight from metamorphic rocks of the Franciscan Complex and Feather River ultramafic belt, California. http://dx. doi. org/ 10. 1080/00206814. 2011. 567087 [2021-12-05].

Gibbons W, Horák J M. 1996. The evolution of the Neoproterozoic Avalonian subduction system: Evidence from the British Isles//Nance R D, Thompson M D. Avalonian and Related Peri-Gondwanan Terranes of the Circum-North Atlantic. Geological Society of America, Special Paper, 304: 269-280.

Giosan L, Donnelly J P, Vespremeanu E, et al. 2005. River delta morphodynamics: Examples from the Danube delta//Giosan L, Bhattacharya J P. River Deltas-Concepts, Models and Examples. SEPM Special Publication, 83: 393-411.

Gong G, Wang Y, Xu S, et al. 2015. The northeastern South China Sea margin created by the combined action of down-slope and along-slope processes: Processes, products and implications for exploration and paleoceanography. Marine and Petroleum Geology, 64: 233-249.

Gonthier E G, Faugeres J C, Stow D A V. 1984. Contourite facies of the Faro Drift, Gulf of Cadiz//Stow D A V, Piper D J W. Fine-grained Sediments: Deep-water Processes and Facies. Geological Society of London Special Publication, 15. Oxford: Blackwell Scientific.

Green M G, Sylvester P J, Buick R. 2000. Growth and recycling of early Archaean continental crust: Geochemical evidence from the Coonterunah and Warrawoona Groups, Pilbara Craton, Australia. Tectonophysics, 322: 69-88.

Greenly E. 1919. The geology of Anglesey. Memoir, Geological Survey of Great Britain, 2vols. London: HMSO, 980.

Hamilton W B. 1969. Mesozoic California and underflow of the Pacific mantle. Geological Society of America Bulletin, 80: 2409-2430.

Handford C R, Loucks R G. 1993. Carbonate depositional sequence and system tracts responses of carbonate platform to relative sea level change//Loucks R G, Sarg H F. Carbonate sequence stratigraphy: Recent development and applications. American Association of Petroleum Geologists, Memoir, 57: 3-41.

Hardie L A, Shinn E A. 1986. Carbonate depositional environments, modern and ancient, tidal flats. Colorado School of Mines, Quarterly, 74-81.

Harris P T, Heap A D, Bryce S M, et al. 2002. Classification of Australian clastic coastal depositional environments based upon a quantitative analysis of wave, tidal, and river power. Journal of Sedimentary Research, 72: 858-870.

Hay A E. 1987. Turbidity currents and submarine channel formation in Rupert Inlet, British Columbia, Part II: The roles of continuous and surge-type flows. Journal of Geophysical Research, 92: 2883-2900.

Hayes M O. 1979. Barrier island morphology as a function of tidal and wave regime//Leatherman S P. Barrier Islands: From the Gulf of St. Lawrence to the Gulf of Mexico. New York: Academic Press, 1-28.

Hays J D, Pitman Ⅲ W C. 1973. Lithospheric plate motion, sea-level changes and climatic and ecological consequences. Nature, 246: 18-22.

Heezen B C, Hollister C D. 1964. Deep-sea current evidence from abyssal sediments. Marine Geology, 1: 141-174.

Heezen B C, Hollister C D. 1966. Shaping of the continental rise by deep geostrophic contour currents. Science, 152: 502-508.

Heezen B C, Ewing M. 1952. Turbidity currents and submarine slumps and the 1929 Grand Banks earthquake. American Journal of Science, 250: 849-873.

Hesp P A. 1991. Ecological processes and plant adaptations on coastal dunes. Journal of Arid Environments, 21: 165-191.

Hesp P A. 2002. Foredunes and blowouts: Initiation, geomorphology and dynamics. Geomorphology, 48: 245-268.

Hiscott R N, Colella A, Pezard P, et al. 1993. Basin plain turbidite succession of the Oligocene Izu-Bonin intra oceanic forearc basin. Marine and Petroleum Geology, 10: 450-466.

Hiscott R N, Hall P R, Pirmez C. 1997. Turbidity-current overspill from Amazon Channel: Texture of the silt/sand load, paleoflow from anisotropy of magnetic susceptibility, and implications for flow processes//Flood R D, Piper D J W, Klaus A, et al. Proceedings Ocean Drilling Program, Scientific Results, 155: 53-78. College Station, Texas, USA: Ocean Drilling Program.

Hitz B, Wakabayashi J. 2012. Unmetamorphosed sedimentary mélange with high pressure metamorphic blocks in a nascent forearc basin setting. Tectonophysics, 568-569: 124-134.

Hori K, Saito Y. 2008. Classification, architecture and evolution of large river deltas//Gupta A. Large Rivers: Geomorphology and Management. West Sussex: John Wiley & Sons, 214-231.

Hotinski R M, Toggweiler J R. 2003. Impact of a Tethyan circum global passage on ocean heat transport and "equable" climates. Palaeoceanography, 18: 1007.

Huber B T, Norris R D, Macleod K G. 2002. Deep sea paleotemperature recorder of extreme warmth during the Cretaceous. Geology, 30: 123-126.

Ingle J C J. 1980. Cenozoic paleobathymetric and depositional history of selected sequences within the southern California continental borderland//Sliter W V. Studies in Marine Micropaleontology and Paleoecology, A Memorial Volume to Orville L. Bandy, 163-195. Cushman Foundation for Foraminiferal Research, Special Publication, 19. Lawrence, Kansas: Allen Press.

Ingle J D J. 1975. Paleobathymetric analysis of sedimentary basins//Dickinson W R. Current Concepts of Depositional Systems with Applications for Petroleum Geology. San Joaquin Geological Society, Bakersfield, California.

Inman D L, Nordstrom C E. 1971. On the tectonic and morphological classification of coasts. Journal of Geology, 79: 1-21.

Isozaki Y. 1997a. Permian-Triassic Boundary super anoxia and stratified super ocean: Records from lost deep sea. Science, 276: 235-238.

Isozaki Y. 1997b. Contrasting two types of orogens in Permin-Triassic Japan: Accretionary versus collisional.

Island Arc, 6: 2-24.

Isozaki Y, Blake Jr M C. 1994. Biostratigraphic constraints on formation and timing of accretion in a subduction complex: an example from the Franciscan Complex of Northern California. Journal of Geology, 102: 283-296.

Isozaki Y, Amiscaray E A, Rillon A. 1988. Permian, Triassic and Jurassic bedded radiolarian cherts in North Palawan Block, Philippines: Evidence of Late Mesozoic subduction-accretion. Report No. 3, IGCP Project 224. Pre-Jurassic Evolution of Eastern Asia: 99-115.

Isozaki Y, Maruyama S, Fukuoka F. 1990. Accreted oceanic materials in Japan. Tectonophysics, 181: 179-205.

Isozaki Y, Aoki K, Nakama T, et al. 2010. New insight into a subduction-related orogen: A reappraisal of the geotectonic framework and evolution of the Japanese Islands. Gondwana Research, 18: 82-105.

James N P. 1978. Facies models 10: Reefs. Geoscience Canada, 5: 16-25.

James N P. 1979. Reefs//Walker R G. Facies models. Geoscience Canada Report, 1: 121-133.

James N P. 1997. The cool-water carbonate depositional realm//James N P, Clarke J D A. Cool-water Carbonates. Spec. Publ. SEPM. Society of Sediment Geology, 56: 1-20.

Jenkyns H C. 1980. Cretaceous anoxic events: From continents to oceans. Journal of the Geological Society (London), 137: 171-188.

Jenkyns H C. 1986. Pelagic environments//Reading H G. Sedimentary Environments and Facies, 2nd, 343-397. Oxford: Blackwell Scientific.

Jenkyns H C. 2010. Geochemistry of oceanic anoxic events. Geochemistry Geophysics Geosystems, 11: Q03004.

Jerolmack D J. 2009. Conceptual framework for assessing the response of delta channel networks to Holocene sea level rise. Quaternary Science Reviews, 28: 1786-1800.

Jobe Z R, Lowe D R, Morris W R. 2012. Climbing-ripple successions in turbidite systems: Depositional environments, sedimentation rates and accumulation times. Sedimentology, 59: 867-898.

Kaiho K. 1991. Global changes of Paleogene aerobic-anaerobic benthic foraminifera and deepsea circulation. Palaeogeography, Palaeoclimatology, Palaeoecology, 83: 65-85.

Kaiho K. 1994. Benthic foraminiferal dissolved-oxygen index and dissolved-oxygen levels in the modern ocean. Geology, 22: 719-722.

Kaminski M A, Aksu A E, Hiscott R N, et al. 2002. Late glacial to Holocene benthic foraminifera in the Marmara Sea: Implications for Black Sea-Mediterranean Sea connections following the last deglaciation. Marine Geology, 190: 165-202.

Kanmera K, Sano H, Isozaki Y. 1990. Akiyoshi terrane//Ichikawa K, Mizutani S, Hara I, et al. Pre-Cretaceous terranes of Japan. Publication of IGCP Project: Pre-Jurassic Evolution of Eastern Asia No. 224, Osaka, 49-62.

Kato Y, Nakamura K. 2003. Origin and global tectonic significance of Early Archeancherts from the Marble Bar greenstone belt, Pilbara Craton, Western Australia. Precambrian Research, 125: 191-243.

Kato Y, Ohta I, Tsunematsu T, et al. 1998. Rare earth element variations in mid-Archean banded iron formations: Implications for the chemistry of ocean and continent and plate tectonics. Geochimica et Cosmochimica Acta, 62: 3475-3497.

Kato Y, Nakao K, Isozaki Y. 2002. Geochemistry of Late Permian to Early Triassic pelagic cherts from south west Japan: Implications for an oceanic redox change. Chemical Geology, 182: 15-34.

Kawai T, Windley B F, Terabayashi M, et al. 2006. Mineral isograds and metamorphic zones of the Anglesey blueschist belt, UK: Implications for the metamorphic development of a Neoproterozoic subduction-accretion complex. Journal of Metamorphic Geology, 24: 591-602.

Kawai T, Windley B F, Terabayashi M, et al. 2007. Geotectonic framework of the blueschist unit on Anglesey-Lleyn, UK, and its role in the development of a Neoproterozoic accretionary orogen. Precambrian Research, 153: 11-28.

Kennett J. 1982. Marine Geology. Englewood Cliffs, New Jersey: Prentice-Hall, 813.

Kennett J P, Shackleton N J. 1975. Laurentide ice sheet meltwater recorded in Gulf of Mexico deep-sea cores. Science, 188: 147-150.

Kennett J P, Stott L D. 1991. Abrupt deep-sea warming, paleoceanographic changes and benthic extinctions at the end of Palaeocene. Nature, 353: 225-229.

Kenyon N H, Akhmetzhanov A M, Twichell D C. 2002. Sand wave fields beneath the Loop Current, Gulf of Mexico: Reworking of fan sands. Marine Geology, 192: 297-307.

Kevin T P, Richard N H. 2015. Deep marine system: Process, deposits, environments, tectonics and sedimentation. West Sussex: John Wiley & Sons. Ltd.

Khripounoff A, Vangriesheim A, Babonneau N, et al. 2003. Direct observation of intense turbidity current activity in the Zaire submarine valley at 4000 m water depth. Marine Geology, 194: 151-158.

Kidd R B, Hill P R. 1987. Sedimentation on Feni and Gardar sediment drifts//Ruddiman W F, Kidd R B, Thomas E. Initial Reports Deep Sea Drilling Project, 94: 1217-1244. Washington DC: US Government Printing Office.

Kimura G, Maruyama S D, Isozaki Y, et al. 1996. Well-preserved underplating structure of the jadeitized Franciscan complex, Pacheco Pass, California. Geology, 24: 75-78.

Kimura K, Hori R. 1993. Off scraping accretion of Jurassic chert-clastic complexes in the Mino-Tamba Belt, central Japan. Journal of Structural Geology, 15: 145-161.

Kitajima K, Maruyama S, Utsunomiya S, et al. 2001. Seafloor hydrothermal alteration at an Archaean mid-ocean ridge. Journal of Metamorphic Geology, 19: 583-599.

Klijn J A. 1990. The younger dunes in the Netherlands: Chronology and causation//Bakker W, Jungerius P D, Klijn A. Dunes of the European Coasts: Geomorphology Hydrology-Soils. Catena Supplement, 18: 89-100.

Kocurek G. 1981. Significance of interdune deposits and bounding surfaces in eolian dune sands. Sedimentology, 28: 753-780.

Komar P D. 1998. Beach Processes and Sedimentation (2nd). Prentice Hall, Upper Saddle River, NJ, USA.

Kominz M A, Browing J V, Miller K G, et al. 2008. Late Cretaceous to Miocene sea level estimates from the New Jersey and Delaware coastal plain core holes: An error analysis. Basin Research, 20: 211-226.

Krapez B, Eisenlohr B. 1998. Tectonic setting of Archaean (3325-2775Ma) crustal-supra crustal belts in the West Pilbara Block. Precambrian Research, 88: 173-205.

Kroon D, Steens T, Troelstra S R. 1991. Onset of monsoonal related upwelling in the Western Sea as revealed by planktonic foraminifers//Prell W L, Niitsuma N. Proceedings of the ODP Scientific Results, 117: 257-263.

Kroonenberg S B, Badyukova E N, Storms J E A, et al. 2000. A full sea-level cycle in 65 years: Barrier dynamics along Caspian shores. Sedimentary Geology, 134: 257-274.

Kusky T M, Bradley D C, Donley D T, et al. 2003. Controls on intrusion of near-trench magmas of the Sanak-Baran of belt, Alaska, during Paleogene ridge subduction, and consequences for forearc evolution//Sisson V B, Roeske S, Pavlis T L. Geology of a Transpressional Orogen Developed During a Ridge-Trench Interaction Along the North Pacific Margin: Geological Society of America Special Paper, 371: 269-292.

Kusky T M, Bradley D C. 1999. Kinematics of mélange fabrics: Examples and applications from the McHugh Complex, Kenai Peninsula, Alaska. Journal of Structural Geology, 21: 1773-1796.

Kusky T M, Young C. 1999. Emplacement of the Resurrection Peninsula ophiolite in the southern Alaska Forearc during a ridge-trench encounter. Journal of Geophysical Research, 104: 29025-29054.

Kusky T M, Wang L, Dilek Y, et al. 2011. Application of the modern ophiolite concept with special reference to Precambrian ophiolites. Science China-Earth Sciences, 54 (3): 315-341.

Kusky T M, Windley B F, Safonova I, et al. 2013. Recognition of Ocean Plate Stratigraphy in accretionary orogens through Earth history: A record of 3.8 billion years of seafloor spreading, subduction, and accretion. Gondwana Research, 24: 501-547.

Kuypers M M M, Pancost R D, Nijenhuis I A. 2002. Enhanced productivity led to increased organic carbon burial in the euxinic North Atlantic basin during the late Cenomanian ocean anoxic event. Palaeoceangraphy, 17: 1015.

Lucchi F R. 1995. Sedimentographica: A Photographic Atlas of Sedimentary Structures, 2nd. New York: Columbia University Press.

Landing E, Bowring S A, Davidek K L, et al. 1998. Duration of the Early Cambrian: U-Pb ages of volcanic ashes from Avalon and Gondwana. Can. J. Earth Sci., 35: 329-338.

Liu X J, Gao S, Wang Y P. 2011. Modeling profile shape evolution for accreting tidal flats composed of mud and sand: A case study of the central Jiangsu coast, China. Continental Shelf Research, 31: 1750-1760.

Lopez-Carmona A, Kusky T M, Santosh M, et al. 2011. P-T and structural constraints of lawsonite and epidote blueschists from Liberty Creek and Seldovia: Tectonic implications for early stages of subduction along the southern Alaska convergent margin. Lithos, 121: 100-116.

Ma D X, Liu X Q. 1996. Types and formation mechanism of tidal sand ridges in China offshore shelf//IOM Geology, MGMR. Research of Marine Geology and Mineral Resources. Qingdao Ocean University Press, 44-52.

MacPherson B A. 1978. Sedimentation and trapping mechanism in upper Miocene Stevens and older turbidite fans of south-eastern San Joaquin Valley, California. American Association of Petroleum Geologists Bulletin, 62: 2243-2274.

MacPherson G J, Phipps S P, Grossman J N. 1990. Diverse sources for igneous blocks in Franciscan mélanges, California Coast Ranges. Journal of Geology, 98: 845-862.

Mann P, Taira A. 2004. Global tectonic significance of the Solomon Islands and Ontong Java Plateau convergent zone. Tectonophysics, 389: 137-190.

Manning A J, Martens C, de Mulder T, et al. 2007. Mud floc observations in the turbidity maximum zone of the Scheldt Estuary during neap tides. Journal of Coastal Research, Special Issue, 50: 832-836.

Martinez-Boti M A, Foster G L, Chalk T B, et al. 2015. Plio-Pleistocene climate sensitivity evaluated using high-resolution CO_2 records. Nature, 518: 49-54.

Maruyama S, Kawai T, Windley B F. 2010. Ocean plate stratigraphy and its imbrication in an accretionary orogen: the Mona Complex, Anglesey-Lleyn, Wales, U K//Kusky T M, Zhai M G, Xiao W. The Evolving Continents: Understanding Processes of Continental Growth. Geological Society, London, Special Publications, 338: 55-75.

Masselink G, Shorts A D. 1993. The effect of tide range on beach morphodynamics and morphology: A conceptual beach model. Journal of Coastal Research, 9: 785-800.

Masselink G, Hughes M G. 2003. Introduction to Coastal Processes and Geomorphology. London: Oxford University Press.

Matsuda T, Isozaki Y. 1991. Well-documented travel history of Mesozoic pelagic chert in Japan: from remote ocean to subduction zone. Tectonics, 10: 475-499.

Matsuoka A. 1995. Jurassic and Lower Cretaceous radiolarian zonation in Japan and in the western Pacific. The Island Arc, 4: 140-153.

Maun M A. 2004. Burial of plants as a selective force in sand dunes//Martínez M L, Psuty N P. Coastal Dunes, Ecology and Conservation. Springer-Verlag, Berlin, Germany, 119-135.

Mayall M, Jones E, Casey M. 2006. Turbidite channel reservoirs-key elements in fades prediction and effective development. Marine and Petroleum Geology, 23: 821-841.

McCaffrey W, Kneller B, Peakall J. 2001. Particulate Gravity Currents. International Association ofSedimentologists, Special Publication, 31. Oxford: Blackwell Scientific.

McCave I N, Tucholke B E. 1986. Deep current-controlled sedimentation in the western North Atlantic//Vogt P R, Tucholke B E. The Geology of North America. Volume M, the Western North Atlantic Region, 451-68. Boulder, Colorado: Geological Society of America.

McClymont J C, Rosell-Mele A. 2005. Links between the onset of modern Walker circulation and the mid-Pleistocene climate transition. Geology, 33: 389-392.

McInermey F A, Wing S L. 2011. The Paleocene-Eocene Thermal Maximum: A perturbation of carbon cycle, climate, and biosphere with implication for the future. Annual Review of Earth and Planetary Sciences, 39: 489-516.

Mehta A, McAnally W. 2008. Fine sediment transport//Garcia M H. Sedimentation Engineering: Processes, Measurements, Modeling, and Practice. American Society of Civil Engineers, Reston, VA, USA, 253-306.

Meneghini F, Moore J C. 2007. Deformation and hydro fracture in a subduction thrust at seismogenic depths: the Rodeo Cove thrust zone, Marin Headlands, California. Geological Society of America Bulletin, 119:

174-183.

Middleton G V, Hampton M A. 1973. Sediment gravity flows: Mechanics of flow and deposition//Middleton G
V, Bouma A H. Turbidites and Deep Water Sedimentation, 1-38. Short course notes, Pacific Section of The
Society of Economc Paleontologists and Mineralogists.

Middleton G V. 1976. Hydraulic interpretation of sand size distributions. Journal of Geology, 84: 405-426.

Miller K G, Kominz M A, Browning J V, et al. 2005. The Phanerozoic recorder of global sea-level change.
Science, 310: 1293-1298.

Morton R A, Sallenger A H Jr. 2003. Morphological impacts of extreme storms on sandy beaches and barriers.
Journal of Coastal Research, 19: 560-573.

Moslow T F, Tye R S. 1985. Recognition and characterization of Holocene tidal inlet sequences. Marine
Geology, 63: 129-152.

Mountjoy J J, Barnes P M, Pettinga J R. 2009. Morphostructure and evolution of submarine canyons across an
active margin: Cook Strait sector of the Hikurangi Margin, New Zealand. Marine Geology, 260: 45-68.

Mullins H T, Cook H E. 1986. Carbonate apron models: Alternatives to the submarine fan model for paleoen-
vironmental analysis and hydrocarbon exploration. Sedimentary Geology, 48: 37-79.

Munk W. 1981. Internal wave and small-scale processes//Wareen B A, Wusch C. Evolution of physical Ocea-
nography. Cambridge: Massachusetts Institute of Technology, 264-291.

Mutti E, Johns D R. 1979. The role of sedimentary by-passing in the genesis of basin plain and fan fringe
turbidites in the Hecho Group System (South-Central Pyrenees). Societa Geologica Italiana Memorie, 18:
15-22.

Nakagawa M, Santosh M, Maruyama S. 2009. Distribution and miner assemblages of bedded manganese
deposits in Shikoku, Southwest Japan: Implications for accretion tectonics. Gondwana Research, 16:
609-621.

Nelson T A, Stanley D J. 1984. Variable depositional rates on the slope and rise off the Mid-Atlantic states.
Geo-Marine Letters, 3: 37-42.

Nickling W G, Davidson-Arnott R G D. 1990. Aeolian sediment transport on beaches and coastal sand dunes//
Davidson-Arnott R G D. Proceedings of the Symposium on Coastal Sand Dunes. National Research Council
Canada, Ottawa, Canada: 1-35.

Niedoroda A W, Swift D J P, Hopkins T S. 1985. The shoreface//Daves R A J. Coastal Sedimentary
Environments. New York: Springer-Vertag, 533-624.

Normark W R, Hess G R, Stow D A V, et al. 1980. Sediment waves on the Monterey Fan levee: A preliminary
physical interpretation. Marine Geology, 37: 1-18.

Normark W R, Piper D J W, Sliter R. 2006. Sea-level and tectonic control of middle to late Pleistocene
turbidite systems in Santa Monica Basin, offshore California. Sedimentology, 53: 867-897.

Ohta H, Maruyama S, Takashi E, et al. 1996. Field occurrence, geochemistry and petrogenesis of the Archean
mid-oceanic ridge basalts (AMORBs) of the Cleaverville area, Pilbara Craton, western Australia. Lithos,
37: 199-221.

Osozawa S. 1994. Plate reconstruction based upon age data of Japanese accretionary complexes. Geology, 22:

294

174-183.

Middleton G V, Hampton M A. 1973. Sediment gravity flows: Mechanics of flow and deposition//Middleton G V, Bouma A H. Turbidites and Deep Water Sedimentation, 1-38. Short course notes, Pacific Section of The Society of Economc Paleontologists and Mineralogists.

Middleton G V. 1976. Hydraulic interpretation of sand size distributions. Journal of Geology, 84: 405-426.

Miller K G, Kominz M A, Browning J V, et al. 2005. The Phanerozoic recorder of global sea-level change. Science, 310: 1293-1298.

Morton R A, Sallenger A H Jr. 2003. Morphological impacts of extreme storms on sandy beaches and barriers. Journal of Coastal Research, 19: 560-573.

Moslow T F, Tye R S. 1985. Recognition and characterization of Holocene tidal inlet sequences. Marine Geology, 63: 129-152.

Mountjoy J J, Barnes P M, Pettinga J R. 2009. Morphostructure and evolution of submarine canyons across an active margin: Cook Strait sector of the Hikurangi Margin, New Zealand. Marine Geology, 260: 45-68.

Mullins H T, Cook H E. 1986. Carbonate apron models: Alternatives to the submarine fan model for paleoenvironmental analysis and hydrocarbon exploration. Sedimentary Geology, 48: 37-79.

Munk W. 1981. Internal wave and small-scale processes//Wareen B A, Wusch C. Evolution of physical Oceanography. Cambridge: Massachusetts Institute of Technology, 264-291.

Mutti E, Johns D R. 1979. The role of sedimentary by-passing in the genesis of basin plain and fan fringe turbidites in the Hecho Group System (South-Central Pyrenees). Societa Geologica Italiana Memorie, 18: 15-22.

Nakagawa M, Santosh M, Maruyama S. 2009. Distribution and miner assemblages of bedded manganese deposits in Shikoku, Southwest Japan: Implications for accretion tectonics. Gondwana Research, 16: 609-621.

Nelson T A, Stanley D J. 1984. Variable depositional rates on the slope and rise off the Mid-Atlantic states. Geo-Marine Letters, 3: 37-42.

Nickling W G, Davidson-Arnott R G D. 1990. Aeolian sediment transport on beaches and coastal sand dunes//Davidson-Arnott R G D. Proceedings of the Symposium on Coastal Sand Dunes. National Research Council Canada, Ottawa, Canada: 1-35.

Niedoroda A W, Swift D J P, Hopkins T S. 1985. The shoreface//Daves R A J. Coastal Sedimentary Environments. New York: Springer-Vertag, 533-624.

Normark W R, Hess G R, Stow D A V, et al. 1980. Sediment waves on the Monterey Fan levee: A preliminary physical interpretation. Marine Geology, 37: 1-18.

Normark W R, Piper D J W, Sliter R. 2006. Sea-level and tectonic control of middle to late Pleistocene turbidite systems in Santa Monica Basin, offshore California. Sedimentology, 53: 867-897.

Ohta H, Maruyama S, Takashi E, et al. 1996. Field occurrence, geochemistry and petrogenesis of the Archean mid-oceanic ridge basalts (AMORBs) of the Cleaverville area, Pilbara Craton, western Australia. Lithos, 37: 199-221.

Osozawa S. 1994. Plate reconstruction based upon age data of Japanese accretionary complexes. Geology, 22:

294

1135-1138.

Pancost R D, Crawford N, Magness S, et al. 2004. Further evidence for the development of photic-zone euxinic conditions during Mesozoic oceanic anoxic events. Journal of the Geological Society, 161: 353-364.

Pavlis T L, Roeske S M. 2007. The Border Ranges fault system, southern Alaska//Ridgeway K D, Trop J M, Glen J M G, et al. Tectonic Growth of a Collisional Continental Margin: Crustal Evolution of Southern Alaska. Geological Society of America Special Paper, 431: 95-127.

Pickering K T, Hiscott R N. 1985. Contained (reflected) turbidity currents from the Middle Ordovician Cloridorme Formation, Quebec, Canada: An alternative to the antidune hypothesis. Sedimentology, 32: 373-394.

Pickering K T, Corregidor J. 2005. Mass-transport complexes (MTCS) and tectonic control on basin-floor submarine fans, Middle Eocene, south Spanish Pyrenees. Journal of Sedimentary Research, 75: 761-783.

Pickering K T, Bayliss N J. 2009. Deconvolving tectono-climatic signals in deep-marine siliciclastics, Eocene Ainsa basin, Spanish Pyrenees: Seesaw tectonics versus eustasy. Geology, 37: 203-206.

Pickering K T, Hiscott R N. 2016. Deep marine systems: processes, deposits, environments, tectonics and sedimentation.

Piper D J W, Normark W R. 1988. Turbidite depositional patterns and flow characteristics, Navy Submarine Fan, California Borderland. Sedimentology, 30: 681-694.

Pirmez C. 1994. Growth ofa submarine meandering channel-levee system on Amazon Fan. Ph. D. Thesis, Columbia University, New York.

Pitman Ⅲ W C, Golovchenko X. 1983. The effect of sea-level change on the shelf edge and slope of passive margins. Special Publication of the Society of Economic Palaeontologists and Mineralogists, 33: 41-58.

Prandle D, Lane A, Manning A J. 2006. New typologies for estuarine morphology. Geomorphology, 81: 309-315.

Pritchard D W. 1952. Estuarine hydrography//Landsberg H E. Advances in Geophysics. New York: Academic Press, 243-280.

Prueher L M, Rea D K. 2001. Volcanic triggering of late Pliocene glaciation: Evidence from the flux of volcanic glass and ice-rafted debris to the North Pacific Ocean. Palaeogeography Palaeoclimatology Palaeoecology, 173: 215-230.

Puig P, Ogston A S, Mullenbach B L, et al. 2003. Shelf-to-canyon sediment-transport processes on the Eel continental margin (northern California). Marine Geology, 193: 129-149.

Ranwell D S, Boar R. 1986. Coast Dune Management Guide. Institute of Terrestrial Ecology, NERC, Monkswood, Huntingdon, UK.

Raymo M E. 1997. The timing of major climate terminations. Paleoceanography, 12: 577-585.

Regelous M, Hofmann A W, Abouchami W, et al. 2003. Geochemistry of lavas from the Emperor Seamounts, and the geochemical evolution of Hawaiian magmatism from 85 to 42Ma. Journal of Petrology, 44: 113-140.

Reinson G E. 1992. Transgressive barrier island and estuary system//Walker R G, James N P. Facies Models: Response to Sea Level Changes. Geological Association of Canada.

Richards M, Bowman M, Reading H. 1998. Submarine-fan systems I: Characterization and stratigraphic prediction. Marine and Petroleum Geology, 15: 689-717.

Robinson P, Malpas J, Dilek Y. 2008. The significance of sheeted dike complexes in ophiolites. GSA Today, 18: 4-10.

Robinson S A, Clarke L J, Nederbragt A. 2008. Mid-Cretaceous oceanic anoxic events in the pacific revealed by carbon isotopes stratigraphy of the Calera Limestone, California, USA. Geological Society of America Bulletin, 102: 1416-1427.

Robinson S A, Murphy D P, Vance D, et al. 2010. Formation of "Southern Component Water" in the Late Cretaceous: Evidence from Nd-isotopes. Geology, 38: 871-874.

Rodriguez A B, Simms A R, Anderson J B. 2010. Bay-head deltas across the northern Gulf of Mexico back step in response to the 8.2 ka cooling event. Quaternary Science Reviews, 29: 3983-3993.

Roth P H. 1986. Mesozoic palaeoceanography of the North Atlantic and Tethys Oceans//Summerhayes C P, Shackleton N J. North Atlantic palaeoceanography. London: Geological Society of London Special Publication, 299-320.

Roy P S, Cowell P J, Ferland M A, et al. 1994. Wave dominated coasts//Carter R W G, Woodroffe C D. Coastal Evolution: Late Quaternary Shoreline Morphodynamics. Cambridge: Cambridge University Press, 121-186.

Ruddiman W F. 2006. What is the timing of orbital-scale monsoon changes? Quaternary Science Reviews, 25: 657-658.

Sadler P M. 1982. Bed thickness and grain size of turbidites. Sedimentology, 29: 37-51.

Safonova I Y, Simonov V A, Buslov M M, et al. 2008. Neoproterozoic basalts of the Paleo-Asian Ocean (Kurai accretion zone, Gorny Altai, Russia): Geochemistry, petrogenesis, geodynamics. Russian Geology and Geophysics, 49: 254-271.

Saha A, Basu A R, Wakabayashi J, et al. 2005. Geochemical evidence for subducted nascent arc from Franciscan high-grade tectonic blocks. Geological Society of America Bulletin, 117: 1318-1335.

Salaheldin T M, Imran J, Chaudhry M H, et al. 2000. Role of fine-grained sediment in turbidity current flow dynamics and resulting deposits. Marine Geology, 171: 21-38.

Sano H, Kanmera K. 1991. Collapse of ancient oceanic reef complex—what happened during collision of Akiyoshi reef complex? Sequence of collisional collapse and generation of collapse products. Journal of the Geological Society of Japan, 97: 631-644.

Santosh M. 2010. A synopsis of recent conceptual models on supercontinent tectonics in relation to mantle dynamics, life evolution and surface environment. Journal of Geodynamics, 50: 116-133.

Sayers B, Birch-Hawkins A, Tarnue R, et al. 2017. Liberia-a fresh approach. GEOExPro, 14: 30-31.

Schlager W. 2003. Benthic carbonate factories of the Phanerozoic. International Journal of Earth Sciences, 92: 445-464.

Scholle P A, Ekdale A A. 1983. Pelagic environments//Scholle P A, Bebout D G, Moore C H. Carbonate Depositional Environments, 620-691. American Association of Petroleum Geologists, Memoir, 33.

Schwarzacher W. 1975. Sedimentation models and quantitative stratigraphy: Development in sedimentology 19. New York: Elsevier, 1-382.

Scotchman J I, Pickering K T, Sutcliffe C, et al. 2015. Milankovitch cyclicity within the middle Eocene deep-marine Guaso System, Ainsa Basin, Spanish Pyrenees. Earth-Science Reviews, 144: 107-121.

Semeniuk V. 2005. Tidal flats//Schwartz M L. Encyclopedia of Coastal Science. Dordrecht: Springer, 965-975.

Shanmugam G, Moiola R J. 1988. Submarine fans: Characteristics, models, classification, and reservoir potential. Earth-Science Reviews, 24: 383-428.

Sharman G R, Hubbard S M, Covault J A, et al. 2018. Sediment routing evolution in the North Alpine Foreland Basin, Austria: Interplay of transverse and longitudinal sediment dispersal. Basin Research, 30: 426-447.

Shepard F P, Marshall N F. 1973a. Storm-generated current in a La Jolla submarine canyon, California. Marine Geology, 15: Ml9-M24.

Shepard F P, Marshall N F. 1973b. Currents along floors of submarine canyons. Geological Society of America Bulletin, 57: 244-264.

Sheridan R E. 1986. Pulsation tectonics as the control on North Atlantic palaeoceanography//Summerhayes C P, Shackleton N J. North Atlantic Palaeoceanography. Geological Society of London Special Publication, 21. Oxford: Blackwell Scientific.

Shervais J W. 2001. Birth, death, and resurrection: The life cycle of supra subduction zone ophiolites. http://dx. doi. org/10. 1029/2000GC000080 [2021-12-05].

Shervais J W, Murchey B, Kimbrough D L, et al. 2005. Radioisotopic and biostratigraphic age relations in the Coast Range ophiolite, northern California: implications for the tectonic evolution of the Western Cordillera. Geological Society of America Bulletin, 117: 633-653.

Short A D, Woodroffe C D. 2009. The Coast of Australia. Cambridge: Cambridge University Press.

Simm R W, Weaver P P E, Kidd R B, et al. 1991. Late Quaternary mass movement on the lower continental rise and abyssal plain off Western Sahara. Sedimentology, 38: 27-40.

Sliter R V, McGann M L. 1992. Age and correlation of the Calera Limestone in the Permanente Terrane of northern California. U. S. Geological Survey Open File Report, 92-0306: 27.

Snow C A, Wakabayashi J, Ernst W G, et al. 2010. SHRIMP-based depositional ages of Franciscan meta graywackes, west-central California. Geological Society of America, 122: 282-291.

Stax R, Stein R. 1994. Quaternary organic carbon cycles in the Japan Sea (ODP-site 798) and their paleoceanographic implications. Palaeogeography, Palaeoclimatology, Palaeoecology, 108: 509-521.

Stern C R. 2011. Subduction erosion: Rates, mechanisms, and its role in arc magmatism and the evolution of the continental crust and mantle. Gondwana Research, 20: 284-308.

Stern R J. 2007. When and how did plate tectonics begin? Theoretical and empirical considerations. Chinese Science Bulletin, 52: 578-591.

Stern R J, Bloomer S H. 1992. Subduction zone-Infancy: Examples from the EoceneIzu-Bonin-Mariana and Jurassic California arcs. Geological Society of America Bulletin, 104: 1621-1636.

Stive M J F, de Vriend H J. 1995. Modelling shoreface-profile evolution. Marine Geology, 126: 235-248.

Stone G W, Liu B, Pepper D A, et al. 2004. The importance of extratropical and tropical cyclones on the short-term evolution of barrier islands along the northern Gulf of Mexico, USA. Marine Geology, 210: 63-78.

Stow D A V, Holbrook J A. 1984. North Atlantic contourites: An overview//Stow D A V, Piper D J W. Fine-grained Sediments: Deep-water Processes and Facies. Geological Society of London Special Publication, 15. Oxford: Blackwell Scientific.

Stow D A V, Faugeres J C. 2008. Contourite facies and the facies model//Rebesco M, Camerlenghi A. Contourites. Developments in Sedimentology. Amsterdam: Elsevier.

Stow D A V, Taira A, Ogawa Y, et al. 1998. Volcaniclastic sediments, process interaction and depositional setting of the Mio-Pliocene Miura Group, SE Japan. Sedimentary Geology, 115: 351-381.

Stow D A V, Faugeres J C, Howe J A, et al. 2002. Bottom currents, contourites and deep-sea sediment drifts: Current state-of-the-art//Stow D A V, Pudsey C J, Howe J A. Deep-water Contourite Systems: Modern Drifts and Ancient Series, Seismic and Sedimentary Characteristics. Geological Society London Memoir, 22.

Strachan L J. 2008. Flow transformations in slumps: A case study from the Waitemata Basin, New Zealand. Sedimentology, 55: 1311-1332.

Strachan R A, Taylor G K. 1990. Avalonian and Cadomian Geology of the North Atlantic. Glasgow: Blackie, 252.

Sytze V H, 2014. Barrier systems//Masselink G, Roland Gehrels R. Coastal Environments and Global Change. New York: John Wiley & Sons, Ltd, 194-226.

Terabayashi M, Masafa Y, Ozawa H. 2003. Archean ocean-floor metamorphism in the North Pole area, Pilbara Craton, western Australia. Precambrian Research, 127: 167-180.

Tokuhashi S. 1996. Shallow-marine turbiditic sandstones juxtaposed with deep-marine ones at the eastern margin of the Niigata Neogene backarc basin, central Japan. Sedimentary Geology, 104: 99-116.

Trindada R I F, Macouin M. 2007. Palaeolatitude of glacial deposits and palaeogeography of Neoproterozoic ice ages. Comptes Rendus Geoscience, 339: 200-211.

Tucker R D, Pharaoh T C. 1991. U-Pb zircon ages for Late Precambrian igneous rocks in southern Britain. Journal of the Geological Society, 148: 435-443.

Tye R S, Moslow T F. 1993. Tidal inlet reservoirs: Insights from modern examples//Rhodes E G, Moslow T F. Marine Clastic Reservoirs: Examples and Analogues. New York: SpringerVerlag, 236-252.

Tzedakis P C, Raynaud D, McManus J F, et al. 2009. Interglacial diversity. Nature Geoscience, 2: 751-755.

Underwood M B, Bachman S B. 1982. Sedimentary fades associations within subduction complexes//Leggett J K. Trench-Forearc Geology. The Geological Society of London, Special Publication. London: The Geological Society.

Underwood M B, Moore G F, Taira A. 2003. Sedimentary and tectonic evolution of a trench slope basin in the Nankai subduction zone of Southwest Japan. Journal of Sedimentary Research, 73: 589-602.

Utsunomiya A, Suzuki N, Ota T. 2008. Preserved paleo-oceanic plateaus in accretionary complexes: Implications for the contributions of the Pacific super plume to global environmental change. Gondwana Research, 14: 115-125.

Valle-Levinson A. 2010. Definition and classification of estuaries//Valle-Levinson A. Contemporary Issues in Estuarine Physics. Cambridge, UK: Cambridge University Press, 1-11.

van Kranendonk M J, Smithies R H, Hickman A H, et al. 2007. Paleoarchean development of a continental nucleus: the East Pilbara terrane of the Pilbara Craton, western Australia//van Kranendonk M J, Smithies R H, Bennett V C. Earth's Oldest Rocks. Amsterdam: Elsevier, 307-337.

Vandorpe T, Van Rooij D, de Haas P. 2014. Stratigraphy and paleoceanography of a topography-controlled contourite drift in the Pen Duick area, southern Gulf of Cadiz. Marine Geology, 349: 136-151.

Voigt S, Jung C, Friedrich O, et al. 2013. Tectonically restricted deep-ocean circulation at the end of the Cretaceous greenhouse. Earth and Planetary Science Letters, 369-370: 169-177.

Vorren T O, Laberg J S. 1997. Trough mouth fans: Paleoclimate and ice-sheet monitors. Quaternary Science Review, 16: 865-881.

Wahrhaftig C W. 1984. Structure of the Marin Headlands Block, California: A progress report//Blake Jr M C. Franciscan Geology of Northern California. Pacific Section Society of Economic Paleontologists and Mineralogists, 43: 31-50.

Wakabayashi J. 2011. Mélanges of the Franciscan Complex, California: Diverse structural settings, evidence for sedimentary mixing, and their connection to subduction processes//Wakabayashi J, Dilek Y. Mélanges: Processes of Formation and Societal Significance. Geological Society of America Special Paper, 480: 117-141.

Wakabayashi J. 2012. Subducted sedimentary serpentinite mélanges: Record of multiple burial-exhumation cycles and subduction erosion. Tectonophysics, 568-569: 230-247.

Wakabayashi J, Dumitru T A. 2007. ^{40}Ar/^{39}Ar ages from coherent high-pressure metamorphic rocks of the Franciscan Complex, California: Revisiting the timing of metamorphism of the world's type subduction complex. International Geology Review, 49: 873-906.

Wakabayashi J, Ghatak A, Basu A R. 2010. Tectonic setting of supra subduction zone ophiolite generation and subduction initiation as revealed through geochemistry and regional field relationships. Geological Society of America Bulletin, 122: 1548-1568.

Wakita K. 2011. Mappable features of mélanges derived from Ocean Plate Stratigraphy, in the Jurassic accretionary complexes of Mino and Chichi buterranes, Southwest Japan. http://dx.doi.org/10.1016/j.tecto.2011.10.019 [2021-12-05].

Wakita K. 2012. Mappable features of mélanges derived from Ocean Plate Stratigraphy in the Jurassic accretionary complexes of Mino and Chichi buterranes in Southwest Japan. Tectonophysics, 568-569: 74-85.

Wakita K, Metcalfe I. 2005. Ocean plate stratigraphy in East and Southeast Asia. Journal of Asia Earth Sciences, 24: 679-702.

Wakita K, Kojima S, Okamura Y, et al. 1992. Triassic and Jurassic Radiolaria from the Khabarovsk Complex, eastern Russia. News of Osaka Micropaleontologists, Special Volume, 8: 9-19.

Wakita K, Bambang W. 1994. Cretaceous radiolarians from the Luk-Ulo melange complex in the Karangsambung area, central Java, Indonesia. Journal of Southeast Asian Earth Sciences, 9: 29-43.

Walker R G. 1978. Deep water sandstone facies and ancient submarine fans: Models for exploration for stratigraphic traps. American Association of Petroleum Geologists Bulletin, 62: 932-966.

Walsh J P, Nittrouer C A. 2009. Understanding fine-grained river-sediment dispersal on continental margins. Marine Geology, 263: 34-45.

Wang P, Tian J, Lourens L. 2010. Obscuring of long eccentricity in Pleistocene oceanic carbon isotope recorder. Earth and Planetary Science Letters, 290: 319-330.

Warne A G, Meade R H, White W A, et al. 2002. Regional controls on geomorphology, hydrology and ecosystem integrity in the Orinoco Delta, Venezuela. Geomorphology, 44: 273-307.

Watson M P. 1981. Submarine fan deposits of the Upper Ordovician Lower Silurian Milliners Arm Formation, New World Island, Newfoundland. D. Phil thesis, University of Oxford, UK.

Wetzel A. 1993. The transfer of river load to deep-sea fans: a quantitative approach. American Association of Petroleum Geologists Bulletin, 77: 1679-1692.

Wilson P A, Norris R D. 2001. Warm tropical ocean surface and global anoxia during the Mid-Cretaceous period. Nature, 412: 425-429.

Wilson P A, Norris R D, Cooper M J. 2002. Testing the Cretaceous greenhouse hypothesis using glassy foraminiferal calcite from the core of Turonian tropics on Demerara Rise. Geology, 30: 607-610.

Wood M. 2012. The historical development of the term 'mélange' and its relevance to the Precambrian geology of Anglesey and theLleyn Peninsula in Wales. UK. Journal of Geography, 121: 168-180.

Woodroffe C D. 2003. Coasts: Form, Process and Evolution. Cambridge: Cambridge University Press.

Woodroffe C D, Saito Y. 2011. River-dominated coasts//Wolanski E, McLusky D S. Treatise on Estuarine and Coastal Science, Vol 3. Waltham, UK: Academic Press: 117-135.

Wright L D. 1985. River deltas//Davis R A. Coastal Sedimentary Environments. New York: Springer-Verlag, 1-76.

Wynn R B, Masson, D G, Brett B J. 2002. Hydrodynamic significance of variable ripple morphology across deep-water barchan dunes in the Faroe-Shetland Channel. Marine Geology, 192: 309-319.

Yamazaki T, Okamura Y. 1991. Subducting seamounts and deformation of overriding forearc wedges around Japan. Tectonophysics, 160: 1-4.

Zachos J C, Pagani M, Sloan L, et al. 2001. Trends, rhythms, and aberrations in global climate 65Ma to present. Science, 292: 686-693.

Zachos J C, Dickens G R, Zeebe R E. 2008. An early Cenozoic perspective on greenhouse warming and carbon-cycle dynamics. Nature, 451: 279-283.

Zamoras L R, Matsuoka A. 2001. Malampaya Sound Group: A Jurassic-Early Cretaceous accretionary complex in Busuanga Island, North Palawan Block (Philippines). Journal of the Geological Society of Japan, 107: 316-336.

Zyabrev S V, Matsuoka A. 1999. Late Jurassic (Tithonian) radiolarians from a clastic unit of the Khabarovsk Complex (Russian Far East): Significance for subduction accretion timing and terrane correlation. The Island Arc, 8: 30-37.

索　引